中国石油大学（华东）远程与继续教育系列教材

热 工 基 础

张克舫　主编

黄善波　参编

中国石油大学出版社
CHINA UNIVERSITY OF PETROLEUM PRESS

内容简介

    本书是综合性热工技术理论基础教材,分为工程热力学与传热学两篇。工程热力学主要介绍工程热力学的基本概念和基本定律、理想气体和水蒸气的性质、基本热力过程和循环的分析计算。传热学主要介绍导热、对流传热、辐射传热的基本规律和计算方法,以及强化或削弱热量传递的技术措施,换热器的热计算方法。

    本书可作为非能源动力类专业大学本科 40~56 学时的热工基础、热工学、工程热力学与传热学课程的教材或教学参考书,也可以作为专科和本科函授及继续教育的教材或教学参考书,还可供有关工程技术人员参考。

中国石油大学(华东)
远程与继续教育系列教材编审委员会

主　任：王瑞和

副主任：王天虎　冯其红

委　员：刘　华　　林英松　　刘欣梅　　韩　彬　　康忠健
　　　　黄善波　　郑秋梅　　孙燕芳　　张　军　　王新博
　　　　刘少伟

总　序

从 1955 年创办函授、夜大学至今,中国石油大学成人教育已经走过了从初创、逐步成熟到跨越式发展的 50 载历程。50 多年来,我校成人教育紧密结合社会经济发展需求,积极开拓新的服务领域,为石油、石化企业培养、培训了 10 多万名本专科毕业生和管理与技术人才,他们中的大多数已经成为各自工作岗位的骨干和中坚力量。我校成人教育始终坚持"规范管理、质量第一"的办学宗旨,坚持"为石油石化企业和经济建设服务"的办学方向,赢得了良好的社会信誉。

自 2001 年 1 月教育部批准我校开展现代远程教育试点工作以来,我校以"创新教育观念"为先导,以"构建终身教育体系"为目标,整合函授夜大学教育、网络教育、继续教育资源,建立了新型的教学模式和管理模式,构建了基于卫星数字宽带和计算机宽带网络的现代远程教育教学体系和个性化的学习支持服务体系,有效地将学校优质教育资源辐射到全国各地,全力打造出中国石油大学现代远程教育的品牌。目前,办学领域已由创办初期的函授夜大学教育发展为今天的集函授夜大学教育、网络教育、继续教育、远程培训、国际合作教育于一体的,在国内具有领先水平、在国外具有一定影响的现代远程开放教育系统,成为学校高等教育体系的重要组成部分和石油、石化行业最大的成人教育基地。

为适应现代远程教育发展的需要,学校于 2001 年 9 月正式启动了网络课程研制开发和推广应用项目,斥巨资实施"名师名课"教学资源精品战略工程,选拔优秀教师开发网络教学课件。随着流媒体课件、WEB 课件到网络课程的不断充实与完善,建构了内容丰富、形式多样的网络教学资源超市,基于网络的教学环境初步形成,远程教育的能力有了显著提高,这些网上教学资源的建设与研发为我校远程教育的顺利发展起到了支撑和保障作用。相应地,作为教学资源建设的一个重要组成部分,与网络教学课件相配套的纸质教材建设就成为一项愈来愈重要的任务。根据学校现代远程教育发展规划,在"十一五"期间,学校将推进精品课程、精品网络课件和教材的建设工作,通过立项研究方式启动远程与继续教育系列教材建设工作,选聘石油石化行业和有关石油高校专家、学者参与系列教材的开发和编著工作,计划用 5 年的时间,以石油、化工等主干专业为重点,陆续推出成人学历教育、岗位培训、继续教育三大系列教材。系列教材将充分吸收科学技术发展和成人教育教学改革最新成果,体现现代教育思想和远程教育教学特点,具有先进性、科学性和远程教育教学的适用性,形成纸质教材、多媒体课件、网上教学资料互为补充的立体化课程学习包。

为了保证远程与继续教育系列教材编写出版进度和质量,学校成立了专门的远程与继续教育系列教材编审委员会,对系列教材进行严格的审核把关,中国石油大学出版社也对系列教材的编辑出版给予了大力支持和积极配合。目前,远程与继续教育系列教材的编写还处于探索阶段,随着我校现代远程教育的进一步发展,新课程的开发、新教材的编写将持续进行,本系列教材的体系也将不断完善。我们相信,有广大专家、学者们的共同努力,一定能够创造出体现现代远程教育教学和学习特点的,体系新、水平高的远程与继续教育系列教材。

编委会

前　言
PREFACE

能源是人类社会赖以生存和发展的源泉,能源的开发和利用在很大程度上是热能的开发和利用。涉及热能利用的各种热力装置和热工设备几乎在所有工业中都有广泛的应用。要在实际工作中采取有效措施,节能降耗、保护环境、合理高效地开发利用能源,必须学习和掌握一定的热工基础知识,认识并掌握能源开发利用的基本规律。

目前,国内已出版了大量优秀的《工程热力学》和《传热学》教材,但基本上都是面向能源动力工程或机械类专业的,而且一般都单独开设工程热力学与传热学两门课程。对于量大、面广的非能源动力类专业的学生,急需一本精炼的工程热力学与传热学教材。因此,为使本书适应非能源动力类专业人才培养的需要,一方面,对工程热力学和传热学的内容进行了精选,对基本概念、基本定律的阐述力求严谨、精炼、准确,并突出工程热力学、传热学的宏观研究方法与工程应用;另一方面,在精心选择例题进行示范性分析的同时,选编了适量的密切联系工程实际的思考题和习题,以培养学生的工程意识,培养和提高理论联系实际、分析问题和解决问题的能力。

本书采用我国法定计量单位。

本书按40～56学时编写,主要用作高等院校非能源动力类各专业大学本科热工基础、热学、工程热力学与传热学课程的教材或教学参考书,也可以作为专科和本科函授及继续教育的教材或教学参考书,以及现场工程技术人员的学习和参考用书。

全书由张克舫主编,第6章至第9章由黄善波编写,其余内容由张克舫编写。全书由杨德伟教授审阅,王照亮、许康博士审阅了工程热力学部分,各位老师提出了宝贵的意见和建议,编者深表谢意。在书稿的编写过程中,得到了中国石油大学储运与建筑工程学院众多老师的支持和帮助,在此一并表示诚挚的谢意。

限于编者水平,虽经努力,书中疏漏、谬误之处在所难免,恳请读者批评指正。

编　者
2010 年 6 月

主要符号

拉丁字母

A	面积,m^2
c_f	流速,m/s
c	比热容,$J/(kg \cdot K)$或$J/(kg \cdot ℃)$
c_p	比定压热容,$J/(kg \cdot K)$或$J/(kg \cdot ℃)$
c_V	比定容热容,$J/(kg \cdot K)$或$J/(kg \cdot ℃)$
C_m	摩尔热容,$J/(mol \cdot K)$或$J/(mol \cdot ℃)$
e	比储存能,J/kg
E	储存能(总能量),J
	辐射力,W/m^2
E_k	宏观动能,J
E_p	宏观位能,J
E_x	㶲,J
$E_{x,Q}$	热量㶲,J
f	阻力系数
F	作用力,N
g	重力加速度,m/s^2
h	比焓,J/kg
	表面传热系数,$W/(m^2 \cdot K)$或$W/(m^2 \cdot ℃)$
H	焓,J
	高度,m
I	作功能力损失,J
J	有效辐射,W/m^2
k	传热系数,$W/(m^2 \cdot K)$或$W/(m^2 \cdot ℃)$
l	长度,m
l_c	特征长度,m

m	质量,kg	
M	摩尔质量,kg/mol	
n	物质的量,mol	
	多变指数	
p	绝对压力,Pa	
p_b	环境压力,Pa	
p_e	表压力,Pa	
p_i	混合物组元 i 的分压力,Pa	
p_v	真空度,Pa	
p_s	饱和压力,Pa	
q	比热量,J/kg	
	热流密度,W/m²	
q_m	质量流量,kg/s	
Q	热量,J	
r	汽化潜热,J/kg	
	半径,m	
R	摩尔气体常数,J/(mol·K)	
	热阻,K/W	
R_g	气体常数,J/(kg·K)	
s	比熵,J/(kg·K)	
S	熵,J/K	
	形状因子	
t	摄氏温度,℃	
t_s	饱和温度,℃	
T	热力学绝对温度,K	
u	比热力学能,J/kg	
	速度,m/s	
U	热力学能,J	
v	比体积,m³/kg	
V	体积,m³	
w	比膨胀功,J/kg	
w_i	混合物组元 i 的质量分数	
w_s	比轴功,J/kg	

w_t	比技术功,J/kg	
w_{net}	比循环净功,J/kg	
W	膨胀功,J	
W_s	轴功,J	
W_t	技术功,J	
W_{net}	循环净功,J	
x	干度	
	笛卡尔坐标	
x_i	混合物组元i的摩尔分数	
y	笛卡尔坐标	
z	高度,m	
	笛卡尔坐标	

希腊字母

α_V	体积膨胀系数,K^{-1}	
α	吸收比	
γ	比热容比	
δ	厚度,m	
ε	制冷系数	
	发射率	
ε'	供热系数	
η	效率	
	动力黏度,Pa·s	
κ	绝热指数(定熵指数)	
θ	过余温度,K 或℃	
λ	导热系数,$W/(m \cdot K)$或$W/(m \cdot ℃)$	
	波长,m 或 μm	
ν	运动黏度,m^2/s	
ρ	密度,kg/m^3	
	反射比	
ϕ_i	混合物组元i的体积分数	

特征数

$$Bi = \frac{hl_c}{\lambda} \qquad 毕渥数$$

$$Gr = \frac{g\alpha_V \Delta t l_c^3}{\nu^2} \qquad 格拉晓夫数$$

$$Nu = \frac{hl_c}{\lambda} \qquad 努塞尔数$$

$$Pr = \frac{\nu\rho c}{\lambda} \qquad 普朗特数$$

$$Re = \frac{ul_c}{\nu} \qquad 雷诺数$$

目　录

CONTENTS

下篇 传热学

绪　论

0.1　能源及热能利用

能源是发展生产和提高人类生活水平的重要物质基础,是人类社会赖以生存和发展的源泉。

0.1.1　能源

所谓能源,是指可向人类提供各种有效能量的物质资源。迄今为止,自然界中可被人们利用的能量主要有煤和石油等矿物燃料的化学能以及风能、水力能、太阳能、地热能、原子能、生物质能等。能源建设是世界各国国民经济建设的基础。我国的能源建设面临的主要问题有:

(1) 人均能源储备量少。我国人均能源储备与发达国家相差悬殊,与世界平均水平相比也差得甚远。

(2) 能源开发利用设备和技术落后,能源利用效率低,浪费严重。我国能源利用率与工业发达国家相差较大。目前,我国能源终端利用率仅为 33.4%,比发达国家低 10%~15%。

(3) 能源结构不合理,环境污染严重。我国能源结构以煤炭为主,约 70% 的能源需求由煤炭提供,烟气的排放使大气受到严重的污染。目前,我国 CO_2 的排放量仅次于美国,居世界第二,每年酸雨造成的农业减产损失达 400 亿元,空气污染对人体健康和生产力造成的损失估计每年超过 1 600 亿元。

为了解决这些问题,要大力开发对环境无污染或污染很小的新能源,如太阳能、风能、水能、地热能、海洋能、生物质能以及核能等;除了积极开展这些新能源和清洁能源技术研究和利用外,最现实的办法就是合理利用能源,提高能源利用率,包括从技术上改进现有的能源利用系统和设备,将可用能的损失减少到最低限度,并积极开发高效、低污染的能源利用系统和先进的节能设备。为此,国务院制定了能源建设的总方针:"能源的开发和节能并重,要把节能放在优先地位,大力开展以节能为中心的技术改造和结构改革……"

0.1.2　热能的利用

人类利用的主要能源有煤和石油等矿物燃料的化学能、风能、水力能、太阳能、地热能、原子能、生物质能等。其中,风能和水力能是自然界以机械能形式提供给人类的能量,其他则主要以热能的形式或者转换为热能的形式供人们利用。可见,能量的利用过程实质上是能量的传递和转换的过程(图 0-1)。据统计,世界上经过热能形式而被利用的能量平均超过 85％,我国则占 90％以上。因此,热能是能源利用的最基本和最主要的能量形式,在能源利用中占有主导地位,热能的开发利用对人类社会的发展有着重要意义。

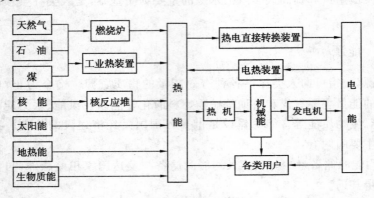

图 0-1　热能及其工程利用

热能利用有两种基本形式:一种是热利用,即将热能直接用于加热物体,以满足烧饭、采暖、烘干、冶炼、蒸煮、原油加热等需要;另一种是动力利用,通常是指通过各种热力发动机(热机)将热能转换为机械能(或再转变为电能),为人类的日常生活、工农业生产及交通运输提供动力。自从 18 世纪中叶发明蒸汽机以来,至今虽然只有 200 多年的历史,但却开创了热能动力利用的新纪元,使人类社会的生产力和科学技术的发展突飞猛进。然而,热能通过各种热机转换为机械能的有效利用程度(热效率)较低。早期蒸汽机的热效率只有 1％～2％,现代燃气轮机装置的热效率为 37％～42％,蒸汽电站的热效率也只有 40％左右。如何更有效地实现热能和机械能之间的转换,提高热机的热效率,是十分重要的课题。

目前,我国的热能利用技术水平与世界发达国家相比还有很大的差距,主要表现为热能利用系统落后、热能利用率低、经济性差。为了更加有效、合理地利用热能,提高能源利用率,工程技术人员要熟悉并掌握热能利用的基本规律和提高热能利用率的方法。

0.2　热工基础的研究内容与研究方法

热工基础是由工程热力学和传热学两部分基本内容组成的综合性热能利用理论基础,主要研究热能利用的基本规律、提高热能利用率的方法以及热能利用过程和其他热现象中热量传递的基本规律。

0.2.1　工程热力学的研究内容与研究方法

工程热力学是热力学的一个分支,是热力学理论在工程上的具体应用。工程热力学主要研究热能和机械能及其他形式的能量之间相互转换的规律,研究热能的合理、有效利用技术和方法。

因为热能和机械能之间的相互转换是通过工质在热力设备中的循环状态的变化过程来实现的,所以,热能和机械能转换所必须遵循的基本规律——热力学第一定律和热力学第二定律——是工程热力学的理论基础;工质的热力性质、热力过程和热力循环的工作原理,以及提高能量转换效率的途径和技术措施,是工程热力学的主要研究内容。

工程热力学主要采用宏观的研究方法,以热力学第一定律、第二定律为基础,针对具体问题采用抽象、概括、理想化和简化的方法,突出实际现象的本质和主要矛盾,忽略次要因素,建立合理的物理模型,推导出一系列有用的公式,得到若干重要结论。由于热力学基本定律具有可靠性和普适性,因此应用热力学宏观研究方法可以得到可靠的结果。

通过工程热力学的学习,读者可了解热力学的宏观研究方法,掌握工程热力学的基本概念和基本定律,能够正确运用能量转换规律,并能利用热力学的基本知识分析和解决热力过程中的问题,建立合理、有效利用能源的概念,这可为实际工作中的有关热能利用打下坚实的理论基础。

0.2.2　传热学的研究内容与研究方法

热能间接利用所涉及的热能和机械能之间的转换属于工程热力学的研究范畴;热能直接利用所涉及的热量传递规律属于传热学的研究范畴。

传热学是研究在温差作用下热量传递规律的一门科学。一切热能利用过程都离不开传热。工程热力学将热机的工作过程概括为:工质从高温热源吸取热量,将其中一部分转变为功,其余部分传给低温热源。这说明,在热机的工作过程中自始至终伴随着热量的传递。热力学第二定律指出,热量总是自发地从高温物体传向低温物体,因此有温差就会有热量传递(简称传热)。由于温差广泛存在于自然界和各个技术领域中,所以热量传递是非常普遍的现象。人类的衣、食、住、行等各环节都离不开传热学原理的应用,同时其影响和应用也几乎遍及所有现代工业领域。在某些领域中,传热问题还是制约技术发展的瓶颈问题。在石油的开采和输送过程中,也常常遇到各种传热问题,尤其是稠油、高凝油,因其流动性差,所以在开采和输送过程中,常常要采用"加热"和"保温"的方法来改善生产的工艺流程。

应用传热学的规律来解决的生产实际问题主要有两个方面:一方面是力求强化传热,用最经济的设备来传递一定的热量;另一方面是要削弱传热,以减少热损失或改善工作条件。例如,为了降低输油管道的热损失,需要采取隔热保温等削弱传热的措施;而原油加热或换热设备内为了提高传热速率又需要对换热器采取强化传热措施。所有这些问题都要求人们掌握热量传递的规律和计算方法。

传热学主要采用理论分析、数值模拟和实验研究相结合的研究方法。通过传热学的学习,掌握传热学的基本概念、基本理论与基本分析计算方法,为今后分析、研究和解决实际工程传热问题奠定必要的技术理论基础。

综上所述,能量的有效与合理利用几乎是每一名工程技术人员都需要解决的问题,热工基础是现代工程技术人员必备的技术基础知识,是 21 世纪工科各类专业人员工程素质的重要组成部分。

上篇　工程热力学

工程热力学主要研究热能和机械能及其他形式的能量之间相互转换的规律,热能的合理、有效利用技术和方法。工程热力学的主要研究内容包括以下 3 个方面。

(1) 能量转换的基本原理。研究热能的动力利用,即热能和机械能之间的转换,所依据的基本定律是热力学第一定律与第二定律。热力学第一定律揭示了能量传递和转化过程中"数量"上的守恒关系;热力学第二定律阐明了能量不但有"数量"的多少,而且有"品质"的高低。

(2) 工质的热力性质。热能和机械能之间的相互转换是通过某种媒介物质的状态变化过程实现的,这种实现能量传递与转换的媒介物质称为工质。工质热力性质的研究是工程热力学的主要研究内容之一,主要是理想气体、水蒸气等常用工质的基本热力性质。

(3) 热工设备的热力过程。其主要内容有理想气体的热力过程和循环的分析计算。任何一类热工设备的热力过程都可能有很多种,作为一门工程技术基础理论课程,所侧重介绍的是热力过程的分析计算方法。

第1章 基本概念

　　工程热力学的概念和术语很多,而且抽象。本章主要介绍热力系统、平衡状态、状态参数、可逆过程、功和热量等概念。正确理解这些概念、术语的意义以及相关约定,可为有效地掌握热力学的分析方法和后续学习奠定基础。

1.1 热力系统

　　将热能转换为机械能的机器统称为热力发动机,简称热机。如蒸汽机、蒸汽轮机、内燃机、燃气轮机和喷气发动机等,都是热机。内燃机是使用最广泛、人们最熟悉的一种热机。内燃机有汽油机、柴油机之分,其主要部分为气缸和活塞(图 1-1)。燃料和空气进入气缸后,点火燃烧,所释放的热能使燃气的温度和压力瞬时急剧上升,大大高于周围环境的温度和压力,于是,膨胀的燃气推动活塞运动,并通过连杆-曲柄机构将机械能传递出去,这样不断地将燃烧时放出的热能转变为机械能。

　　热能和机械能之间的转换,必须借助一定的工作物质(媒介物质)才能实现。工程上将实现能量转换的媒介物质称为工质。如空气、燃气、水蒸气、氨、氟利昂等,都是常用的工质。

　　燃气和水蒸气工质需要从某个能源吸热以获取热能,从而具备作功能力而对机器作功,同时又把余下的热能排向环境介质。把与工质进行热量交换的物质系统称为热源,其中,温度高的热源称为高温热源,温度低的热源称为低温热源。

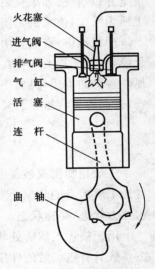

火花塞
进气阀
排气阀
气　缸
活　塞
连　杆

曲　轴

图 1-1　内燃机示意图

　　为便于分析问题,热力学中通常选取一定的工质或空间作为研究对象,称之为热力系统,简称系统。系统以外的一切物质和空间称为外界或环境。为了不至于把热力系统和外界混淆起来,设想有界面将它们分开,这个界面称为边界,本书用虚线表示系统的边界。边界可以是真实的,也可以是假想的;可以是固定的,也可以是移动的。图1-2 所示气缸活塞机构中,若把虚线包围的气体取作系统,则其边界就是真实的,其中一部分是固定的,另一部分是移动的。

热力系统和外界可以以功和热的形式进行能量交换,也可以进行物质的交换。根据系统和外界之间能量和物质的交换情况,可将热力系统分为以下几类:

（1）闭口系统,与外界无物质交换的系统;

（2）开口系统,与外界有物质交换的系统;

（3）绝热系统,与外界无热量交换的系统;

（4）孤立系统,与外界既无物质交换也无能量（功、热量）交换的系统。

热力系统的选取取决于所提出的研究任务,热力系统可以是一群物体、一个物体或物体的某一部分。例如,当要讨论从空气和燃油进入内燃机起,到工作后从排气管排出废气为止的整个过程时,就要把整台内燃机取为系统,该系

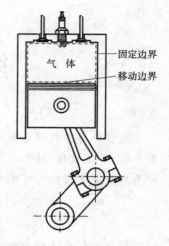

气体

——固定边界

——移动边界

图 1-2 热力系统

统是开口系统;如果只研究进、排气门关闭时工质受热膨胀作功的情况,则取气缸内的工质为系统,该系统是闭口系统。

严格地讲,自然界中不存在完全绝热或孤立的系统,绝热或孤立系统只是一个简化模型,但工程上却存在接近于绝热或孤立的系统。用工程观点来处理问题时,只要抓住事物的本质,突出主要因素,就可以近似地将这样的系统看成绝热系统或孤立系统,进而得出有指导意义的结论。

1.2 平衡状态与状态参数

工质在膨胀或被压缩的过程中,其温度、压力、体积等物理量会随之发生变化,或者说工质本身的状况会发生变化。工质在某一瞬间所呈现的宏观物理状况称为工质的热力状态,简称状态。

用于描述工质所处状态的宏观物理量称为状态参数,如温度、压力、比体积等。状态参数具有点函数的性质,状态参数的变化只取决于给定的初始状态和终了状态,而与变化过程中所经历的一切中间状态或路径无关。

1.2.1 平衡状态

在不受外界影响（重力场除外）的条件下,如果系统的状态参数不随时间而变化,则此系统处于平衡状态。气体在平衡状态下,如果略去重力的影响,那么气体内部各处的温度、压力、比体积等状态参数都应相同;当系统内各部分的温度或压力不一致时,各部分将发生热量的传递或相对位移,其状态将随时间而变化,这种状态称为非平衡状态。如果没有外界的影响,非平衡状态最终将过渡到平衡状态。

工质的平衡状态一旦确定,状态参数就有确定的数值。非平衡状态时,系统各部分的状态参数是不一样的,无法用共同的参数来描述系统所处的状态,即其状态参数难以确定,因此工程热力学只研究平衡状态。

1.2.2 基本状态参数

在热力学中,常用的状态参数有压力、温度、比体积、热力学能、焓、熵等。其中,压力、温度和比体积可以直接用仪器仪表测量,称为基本状态参数。

1. 压力

单位面积上所受到的垂直作用力称为压力(即压强),以符号 p 表示,即

$$p = \frac{F}{A}$$

式中,F 为垂直作用于面积 A 上的力,N。

根据分子运动论,气体的压力是大量分子向容器壁面撞击的平均结果。如果用液柱高度来计算,则气体的压力 $p = \rho g h$。

在国际单位制中,压力的单位为 Pa(帕),1 Pa = 1 N/m^2。工程上,因单位 Pa 太小,常采用 kPa(千帕)和 MPa(兆帕)作为压力的单位,它们之间的关系为

$$1 \text{ MPa} = 10^3 \text{ kPa} = 10^6 \text{ Pa}$$

工程上可能遇到的其他压力单位还有巴(bar)、毫米汞柱(mmHg)、毫米水柱(mmH$_2$O)、标准大气压(atm,也称物理大气压)和工程大气压(at)等,并有

$$1 \text{ bar} = 10^5 \text{ Pa}$$
$$1 \text{ mmHg} = 133.322 \text{ Pa}$$
$$1 \text{ mmH}_2\text{O} = 9.806\ 65 \text{ Pa}$$
$$1 \text{ atm} = 1.013\ 25 \times 10^5 \text{ Pa}$$
$$1 \text{ at} = 1 \text{ kgf/cm}^2 = 0.980\ 665 \times 10^5 \text{ Pa}$$

工程上常用弹簧式压力表(图 1-3a)测量工质的压力,用 U 形管压力表测量微小压力,如图 1-3(b)和(c)所示。由于压力表本身总处在某种环境(通常是大气环境)中,因此,由压力表测得的压力是被测工质的压力与当地环境压力之间的差值,并非工质的真实压力。

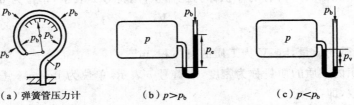

(a) 弹簧管压力计　　　(b) $p > p_b$　　　(c) $p < p_b$

图 1-3　压力测量示意图

工质的真实压力称为绝对压力,用 p 表示。当绝对压力大于环境压力 p_b 时,压力表指示的数值称为表压力,用 p_e 表示,如图 1-3(b)所示。显然

$$p = p_b + p_e$$

当工质的绝对压力低于环境压力 p_b 时,测压仪表指示的读数称为真空度,用 p_v 表示,如图 1-3(c)所示。显然

$$p = p_b - p_v$$

环境压力 p_b 随测量时间、地点的不同而不同,可用压力计测定。只有绝对压力才能表征工质所处的状态,因此,在热工计算中若没有特别注明,压力通常指绝对压力。

2. 温度

温度是物体冷热程度的标志。从微观上看,温度标志物质分子热运动的激烈程度,温度越高,分子的热运动越激烈。温度不同的两个物体接触时,通过接触面上分子的碰撞进行微观的动能交换,这种微观的动能交换就是宏观的热能交换。

为了给温度确定数值,应建立温标-温度的数值表示法。例如,在日常生活中常用的摄氏温标,就是在一个标准大气压力下、以纯水的冰点为 0 ℃,水的沸点为 100 ℃,将水银柱的高度变化划分为 100 等份而得出的。摄氏温标的符号为 t,单位为℃(摄氏度)。

国际单位制采用热力学温标,符号为 T,单位为 K(开)。热力学温标取纯水三相点(纯水的汽、液、固三相平衡共存的状态点)为基准点,并指定为 273.16 K。热力学温标所表达的温度又称为绝对温度,摄氏温标与热力学温标的关系为

$$t = T - 273.15$$

由此可知,摄氏温标与热力学温标仅起点不同,摄氏温度 0 ℃相当于热力学温度 273.15 K。显然,水的三相点温度为 0.01 ℃。

少数欧美国家在工程上还习惯采用华氏温标,符号为 t_F,单位为℉,华氏温标与摄氏温标(t)的关系为

$$t = \frac{5}{9}(t_F - 32)$$

3. 比体积及密度

单位质量的工质所占有的体积称为比体积,用符号 v 表示,单位为 m³/kg,即

$$v = \frac{V}{m}$$

式中,m 为工质的质量,kg;V 为工质的总体积,m³。

单位体积内工质的质量称为密度,用符号 ρ 表示,单位为 kg/m³。显然,比体积与密度互为倒数,即

$$v = \frac{1}{\rho} \quad 或 \quad \rho v = 1$$

在热力学常用的状态参数中，压力 p 和温度 T 这两个参数与系统质量的多少无关，称为强度量；体积 V、热力学能 U、焓 H 和熵 S 与系统质量成正比，具有可加性，称为广延量。

但广延量的比参数，如比体积、比热力学能、比焓和比熵，即单位质量工质的体积、热力学能、焓和熵，不具可加性。通常热力系统的广延量用大写字母表示，其比参数用小写字母表示。

例题 1-1　某容器被一刚性壁分为两部分，在容器不同部位装有 3 个压力表，如图 1-4 所示。压力表 A 的读数为 0.11 MPa，压力表 B 的读数为 0.17 MPa。如果大气压力计读数为 0.1 MPa，试确定压力表 C 的读数及两部分容器内的绝对压力。

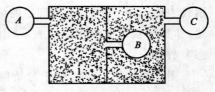

图 1-4　例题 1-1 图

解：

大气压力计读数为 0.1 MPa，即 $p_b = 0.1$ MPa，则有

$$p_1 = p_b + p_A = 0.1 + 0.11 = 0.21 \text{ MPa}$$

因为 $p_1 = p_2 + p_B$，所以

$$p_2 = p_1 - p_B = 0.21 - 0.17 = 0.04 \text{ MPa}$$

因为 p_2 小于大气压力 p_b，所以表 C 是真空表，则有

$$p_2 = p_b - p_C$$
$$p_C = p_b - p_2 = 0.1 - 0.04 = 0.06 \text{ MPa}$$

讨论：

不管用什么压力计，测得的都是工质的绝对压力 p 和环境压力之间的相对值，而不是工质的真实压力；环境压力是指测压计所处环境的空间压力，可以是大气压力 p_b，如题目中的表 A 和表 C，而题目中的表 B 的环境压力为 p_2。

1.3　状态方程与状态参数坐标图

热力系统的平衡状态可以用状态参数来描述。系统有多个状态参数，它们从不同的角度描写系统某一宏观特性，并且互有联系，这种表示状态参数之间关系的方程式称为状态方程，如

$$p = f(v, T) \quad \text{或} \quad F(p, v, T) = 0$$

理想气体状态方程式是

$$pv = R_g T$$

式中，R_g 是气体常数，仅与气体种类有关。

从公式可以看出，只要知道 p, v, T 中的任意两个，另一个参数也随之确定。对于

和外界只有热量和体积变化功(膨胀功或压缩功)交换的简单可压缩系统,只需 2 个独立的参数便可确定它的平衡状态,即简单可压缩系统平衡状态的独立参数只有 2 个。

由于 2 个独立的状态参数就可以确定简单可压缩系统的状态,所以可以任选 2 个独立的状态参数为坐标,构成平面直角坐标图。坐标图上的每一点都代表系统的一个平衡状态,如图 1-5 中 1,2 两点分别代表由 p_1,v_1 和 p_2,v_2 所确定的两个平衡状态。显然,非平衡状态无法在图中表示,因它没有确定的状态参数。

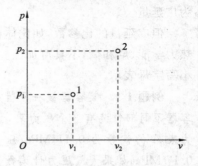

图 1-5　平衡状态在 p-v 图上的表示

图示法简明、直观,便于分析问题。在工程热力学中,经常采用的参数坐标图有 p-v 图和 T-s 图。

1.4　可逆过程

如果系统完成某一过程后,再沿原来路径逆向返回起始状态,系统与外界都恢复到原来状态而不留下其他任何变化,则这一过程称为可逆过程;否则称为不可逆过程。

1.4.1　可逆过程的条件

由上述定义可知,对于不可逆过程,并不是说状态变化后不能恢复到初态,而是当状态恢复到初态时外界必然发生变化。例如,有一阀门分别连接着装有高压气体与低压气体的两个密闭容器。打开阀门,高压容器内的气体必然流向低压容器,直到两个容器的压力相等为止。像这样的气体流动过程显然是不可逆过程,因为若没有外界的作用,低压容器的气体就不可能回到高压容器,使各自的压力恢复到初态。只有在外界的作用下,恢复才能实现,这就意味着外界必定发生变化。再如,有两个不同温度的物体相互接触,高温物体会不断放热,低温物体会不断吸热,直到两者达到热平衡为止。要使两物体恢复原状(即原来的温度),必须借助于外界的作用,这样外界就留下了变化,因此这也是一个不可逆过程。温度差和力差都是过程进行的推动力(即势差),因此只要系统与外界之间存在着有限势差,则必然导致过程不可逆。

如图 1-6 所示的气缸内气体的膨胀过程,假定膨胀过程中气缸内的气体与外界之间没有势差(传热无温差,作功无力差等)或势差只是一个无穷小量,但气体内部及气体与气缸间存在摩擦,那么在正向过程中,气体的一部分膨胀功消耗于摩阻,变为热;在反向过程中,不仅不能把正向过程中由摩阻变成的热量再转换成功,而且还要再消耗额外的机械功。也就是说,外界必须提供更多的功,才能使工质回到初态,这样外界就发生了变化。由此可见,存在摩擦的过程必定是不可逆过程;只有完全没有摩擦时,外界才能没有损失地全部得到气缸内气体所作的功。

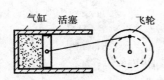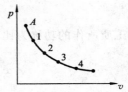

图 1-6 气缸中气体的膨胀过程

综上所述,若热力过程是可逆的,则必须满足下述条件:

(1) 过程推动力(即势差)无限小。传热时,热力系统内部、热力系统与外界之间不存在温差,或传热温差无限小;膨胀或压缩时,热力系统内部、热力系统与外界之间不存在压差,或压差无限小。

(2) 过程中不应有任何能量损耗效应,如摩擦、电阻、磁阻等。

1.4.2 研究可逆过程的意义

显然,可逆过程在工程中是不存在的。然而,可逆过程中没有任何能量耗损是一个理想过程,是一切热力设备工作过程力求接近的目标。将复杂的实际过程近似简化为理想的可逆过程进行研究,对热力学分析及对指导工程实践具有十分重要的理论意义。

1.5 功和热量

1.5.1 功

在力学中,功(或功量)定义为力和沿力作用方向上的位移的乘积。若在力 F 作用下,物体沿力的方向产生微小位移 $\mathrm{d}x$,则该力所作的微元功 δW 为

$$\delta W = F\mathrm{d}x$$

热能转换为机械能的过程是通过工质的体积膨胀实现的。工质在体积膨胀时所作的功称为膨胀功。如图 1-7(a)所示,假定气缸中有质量为 m 的工质,其瞬时压力为 p,外界作用在活塞上的压力为 p_{out},活塞面积为 A。当活塞移动距离 $\mathrm{d}x$ 时,工质反抗外力 $p_{\mathrm{out}}A$ 所作的膨胀功为

$$\delta W = p_{\mathrm{out}}A\mathrm{d}x = p_{\mathrm{out}}\mathrm{d}V$$

可逆过程中,外界压力 p_{out} 等于过程中某瞬间工质的压力 p,因此

$$\delta W = p\mathrm{d}V$$

如果活塞从位置 1 移动到位置 2，并且过程是可逆过程，则工质所作的膨胀功为

$$W = \int_1^2 p\mathrm{d}V \tag{1-1}$$

单位质量工质所作的功称为比功，用 w 表示

$$w = \int_1^2 p\mathrm{d}v \quad 或 \quad \delta w = p\mathrm{d}v \tag{1-2}$$

在国际单位制中，功的单位为 J(焦)或 kJ，比功的单位为 J/kg 或 kJ/kg。

根据微积分原理，$w = \int_1^2 p\mathrm{d}v$ 的数值可以用可逆过程曲线下面的面积来表示，因此，$p\text{-}v$ 图也叫示功图。如图 1-7(b)所示，过程 1-a-2 与 1-b-2 的路径不同，过程线下的面积也就不同，所以功是过程量，而不是状态量。为了以示区别，微小功量用 δw 表示，而不用 $\mathrm{d}w$。

当工质被压缩时，以上各式同样适用，只不过 $\mathrm{d}v$ 为负值，计算出的功也是负值，表示外界对工质作功，称为压缩功。膨胀功和压缩功都是因工质体积变化所产生的功，因此统称为体积变化功。

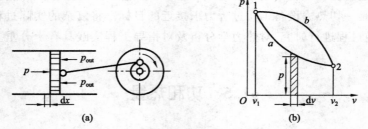

图 1-7 可逆过程的体积变化功

工程热力学中规定，系统对外界作功为正值；外界对系统作功为负值。

1.5.2 热量

热力系统与外界之间依靠温差传递的能量称为热量，用 Q 表示，单位为 J(焦)或 kJ。单位质量工质所传递的热量用 q 表示，单位为 J/kg 或 kJ/kg。

热量和功量一样，都是系统和外界通过边界传递的能量，也是过程量，微元过程中传递的热量用 δQ 或 δq。热力学中约定：系统吸热时，热量为正值；放热时，热量为负值。

在可逆过程中，系统与外界交换的热量的计算公式和功的计算公式具有相同的形式。对照式(1-2)，对于微元可逆过程，工质与外界交换的热量可以表示为

$$\delta Q = T\mathrm{d}S \quad 或 \quad \delta q = T\mathrm{d}s \tag{1-3}$$

式中，S 为质量为 m 的工质的熵（entropy），单位为 J/K；s 为比熵，单位为J/(kg·K)或kJ/(kg·K)。

比熵 s 同比体积 v 一样是工质的状态参数。

对于从状态 1 到状态 2 的可逆过程，工质与外界交换的热量用下式计算

$$Q = \int_1^2 T\mathrm{d}S \quad 或 \quad q = \int_1^2 T\mathrm{d}s \tag{1-4}$$

因为绝对温度 T 总是正值，故熵的变化即可说明工质在过程中是吸热还是放热。若 $\mathrm{d}s>0$，则 $\delta q>0$，系统从外界吸热；若 $\mathrm{d}s<0$，则 $\delta q<0$，系统向外界放热；若 $\mathrm{d}s=0$，则 $\delta q=0$，系统绝热，表示系统和外界没有热量交换，因此可逆绝热过程又称为定熵过程。

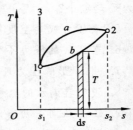

图 1-8　可逆过程的热量

由式(1-4)可知，在 T-s 图上可逆过程线下面与 s 轴所围成的面积等于该过程中系统与外界交换的热量，如图1-8所示，所以 T-s 图也叫示热图。由于 $s_2>s_1$，因此 1-2 过程是吸热过程。但由于过程途径不同，1-a-2 过程所传递的热量大于 1-b-2 过程的热量。

本章小结

热能与机械能的相互转换需借助一定的媒介物质，因此本章先介绍了热机、工质、热源、热力系统等概念；为描述系统，引入了平衡状态、状态参数、状态参数坐标图等概念和术语；能量的转换是通过状态的变化（即过程）来实现的，所以又介绍了热力过程、可逆过程、过程的功和热量等概念。

学习本章要达到以下要求：

(1) 理解并掌握工程热力学中的一些基本术语和概念，如热力系统、平衡状态、可逆过程等。

(2) 熟练掌握状态参数的特征，基本状态参数 p,v,T 的定义和单位等。

(3) 掌握功和热量这 2 个过程量的特征，会用系统的状态参数对可逆过程的功和热量进行计算。

思考题

1. 闭口系统与外界无物质交换，系统内质量保持恒定，那么反过来，系统内质量保持恒定的热力系统一定是闭口系统吗？

2. 如图 1-9 所示,一刚性绝热容器内充有水和水蒸气混合物,它们的温度与压力分别相等,不随时间变化。试问汽水混合物是否已处于平衡状态? 汽水混合物的各种参数量是否到处均匀?

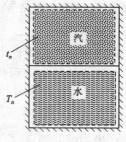

图 1-9　思考题 2 图

3. 绝对压力计算公式 $p = p_b + p_e$, $p = p_b - p_v$ 中,环境压力 p_b 是否必定是当地大气压?

4. 当真空表指示数值愈大时,则表明被测对象的实际压力愈大还是愈小?

5. 表压力或真空度能否作为状态参数进行热力计算?

6. 若工质的压力不变化,则测量它的压力表或真空表的读数是否可能发生变化?

7. 用 U 形管压力表测定工质的压力时,压力表液柱直径的大小对读数有无影响?

8. 没有盛满水的热水瓶,其瓶塞有时被自动顶开,有时被自动吸紧,这是什么原因?

9. 工质从同一初态出发,分别按两个不同的过程到达同一终态,则两个过程中的比体积变化和熵的变化是否相同? 与外界交换的功和热量是否相同?

10. 不可逆过程是无法恢复到初态的过程,这种说法是否正确?

11. 经历一个不可逆过程后,系统能否恢复原来状态?

12. 温度为 100 ℃ 的热源,非常缓慢地把热量加给处于平衡状态下的 0 ℃ 的冰水混合物,试问加热过程是否可逆?

习　题

1-1　已知大气压力计的读数是 755 mmHg。一个测定管道内气体压力的表的读数为 0.06 MPa。若此表是压力表,则管道内气体压力是多少? 若它是真空表,则管道内气体压力又是多少?

1-2　已知大气压力计的读数是 755 mmHg,试完成下列计算:

(1) 表压力为 13.6 MPa 时的绝对压力(bar);

(2) 绝对压力为 0.25 MPa 时的表压力;

(3) 真空表读数为 700 mmHg 时的绝对压力;

(4) 绝对压力为 0.05 MPa 时的真空表的读数。

1-3　用斜管式压力计测量管道中气体的真空度,如图 1-10 所示。管子的倾角 $\alpha = 30°$,压力计中使用密度为 800 kg/m³ 的煤油。倾管中液柱长度 $l = 200$ mm。当时大气压力为 745 mmHg,问管道中气体的真空度为多少 mmHg? 绝对压力为多少 mmHg?

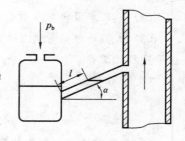

图 1-10　习题 1-3 图

1-4　用 U 形管测量容器中气体的压力。为防止水银蒸发危害人体健康,在水银柱上加一段水,如图 1-11 所示。测得水柱高度为 350 mm,汞柱高度为 400 mm。已知大气压力为 760 mmHg,求容器中气体的压力(MPa)。

1-5　如图 1-12 所示的圆筒容器,表 A 的读数为 360 kPa,表 B 的读数为 170 kPa,室 Ⅰ 的压力高于室 Ⅱ 的压力。大气压力为 760 mmHg。试求:

(1) 真空室、Ⅰ 室和 Ⅱ 室的绝对压力;

(2) 表 C 的读数;

(3) 圆筒顶面所受的作用力。

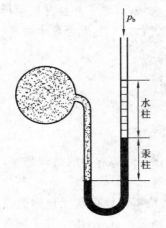

图 1-11　习题 1-4 图

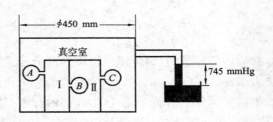

图 1-12　习题 1-5 图

1-6　一个容器中的气体,估计压力在 3 MPa 左右,现只有满量程为 2 MPa 的压力表 2 只,是否可以设法测定容器中的压力?

1-7　测得换热器出口原油的温度为 78 ℃,如果用热力学绝对温标表示,则原油温度为多少?

1-8　利用储气罐中的压缩空气在温度不变的情况下给气球充气。开始时,气球内没有气体,可认为初始体积为零;充满气体后,气球体积为 2 m³。若大气压力为 0.09 MPa,求充气过程中气体所作的功。

1-9　气体初态时 $p_1 = 0.5$ MPa,$V_1 = 0.4$ m³,在压力不变的条件下可逆膨胀到 $V_2 = 0.8$ m³,求气体所作的膨胀功。

第 2 章　热力学第一定律

　　能的形式很多,如机械能、热能、电能、光能和化学能等。热能是与物质内部分子运动以及分子结构有关的微观能量。当热能与其他形式的能量相互转换时,能的总量保持不变。热力学第一定律是一切热力过程计算的理论依据,其能量转换及守恒的实质不难理解,问题的复杂性在于应用。本章重点介绍热力学第一定律的数学描述,以及如何应用热力学第一定律分析计算工程实际问题。

2.1　热力学能和总能

2.1.1　热力学能

　　物质内部能量的总和,即与物质内部分子运动以及分子结构有关的微观能量,称为热力学能。

　　根据气体分子运动学说,物体内部的分子、原子等微粒不停地做着无规则的热运动,这种热运动所具有的能量是内动能,内动能是温度的函数。此外,由于分子间有相互作用力的存在,因此分子还具有内位能,内位能取决于气体的温度和比体积。工程热力学不研究工质的化学变化和原子反应,不考虑化学能和原子核能,仅关注微粒的内动能和内位能,它们称为工质的热力学能,简称热能。

　　可见,工质的热力学能取决于温度 T 和比体积 v,即取决于工质所处的状态,因此热力学能是一个状态参数,可表示为

$$U = f(T, v)$$

　　U 是质量为 m 的工质的热力学能,单位为 J 或 kJ;单位质量(即 1 kg)工质的热力学能称为比热力学能(简称热力学能),用 u 表示,单位为 J/kg 或 kJ/kg。

2.1.2　总能

　　除了热力学能外,物体或系统还因其宏观运动速度而具有宏观动能,因其在重力场中所处的位置而具有宏观位能。若工质的质量为 m,速度为 c_f,在重力场中的高度为 z,则宏观动能 E_k 和宏观位能 E_p 分别为

$$E_k = \frac{1}{2}mc_f^2, \quad E_p = mgz$$

式中，c_f 和 z 分别为只取决于工质在参考系中的速度和高度。

宏观动能和宏观位能都属于机械能，是外部储存能。机械能和热力学能是不同形式的能量，但是可以同时储存在热力系统内。人们把内部储存能与外部储存能的总和，即热力学能与宏观动能及位能的总和，称为工质的总储存能，简称总能，用 E 表示，单位为 J 或 kJ，则

$$E=U+E_k+E_p \quad 或 \quad E=U+\frac{1}{2}mc_f^2+mgz$$

单位质量工质的储存能称为比储存能，用 e 表示，单位为 J/kg 或 kJ/kg，则

$$e=u+\frac{1}{2}c_f^2+gz$$

2.2 热力学第一定律的实质

热力学第一定律的实质就是热力过程中的能量守恒与转化定律，它建立了热力过程中的能量平衡关系，是热力学宏观分析方法的主要依据之一。

热力学第一定律可表述为：在热能与其他形式能量的互相转换过程中，能的总量始终不变。

根据热力学第一定律，要想得到机械能，就必须耗费热能或其他形式的能量；而那种幻想创造一种不耗费任何能量就可以产生动力的机器的企图是枉然的。因此，热力学第一定律也可以表述为：不耗费任何能量就可以产生动力的第一类永动机是不可能制造成功的。

热力学第一定律适用于一切热力系统和热力过程，无论是开口系统还是闭口系统。把热力学第一定律应用于系统中的能量变化时，可写成如下形式：

进入系统的总能量－离开系统的总能量＝系统储存能量的增加 (2-1)

2.3 闭口系统的热力学第一定律表达式

在实际热力过程中，许多系统都是闭口系统，如内燃机的压缩和膨胀过程，活塞式压气机的压缩过程等。如图 2-1 所示，取封闭在气缸中的工质作为分析对象，该系统显然是一个闭口系统。假定工质从状态 1 变化到状态 2 的过程中，从外界吸入热量 Q，对外界作的膨胀功为 W。若工质的宏观动能和宏观位能的变化忽略不计，即 $\Delta E_k=0$，$\Delta E_p=0$，则工质（系统）储存能的增加即为热力学能的增加 ΔU。根据式(2-1)得

$$Q-W=\Delta U$$

即

$$Q=\Delta U+W \tag{2-2}$$

式中，热量 Q、热力学能变化量 ΔU 和功 W 都是代数值，可正可负。系统从环境吸热，

则 Q 为正值,系统对外作功,则 W 为正;反之为负。$\Delta U = U_2 - U_1$ 为工质由状态 1 变化到状态 2 时本身热力学能的变化,系统的热力学能增大时,ΔU 为正,反之为负。

式(2-2)具有明显的物理意义,它表明,外界加给工质的热量 Q,一部分用于增加工质的热力学能,储存于工质内部,余下的部分以作功的方式传递至外界。

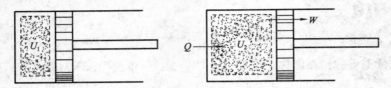

图 2-1   闭口系统能量平衡

对于 1 kg 工质,则有

$$q = \Delta u + w \tag{2-3}$$

对于一个微元过程,其微分形式为:

$$\delta Q = \mathrm{d}U + \delta W \quad 或 \quad \delta q = \mathrm{d}u + \delta w \tag{2-4}$$

对于可逆过程,$W = \int_1^2 p\,\mathrm{d}V$,则有

$$Q = \Delta U + \int_1^2 p\,\mathrm{d}V \quad 或 \quad \delta Q = \mathrm{d}U + p\,\mathrm{d}V \tag{2-5}$$

$$q = \Delta u + \int_1^2 p\,\mathrm{d}v \quad 或 \quad \delta q = \mathrm{d}U + p\,\mathrm{d}v \tag{2-6}$$

式(2-2)~(2-4)是闭口系统的热力学第一定律表达式,适用于闭口系统的一切过程,包括可逆过程,也包括不可逆过程;对工质性质也没有限制,无论是理想气体还是实际气体,是固体还是液体都适用。式(2-5)和(2-6)只适用于可逆过程。

例题 2-1   如图 2-2 所示,一刚性绝热容器被刚性隔板分为两部分,A 中装有氮气,B 内为真空。抽掉隔板后工质经自由膨胀达到新的平衡。求氮气热力学能的变化。

解:

(1) 首先确定系统。以图 2-2 中虚线所包围的空间为热力系统,即系统 $= A + B$,该系统与外界没有质量交换,所以为闭口系统。

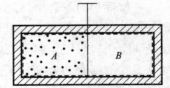

(2) 建立方程。闭口系统的能量方程为 $Q = \Delta U + W$。

(3) 分析系统与外界的能量交换及相互作用。

图 2-2   例题 2-1 图

由题意,因为容器绝热,所以 $Q = 0$。尽管气体膨胀,但由于是自由膨胀,没有对外作功,即没有功通过边界,所以 $W = 0$;或者可解释为,刚性容器没有体积变化,又没有其他形式的功出现,所以 $W = 0$。

由能量方程求得

$$\Delta U = 0$$

即 $U_2 = U_1$，所以气体的热力学能在膨胀前后没有变化。

例题 2-2　一金属储油容器内储存有原油，外壁保温良好，通过电热器向原油内输入 80 kJ 的能量，如图 2-3 所示。问原油的热力学能变化多少？

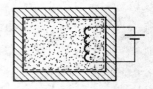

图 2-3　例题 2-2 图

解：

方法一

取虚线所包围的原油和电热器为系统，显然是一闭口系统，满足能量方程

$$Q = \Delta U + W$$

因外壁保温良好，所以忽略散热，近似为绝热，则 $Q = 0$，即

$$\Delta U + W = 0$$

由于外界向系统输入电功，则 $W = -80 \ \text{kJ}$，代入上式，得

$$\Delta U = 80 \ \text{kJ}$$

方法二

仅取储油容器内的原油为系统，显然也是一闭口系统，满足能量方程 $Q = \Delta U + W$。但系统与外界能量交换的形式有变化。当把电热器输入的电功看作其转变为热量被原油吸收时，则 $Q = 80 \ \text{kJ}$，系统与外界没有功的交换，即 $W = 0$，则有

$$\Delta U = 80 \ \text{kJ}$$

讨论：

(1) 本题说明在解决能量转换问题时必须首先确定系统，系统不同，与外界进行的能量交换形式不同。

(2) 本题中通过电热器向原油内输入 80 kJ 的能量，在方法一中将其作为功来处理，是外界对系统作功，值为负；在方法二中将其作为热量来处理，是系统从外界吸热，值为正。因此，在分析问题时应注意公式 $Q = \Delta U + W$ 中正负的约定。两种方法所取的研究对象不同，但结果是相同的。

(3) 本题中工质是原油，但也可以加热水蒸气、空气等工质，能量方程式 $Q = \Delta U + W$ 均适用，说明能量方程对工质没有限制，适用于任何工质。

例题 2-3　一气缸活塞系统内装有 5 kg 天然气，由初态的比热力学能 $u_1 = 1\ 709 \ \text{kJ/kg}$ 膨胀到 $u_2 = 1\ 659 \ \text{kJ/kg}$，此过程中加给天然气的热量为 80 kJ，通过搅拌器输入系统 18 kJ 的功。若系统无动能、位能的变化，试求通过活塞所作的功。

解：

取气缸活塞中的天然气为研究对象。该系统是一个闭口系统，所以能量方程为

$$Q = \Delta U + W$$

天然气吸收的热量 $Q=80$ kJ；热力学能的增量 $\Delta U=m(u_2-u_1)$；方程中 W 是总功，此处应包括搅拌器输入功（$W_j=-18$ kJ）和活塞膨胀功 W_p，则能量方程为

$$Q=\Delta U+W_j+W_p$$

$$80=5\times(1\,659-1\,709)+(-18)+W_p$$

$$W_p=348 \text{ kJ}$$

讨论：

求出的体积变化功为正值，说明系统通过活塞膨胀对外界作功。

2.4 开口系统稳定流动能量方程式

工程上，加热、冷却、膨胀、压缩等过程一般都是工质不断地流过锅炉或加热器、冷凝器、内燃机、压缩机等热力设备时进行的。工质流经这些热力设备时，有物质不断地进入系统，也有物质不断地流出系统，为开口系统，如图 2-4 所示。开口系统仍然遵从能量守恒定律，与闭口系统不同的是，开口系统研究的对象不是一定的物质，而是一定的空间范围，可以是一个设备，也可以是一个过程。

2.4.1 稳定流动与推动功

工程上常用的热力设备，除起动、停止或者加减负荷外，大部分时间是在外界影响不变的条件下稳定运行的。这时，工质的流动状况不随时间而改变，即任一流通截面上工质的状态不随时间改变，各流通截面上的质量流量相等，且不随时间改变，这种流动状况称为稳定流动。

工质在流过热力设备时，必须受外力推动，这种推动工质流动而作的功称为推动功。

如图 2-4 所示，内燃机进气过程中气体的状态参数 p,v,T 不变。气体作用在面积为 A 的活塞上的力为 pA，当气体流入气缸时推动活塞移动了距离 Δl，所作的功为

$$pA\Delta l=pV=mpv$$

式中，mpv 就是推动功；m 表示进入气缸的气体的质量；1 kg 气体的推动功等于 pv。

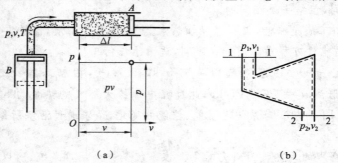

（a）   （b）

图 2-4 内燃机进气过程中的推动功示意图

推动功是由泵或风机加给被输送的工质,并随着工质的流动而向前传递的一种能量,不是工质本身的能量。工质在位置移动时总是从后向前获得推动功,而又对前面作出推动功,即使没有活塞存在也完全一样。作推动功时工质的状态参数没有变化,工质所起的作用只是单纯地传输能量。

2.4.2　稳定流动能量方程式

如图 2-5 所示,工质由截面 1-1 流入,由 2-2 流出。取进出口截面 1-1,2-2 以及设备壁面为系统边界,这显然是一个开口系统。假设在时间 τ 内,质量为 m_1 的工质以流速 c_{f1} 跨过截面 1-1 流入系统,与此同时,质量为 m_2 的工质以流速 c_{f2} 跨过截面 2-2 流出系统。在时间 τ 内,系统从外界吸收热量 Q,工质通过透平机机轴的旋转对外输出轴功 W_s。

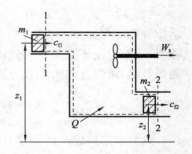

图 2-5　开口系统能量转换示意图

假设系统满足稳定流动条件,则 $m_1 = m_2 = m$,于是,在时间 τ 内进入系统的总能量为

$$Q + m\left(u_1 + \frac{1}{2}c_{f1}^2 + gz_1\right) + mp_1v_1$$

同时,离开系统的总能量为

$$W_s + m\left(u_2 + \frac{1}{2}c_{f2}^2 + gz_2\right) + mp_2v_2$$

由于在稳定流动过程中,系统内工质的数量和状态参数都不随时间变化,系统与外界交换的热量、功量也不随时间变化,所以系统的总能量保持不变,系统储存能的增加为零。于是,由热力学第一定律可得

$$\left[Q + m\left(u_1 + p_1v_1 + \frac{1}{2}c_{f1}^2 + gz_1\right)\right] - \left[W_s + m\left(u_2 + p_2v_2 + \frac{1}{2}c_{f2}^2 + gz_2\right)\right] = 0$$

令 $u + pv = h$,由于 u,p,v 都是工质的状态参数,所以 h 也一定是状态参数,称为比焓。于是上式可整理成

$$Q = m(h_2 - h_1) + \frac{1}{2}m(c_{f2}^2 - c_{f1}^2) + mg(z_2 - z_1) + W_s$$

或

$$Q = \Delta H + \frac{1}{2}m\Delta c_f^2 + mg\Delta z + W_s \tag{2-7}$$

当流入质量为 1 kg 的流体时,稳定流动能量方程式为

$$q = \Delta h + \frac{1}{2}\Delta c_f^2 + g\Delta z + w_s \tag{2-8}$$

式中,q 和 w_s 分别是 1 kg 工质进入系统后,系统从外界吸入的热量和在机器内部所作

的轴功。

式（2-7）和式（2-8）是根据能量守恒推导出来的，适用于任何过程、任何工质的稳定流动过程。

在稳定流动能量方程式的推导中引入了焓的定义，需要指出：

（1）比焓 h 是一个状态参数，具有能量的单位，比焓 h 的单位是 J/kg。焓 $H=U+pV$，它的单位是 J。

（2）对于流动工质，当 1 kg 工质通过界面流入热力系统时，储存在其内部的热力学能 u 随之带入了系统，同时还把从外部获得的推动功 pv 也带进了系统。在热力设备中，工质总是不断地从一处流到另一处，随着工质的移动而转移的能量不是热力学能而是焓，所以在热力工程计算中，焓的应用更为广泛。

2.5　稳定流动能量方程式的应用

热力学第一定律的能量方程式应用很广，可用于分析计算任何过程中能量的传递和转化。能量方程包括的能量项目比较多，实际应用中，多数情况下可以把其中一项甚至几项略去不计，使能量方程更加简单明了，突出主要矛盾，下面举例说明。

2.5.1　动力机

各种热力发动机，如内燃机、燃气轮机、蒸汽轮机等，都是利用工质膨胀作功，压力降低，对外输出轴功，如图 2-6 所示。气体进口和出口的动能差很小，可以忽略不计；位能差极微，可以不计；由于采用了良好的保温隔热措施，通过设备外壳的散热量和轴功相比极小，也可忽略。由式（2-8）可得

$$w_s = h_1 - h_2 \tag{2-9}$$

即动力机对外输出的轴功等于工质的焓降。

2.5.2　压缩机械

如图 2-7 所示，当工质流经风机、水泵、压气机等压缩机械时，压力升高，外界对工质作轴功，与动力机正好相反。动能差和位能差可忽略不计；压缩过程工质对外界放热，q 为负值，因 w_s 不大，所以 q 暂时不忽略。

由式（2-8）可得

$$w_s = h_1 - h_2 + q \tag{2-10}$$

w_s 为负值，说明压缩机械需要消耗功，压缩 1 kg 工质耗功为 $-w_s$。可见，压缩机械所消耗的功的大小取决于压缩前后的状态，此外还与过程的热量 q 有关。

2.5.3　换热器

如图 2-8 所示，工质流经锅炉以及各种加热器、冷却器、散热器、蒸发器和冷凝器等

热交换设备时,与外界有热量交换而无功的交换,即 $w_s = 0$。动能和位能的变化可以忽略,由式(2-8)得 1 kg 工质吸收的热量为

$$q = h_2 - h_1 \tag{2-11}$$

可见,冷流体在换热器中吸收的热量等于其焓的增加;相反,热流体放出的热量等于其焓的减少。

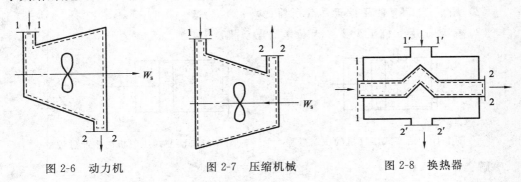

图 2-6　动力机　　　　　图 2-7　压缩机械　　　　　图 2-8　换热器

2.5.4　绝热节流

工质流过阀门或流量孔板时,流动截面突然收缩,压力下降,这种现象称为节流,如图 2-9 所示。由于存在摩擦和涡流,节流过程是不可逆的。但在离阀门缩口稍远的 1-1 和 2-2 截面上,流动情况基本稳定,如果选择这两个截面的中间部分为开口系统,可以近似地用稳定流动能量方程式进行分析。由于两个截面上流速差别不大,因此动能变化和位能变化可以忽略;节流过程对外不作轴功;工质流过两个截面之间的时间很短,与外界交换的热量很少,可以近似地认为节流过程是绝热的,即 $q = 0$。综上可得

$$h_1 = h_2 \tag{2-12}$$

上式表明,在忽略动能、位能变化的绝热节流过程中,节流前后工质的焓值相等。但在两个截面之间,特别是缩口附近,由于流速变化很大,焓值并非处处相等,因此不能将绝热节流过程理解为定焓过程。

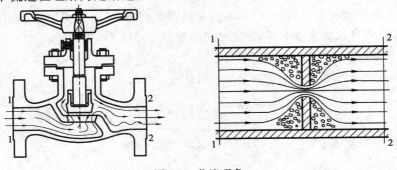

图 2-9　节流现象

例题 2-4 天然气在某压气机中被压缩(图 2-10 和图 2-11)。压缩前,天然气的参数是 $p_1=0.1$ MPa,$v_1=0.84$ m³/kg;压缩后,天然气的参数是 $p_2=0.8$ MPa,$v_2=0.17$ m³/kg。假定在压缩过程中,1 kg 天然气的热力学能增加 150 kJ,同时向外放出热量 50 kJ,压气机每分钟生产压缩空气 10 kg。求:

(1) 压缩过程中对每千克天然气所作的功;

(2) 每生产 1 kg 的压缩天然气所需的功;

(3) 带动此压气机至少要多大功率的电动机。

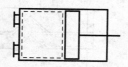 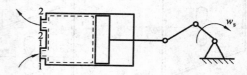

图 2-10 活塞式压气机的压缩过程 图 2-11 活塞式压气机的生产过程

解:

要正确求出压缩过程的功和生产压缩气体的功,必须依赖于热力系统的正确选取,及对功的类型的正确判断。活塞式压气机的工作过程包括进气、压缩和排气 3 个过程。

(1) 在压缩过程中,进、排气阀均关闭,取如图 2-10 所示虚线所包围的天然气为热力系统,显然是闭口系统,系统与外界交换的功是体积变化功,设为 w,则能量方程为

$$q=\Delta u+w$$

将 $q=-50$ kJ/kg,$\Delta u=150$ kJ/kg 代入方程有

$$-50=150+w$$

解得

$$w=-200 \text{ kJ/kg}$$

(2) 要生产出压缩气体,压气机的进、排气阀须周期性地打开和关闭,气体进出气缸,因此系统是开口系统。严格来说,该系统不是稳定系统,因为各点参数在作周期性变化。但考察不同时期的同一时刻,各点参数却是相同的,每个周期进、排气参数和质量不变,与外界交换的能量相同,满足稳定流动的 3 个条件,因此可将压气机的生产过程抽象为气体连续不断地进入气缸,受压缩后连续由气缸排出的稳定流动系统,如图 2-11 所示,系统与外界交换的是轴功 w_s,则能量方程为

$$q=\Delta h+\frac{1}{2}\Delta c_{\mathrm{f}}^2+g\Delta z+w_{\mathrm{s}}$$

忽略动能差和位能差,即 $\frac{1}{2}\Delta c_{\mathrm{f}}^2=0$ kJ/kg,$g\Delta z=0$ kJ/kg,则

$$q=\Delta h+w_{\mathrm{s}}$$

其中，$q = -50$ kJ/kg，$\Delta u = 150$ kJ/kg。

根据焓的定义 $h = u + pv$，有

$$\Delta h = \Delta u + \Delta(pv)$$
$$= 150 + (0.17 \times 0.8 - 0.1 \times 0.84) \times 10^6 \times 10^{-3}$$
$$= 202 \text{ kJ/kg}$$

将 $\Delta h = 202$ kJ/kg 代入，即

$$-50 = 202 + w_s$$

则有

$$w_s = -252 \text{ kJ/kg}$$

（3）所需要电动机的功率 P 为

$$P = q_m |w_s| = \frac{10}{60} \times 252 = 42 \text{ kW}$$

讨论：

区分所求功的类型是本章的一个难点，读者可根据所举的例题仔细体会。

例题 2-5　一台联合站用燃油锅炉，蒸发量为 2 t/h，锅炉给水的比焓为 162 kJ/kg，产生的蒸汽的比焓为 2 720 kJ/kg。已知锅炉的热效率为 70%，测得渣油的发热值为 38 000 kJ/kg，试求锅炉每小时需要的渣油量。

解：

以锅炉进出口截面为系统边界，这是一个开口系统的稳定流动，根据式（2-8）可计算每千克工质在锅炉中所吸收的热量 q 为

$$q = h_2 - h_1 = 2\ 720 - 162 = 2\ 558 \text{ kJ/kg}$$

则每小时吸热量 Q 为

$$Q = q_m q = 2\ 000 \times 2\ 558 = 5.116 \times 10^6 \text{ kJ/h}$$

于是锅炉需要的渣油量为

$$\frac{5.116 \times 10^6}{38\ 000 \times 0.7} = 192 \text{ kg/h}$$

2.6　技术功

2.6.1　技术功的定义

在稳定流动能量方程式（2-7）与式（2-8）中，等号右边除焓差外，其余三项是不同类型的机械能，它们都是工程技术上可资利用的功。在工程热力学中，将这三项之和称为技术功，用 W_t 表示，即

$$W_t = \frac{1}{2}m\Delta c_i^2 + mg\Delta z + W_s$$

对于单位质量的工质,其技术功 w_t 为

$$w_t = \frac{1}{2}\Delta c_i^2 + g\Delta z + w_s \tag{2-13}$$

可见,轴功只是技术功的一部分。当忽略动能、位能变化时,轴功在数值上等于技术功,因此技术功的计算有时非常重要。

引入技术功后,稳定流动能量方程式(2-7)与式(2-8)可写为

$$Q = \Delta H + W_t \tag{2-14}$$

$$q = \Delta h + w_t \tag{2-15}$$

与式(2-7),(2-8)相比,式(2-14),(2-15)不仅形式简单,而且与闭口系统的能量方程式相似。

2.6.2　技术功的计算

由式(2-15)并考虑到 $q = \Delta u + w$,则有

$$w_t = w + \Delta u - \Delta h$$

将 $h = u + pv$ 代入整理得

$$w_t = w - (p_2 v_2 - p_1 v_1) \tag{2-16}$$

$p_2 v_2 - p_1 v_1$ 是用于维持工质流动所必须作出的净推动功。式(2-16)说明,工质稳定流经热力设备时所作的技术功等于体积变化功减去净推动功。

对可逆过程,则将 $w = \int_1^2 p dv$ 代入式(2-16)中,有

$$w_t = \int_1^2 p dv - (p_2 v_2 - p_1 v_1) = \int_1^2 p dv - \int_1^2 d(pv) = -\int_1^2 v dp$$

即

$$w_t = -\int_1^2 v dp \tag{2-17}$$

式(2-17)中,v 恒为正值,负号表示技术功的正负与 dp 相反。若过程中压力降低,技术功为正,则对外作功,如蒸汽轮机和燃气轮机;若工质的压力增加,技术功为负,则外界对工质作功,如压气机等压缩机械。

根据式(2-17),可逆过程的技术功在 p-v 上可以用过程曲线与纵坐标之间的面积表示,如图 2-12 所示,图中面积 12341 即为 1-2 可逆过程技术功的大小。

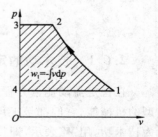

图 2-12　可逆过程的技术功

将 $w_t = -\displaystyle\int_1^2 v\mathrm{d}p$ 代入公式 $q = \Delta h + w_t$,则可逆过程稳定流动能量方程式可表示为

$$q = \Delta h - \int_1^2 v\mathrm{d}p \qquad (2\text{-}18)$$

$$\delta q = \mathrm{d}h - v\mathrm{d}p \qquad (2\text{-}19)$$

本章小结

热力学第一定律的实质是能量守恒与转换定律在热现象中的应用,可以表达为:

进入系统的总能量－离开系统的总能量＝系统储存能量的增加

闭口系统的能量方程 $q = \Delta u + w$ 是热力学第一定律的基本表达式。热力设备大部分时间在稳定状态下运行,所以稳定流动能量方程 $q = \Delta h + \frac{1}{2}\Delta c_i^2 + g\Delta z + w_s$ 或 $q = \Delta h + w_t$ 是工程上应用最广泛的方程。应注意,在开口系统能量方程中引进(或排出)工质时引进(或排出)系统的能量应该是焓而不是热力学能。

学习本章要达到以下要求:

(1) 深入理解热力学第一定律的实质,熟练掌握闭口系统和开口稳定流动能量方程的数学表达式,能够正确、灵活地应用热力学第一定律表达式分析计算工程实际问题。

(2) 正确理解热力学能、储存能、推动功、焓、轴功等概念。

(3) 掌握推动功、焓、轴功、技术功的定义及计算式。

思考题

1. 物质的温度越高,所具有的热量越多,这种说法对吗?

2. 热量和热力学能有什么区别?

3. 如图 2-13 所示,用隔板将绝热刚性容器分成 A,B 两部分,A 部分装有高压空气,B 部分为保持真空。将隔板抽去后,空气将充满整个容器,气体热力学能是否会发生变化? 这一过程是可逆过程吗? 若隔板上有一小孔,气体泄漏入 B 中,则 A,B 两部分压力相同时,两部分气体的热力学能是如何变化的?

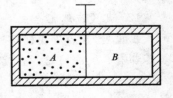

图 2-13 思考题 3 图

4. 在门窗紧闭的房间内,有 1 台电冰箱正在运行,若敞开冰箱的大门就有一股凉气扑面,感到凉爽。于是有人就想通过敞开冰箱大门达到降低室内温度的目的,你认为这种想法可行吗?

5. 绝热过程中气体与外界无热量交换,为什么还能对外作功?这是否违反热力学第一定律?

6. 判断下列说法是否正确:

(1) $q = \Delta u + w$ 适用于任意工质、任意过程;

(2) $q = \Delta u + \int p\mathrm{d}v$ 适用于任意工质的可逆过程;

(3) $\delta q = \mathrm{d}h - v\mathrm{d}p$ 适用于任意工质的可逆过程;

(4) 气体吸热后热力学能一定增加;

(5) 气体吸热后一定对外作功。

7. 判断下列说法是否正确:

(1) 气体膨胀时一定对外作功;

(2) 气体被压缩时一定消耗外功;

(3) 气体膨胀时必须对其加热;

(4) 气体边膨胀边放热是可能的;

(5) 气体在被压缩的同时吸入热量是不可能的。

8. 试比较图 2-14 所示的过程 1-2 与过程 1-a-2 中下列各量的大小:

(1) W_{12} 与 W_{1a2};

(2) ΔU_{12} 与 ΔU_{1a2};

(3) Q_{12} 与 Q_{1a2}。

9. 膨胀功、轴功、推动功之间有何区别与联系?

10. 为什么推动功出现在开口系统能量方程式中,而不出现在闭口系统能量方程式中?

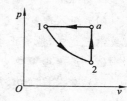

图 2-14　思考题 8 图

11. 稳定流动能量方程式是否可应用于活塞式压气机以稳定工况运行时的能量分析?为什么?

12. 几股流体汇合成一股流体称为合流,如图 2-15 所示。工程上,几台压气机同时向主气道送气以及混合式换热器等都有合流的问题。合流过程通常都是绝热的。取 1-1,2-2 和 3-3 截面之间的空间为控制体积,试列出能量方程式并导出出口截面上焓值 h_3 的计算式。

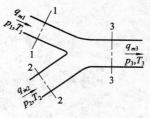

图 2-15　合流

习　题

2-1　冬季,工厂某车间要使室内维持一适宜温度。在这一温度下,透过墙壁和玻璃窗等处,室内向室外每小时传出 2.93×10^6 kJ 的热量。车间各工作机器消耗的动力为 4 000 W(认为机器工作时将全部动力转变为热能)。另外,室内经常亮着 50 盏 100 W 的电灯。要使这个车间的温度维持不变,问每小时需供给多少热量?

2-2 一汽车在 1 h 内耗油 34.1 L,汽油的密度为 0.75 g/cm³,汽油的发热量为 44 000 kJ/kg,通过车轮输出的功率为 68 kW。求每小时通过排气及水箱散出的总热量。

2-3 气体在某一过程中吸入热量 12 kJ,同时热力学能增加 20 kJ。此过程是膨胀过程还是压缩过程? 对外所作的功是多少(不考虑摩擦)?

2-4 天然气在某压气机中被压缩。压缩前,天然气的参数为 $p_1 = 0.1$ MPa,$v_1 = 0.88$ m³/kg;压缩后,天然气的参数为 $p_2 = 0.5$ MPa,$v_2 = 0.16$ m³/kg。假定在压缩过程中,每千克天然气的热力学能增加 180 kJ,同时向外放出热量 60 kJ,压气机每分钟生产压缩天然气 18 kg。求:

(1) 压缩过程中对每千克气体所作的功;

(2) 每生产 1 kg 的压缩气体所需的功;

(3) 带动此压气机至少要多大功率的电动机。

2-5 定量工质,经历由表 2-1 所列的 4 个过程组成的循环,请填充表 2-1 中所缺的数据。

表 2-1 某定量工质不同过程中的能量变化

过程	Q/kJ	W/kJ	ΔU/kJ
1-2	0		18
2-3		0	
3-4	0		−1 142
4-1		0	−2 094

2-6 某蒸汽锅炉中,锅炉给水的比焓为 62 kJ/kg,产生的蒸汽的比焓为 2 721 kJ/kg。已知锅炉的蒸汽产量为 4 000 kJ/h,锅炉的热效率为 70%,燃煤的发热值为 25 120 kJ/kg,求锅炉每小时的耗煤量。

2-7 水在绝热混合器中与水蒸气混合而被加热。水流入混合器的压力为 200 kPa,温度为 20 ℃,比焓为 84 kJ/kg,质量流量为 100 kg/min;水蒸气进入混合器时压力为 200 kPa,温度为 300 ℃,比焓为 3 072 kJ/kg;混合物离开混合器时压力为 200 kPa,温度为 100 ℃,比焓为 419 kJ/kg,求每分钟需要的水蒸气的质量。

2-8 某气体通过一根内径为 15.24 cm 的管子流入动力设备。设备进口处气体的参数是 $v_1 = 0.336\ 9$ m³/kg,$h_1 = 2\ 326$ kJ/kg,$c_{f1} = 3$ m/s;出口处气体的参数是 $h_2 = 2\ 326$ kJ/kg。若不计气体进出口的宏观动能差值和重力位能差值,忽略气体与设备的热交换,求气体向设备输出的功率。

2-9 一气缸上端有活塞,活塞上放置重物。气缸中有 0.8 kg 气体,压力为

0.3 MPa。若气体进行可逆过程并保持压力不变,体积由 0.1 m³ 减少至 0.03 m³,这时内能减少 60 kJ/kg,试求:

(1) 气体的作功量;

(2) 气体的放热量;

(3) 气体焓的变化。

2-10 一活塞式气缸设备内装有 2 kg 水蒸气,水蒸气的比热力学能由初态 $u_1=$ 2 709 kJ/kg膨胀到 $u_2=2$ 659 kJ/kg。此过程中加给水蒸气的热量为 80 kJ,通过搅拌器的轴输入系统的轴功为 23 kJ。若系统无动能、位能的变化,试求通过活塞所作的功。

2-11 一燃气轮机装置如图 2-16 所示。空气由 1 进入压缩机,升压后流经 2,然后进入回热器,吸收从燃气轮机排出的废气中的一部分热量后,经 3 进入燃烧室;在燃烧室中与油泵 7 送来的油混合,燃烧产生热量,燃气温度升高,经 4 进入燃气轮机作功;排出的废气由 5 送入回热器,最后由 6 排至大气。其中,压缩机、油泵、发电机均由燃气轮机带动。

(1) 试建立整个系统的能量平衡式;

(2) 若空气流量 $q_{m1}=100$ kg/s,进口焓 $h_1=12$ kJ/kg,燃油的质量流量 $q_{m7}=700$ kg/h,燃油进口的焓 $h_7=42$ kJ/kg,燃油的发热值为 41 800 kJ/kg,排出废气的焓 $h_6=420$ kJ/kg,试求发电机发出的功率。

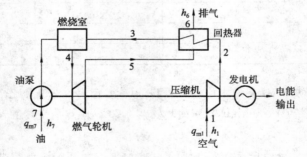

图 2-16 燃气轮机装置图

第3章　理想气体的性质与热力过程

工质是能量转换的媒介,工质的性质影响能量转换的效果。在热功转换中,主要以气相物质为工质,而实际气体的压力 p、比体积 v 和温度 T 之间的关系是比较复杂的。为方便分析和研究,提出了理想气体的概念。理想气体是一种经过科学抽象的假想气体,在自然界中并不存在,但在工程上的许多情况中,气体的性质接近理想气体。因此,研究理想气体的性质具有重要的工程实用意义。本章重点讨论理想气体的性质、状态参数与热力过程的特点及计算方法。

3.1　理想气体状态方程式

3.1.1　理想气体模型

自然界中的气体分子本身有一定的体积,分子相互间存在作用力,分子在两次碰撞之间进行的是非直线运动,很难精确描述和确定其复杂的运动规律。为了方便分析、简化计算,提出了理想气体的概念。

理想气体是一种实际上不存在的假想气体,其分子是一些有弹性的、不具体积的质点,分子间无相互作用力。在这两点假设条件下,气体分子的运动规律得到极大地简化。

众所周知,高温低压条件下的气体密度小、比体积大,若比体积大到分子本身的体积远小于其活动空间,分子间平均距离远到其相互作用力极其微弱的状态时就非常接近理想气体。因此,理想气体是气体压力趋近于零($p \to 0$)、比体积趋近于无穷大($v \to \infty$)时的极限状态。实验证明,当气体的压力不太高,温度不太低时,气体分子间的作用力及分子本身的体积皆可忽略,气体可以作为理想气体处理。例如,在常温下,只要压力不超过 5 MPa,工程上常用的 O_2,N_2,H_2,CO 等气体,以及主要由这些气体组成的气体混合物,都可以作为理想气体来处理而不会产生很大误差。另外,大气或燃气中所含的少量水蒸气,由于其分压力很低,比体积很大,也可作为理想气体处理。但是工程中常用的水蒸气,压力比较高,密度比较大,离液态较近,因此不能作为理想气体看待。

3.1.2　理想气体状态方程式

通过大量实验,人们发现理想气体的 3 个基本状态参数之间存在着一定的函数关

系,即

$$pv = R_g T \tag{3-1}$$

式中,p 为气体的绝对压力,Pa;v 为气体的比体积,m^3/kg;T 为气体的热力学温度,K;R_g 为气体常数,$J/(kg \cdot K)$,其数值只与气体的种类有关,而与气体的状态无关,一些常用气体的 R_g 值见附录 1。

式(3-1)称为理想气体状态方程式,由克拉贝龙于 1834 年导出,因此也称为克拉贝龙方程式。

对质量为 m 的理想气体,式(3-1)两边同乘以 m,可得

$$pV = mR_g T \tag{3-2}$$

在国际单位制中,物质的量以 mol(摩尔)为单位。1 mol 物质的质量称为摩尔质量,用 M 表示,单位为 kg/mol。1 kmol 物质的质量的数值与气体的相对分子质量(也称分子量)的数值相同。例如,氧气的分子量是 32,则氧气的摩尔质量为 32×10^{-3} kg/mol。附录 1 中列有一些气体的摩尔质量。若 m 为物质的质量,以 kg 为单位,n 为物质的量,以 mol 为单位,则

$$n = \frac{m}{M} \tag{3-3}$$

将式(3-3)的 m 代入式(3-2),得到

$$pV = nRT \tag{3-4}$$

其中,$R = MR_g$。可以证明,所有气体的 MR_g 都相等,且与气体所处的具体状态无关,$R = 8.314\ 5\ J/(mol \cdot K)$,称为通用气体常数,也称为摩尔气体常数。由此可得

$$R_g = \frac{R}{M} \tag{3-5}$$

可见,只要知道气体的摩尔质量 M(或相对分子质量),气体常数 R_g 就可以按式(3-5)确定。例如,氧气的摩尔质量是 32×10^{-3} kg/mol,则其气体常数 $R_g = 8.314\ 5/(32 \times 10^{-3}) = 259.8\ J/(kg \cdot K)$。

例题 3-1 某轮船从气温为 $-20\ ℃$ 的港口领来一个容积为 40 L 的氧气瓶,当时压力表指示压力为 15 MPa。该氧气瓶放于储藏舱内长期未使用,检查时氧气瓶压力表读数为 15.1 MPa,储藏室当时温度为 17 ℃。该氧气瓶是否漏气?如果漏气,则漏出了多少?(按理想气体计算,并认为大气压力 $p_b \approx 0.1$ MPa)

解:

氧气的分子量为 32,则氧气的气体常数为

$$R_g = \frac{8.314\ 5}{32 \times 10^{-3}} = 259.8\ J/(kg \cdot K)$$

根据理想气体状态方程 $pV = mR_g T$,可得理想气体的质量为

$$m = \frac{pV}{R_g T}$$

刚领来时氧气瓶内的氧气质量为

$$m_1 = \frac{p_1 V}{R_g T_1} = \frac{(15+0.1) \times 10^6 \times 0.04}{259.8 \times (273-20)} = 9.19 \text{ kg}$$

检查时氧气瓶内的氧气质量为

$$m_2 = \frac{p_2 V}{R_g T_2} = \frac{(15.1+0.1) \times 10^6 \times 0.04}{259.8 \times (273+17)} = 8.07 \text{ kg}$$

氧气质量减少,所以该氧气瓶漏气。漏出的氧气的质量为

$$m_2 - m_1 = 9.19 - 8.07 = 1.12 \text{ kg}$$

讨论:

(1)判断氧气瓶是否漏气,要计算其质量的变化,而不能仅从压力的高低来判断。本例题氧气泄漏后压力反而增加,这是由于温度升高的缘故。

(2)状态方程中压力 p 必须用绝对压力;式中 R_g 的值应该与 p,T,v 的单位一致,计算时最好采用国际单位。

(3)题中氧气的气体常数是通过式(3-5)计算的,当然也可以从附录1中查得。

3.2　理想气体的比热容

工程上经常通过比热容来计算热量。此外,气体的热力学能、焓和熵的计算也与比热容密切相关。

3.2.1　比热容的定义

物体温度升高 1 K(或 1 ℃)所需要的热量称为该物体的热容量,简称热容。

1 kg 物质温度升高 1 K(或 1 ℃)所需要的热量称为质量热容,又称比热容,单位为 J/(kg·K),用 c 表示,其定义式为

$$c = \frac{\delta q}{\mathrm{d}T} \tag{3-6}$$

1 mol 物质的热容称为摩尔热容,单位为 J/(mol·K),用 C_m 表示。显然,摩尔热容与比热容的关系为

$$C_m = Mc \tag{3-7}$$

由(3-7)可知,如果知道两种热容的任何一种,便可计算出另一种热容。

比热容的数值不仅与气体的种类有关,而且与过程有关。因为热量是过程量,如果工质的初、终态相同而过程不同,吸收或放出的热量就不同,比热容也就不同。热力设备中工质往往是在接近压力不变或体积不变的条件下吸热或放热的,因此定压过程

和定容过程的比热容最常用,分别称为比定压热容 c_p 和比定容热容 c_V。

应用热力学第一定律,对于可逆过程有

$$\delta q = \mathrm{d}u + p\,\mathrm{d}v \quad \text{或} \quad \delta q = \mathrm{d}h - v\,\mathrm{d}p$$

定容时($\mathrm{d}v = 0$),则

$$c_V = \left(\frac{\delta q}{\mathrm{d}T}\right)_v = \left(\frac{\mathrm{d}u + p\,\mathrm{d}v}{\mathrm{d}T}\right)_v = \left(\frac{\partial u}{\partial T}\right)_v \tag{3-8}$$

定压时($\mathrm{d}p = 0$),则

$$c_p = \left(\frac{\delta q}{\mathrm{d}T}\right)_p = \left(\frac{\mathrm{d}h - v\,\mathrm{d}p}{\mathrm{d}T}\right)_p = \left(\frac{\partial h}{\partial T}\right)_p \tag{3-9}$$

式(3-8)和(3-9)直接由 c_V,c_p 的定义式导出,故适用于一切工质。

3.2.2 理想气体的比热容

对于理想气体,分子间没有作用力,也就没有内位能,因此热力学能仅包含与温度有关的内动能,因而理想气体的热力学能是温度的单值函数,即 $u = f(T)$。焓 $h = u + pv$,对于理想气体,则 $h = u + R_g T$,显然,理想气体的焓值与压力无关,也只是温度的单值函数,即 $h = f(T)$。所以理想气体的比热容为

$$c_V = \left(\frac{\partial u}{\partial T}\right)_v = \frac{\mathrm{d}u}{\mathrm{d}T} \tag{3-10}$$

$$c_p = \left(\frac{\partial h}{\partial T}\right)_p = \frac{\mathrm{d}h}{\mathrm{d}T} \tag{3-11}$$

可见,对于理想气体,c_p 和 c_V 仅是温度的函数。

将理想气体的焓 $h = u + R_g T$ 对 T 求导,则有

$$\frac{\mathrm{d}h}{\mathrm{d}T} = \frac{\mathrm{d}u}{\mathrm{d}T} + R_g \tag{3-12}$$

即

$$c_p = c_V + R_g \tag{3-13}$$

式(3-13)称为迈耶公式。由迈耶公式可知,理想气体的比定压热容大于比定容热容。

c_p 与 c_V 的比值称为比热容比,用符号 γ 表示,即

$$\gamma = \frac{c_p}{c_V} \tag{3-14}$$

联立式(3-13)和式(3-14),可得

$$c_p = \frac{\gamma}{\gamma - 1} R_g \tag{3-15}$$

$$c_V = \frac{1}{\gamma - 1} R_g \tag{3-16}$$

3.2.3　利用比热容计算热量

1. 真实比热容

理想气体的比热容是温度的单值函数,一般来说,温度越高,比热容越大,如图 3-1 所示。这种函数关系通常近似表示成多项式的形式,如比定压热容可表示为

$$c_p = a_0 + a_1 T + a_2 T^2 + \cdots \tag{3-17}$$

式中,$a_0, a_1, a_2, \cdots$ 为常数,对于不同的气体,各常数不同,可由实验确定。附录 2 中给出了某些常用气体比定压热容与温度的关系式。因为多项式表示的比热容能比较真实地反映比热容与温度的关系,所以称为真实比热容。

将 $c_p = a_0 + a_1 T + a_2 T^2 + \cdots$ 代入比热容定义式(3-6)中,可计算每千克理想气体从 T_1 升高到 T_2 所需要的热量。例如,对于定压过程有

$$q_p = \int_{T_1}^{T_2} c_p \mathrm{d}T = \int_{T_1}^{T_2} (a_0 + a_1 T + a_2 T^2 + \cdots) \cdot \mathrm{d}T \tag{3-18}$$

2. 平均比热容

工程上,为了避免积分的麻烦,同时又不影响精度,常利用平均比热容计算热量。

图 3-1 是真实比热容与温度关系的示意图。显然,图中 $c = f(t)$ 曲线下的面积代表过程的热量。气体从 t_1 加热到 t_2 所需要的热量 q_{12} 为面积 $EFDBE$,等于从 0 ℃ 加热到 t_2 所需要的热量与从 0 ℃ 加热到 t_1 所需要的热量之差,即

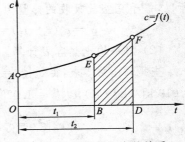

图 3-1　比热容与温度的关系

$$q_{12} = \int_0^{t_2} c \mathrm{d}t - \int_0^{t_1} c \mathrm{d}t = c \Big|_0^{t_2} t_2 - c \Big|_0^{t_1} t_1 \tag{3-19}$$

工程上,将常用气体从 0 ℃ 到 t 之间的平均比热容 $c\Big|_0^t$ 列成表格,以供查用。由于 $c\Big|_0^t$ 的下限固定在 0 ℃,因此 $c\Big|_0^t$ 仅是温度 t 的函数。附录 3 和附录 4 提供了一些常用气体从 0 ℃→t 的平均比定压热容和平均比定容热容的数值。

3. 定值比热容

在对计算要求不需十分精确的情况下,可以不考虑温度对比热容的影响,将比热容近似为常数。表 3-1 给出了单原子气体、双原子气体及多原子气体的定值比热容。

表 3-1　理想气体的定值比热容

	单原子气体	双原子气体	多原子气体
定容比热容 c_V	$\dfrac{3}{2}R_g$	$\dfrac{5}{2}R_g$	$\dfrac{7}{2}R_g$
定压比热容 c_p	$\dfrac{5}{2}R_g$	$\dfrac{7}{2}R_g$	$\dfrac{9}{2}R_g$
γ	1.67	1.4	1.29

通常只有在温度不太高、温度变化范围不太大以及计算精度要求不高,或者为了分析问题方便的情况下才能将热容近似看做定值。

例题 3-2 空气在加热器中,从 127 ℃ 加热到 327 ℃,求每千克空气流经加热器所吸收的热量。(试分别用定值比热容表、平均比热容表和空气的热力性质表计算)

解:

空气流经加热器时,忽略流动阻力,则空气压力不变,近似为定压加热过程;空气的分子量为 29。

(1) 用定值比热容表计算。

空气可视为双原子气体,其定压比热容为

$$c_p = \frac{7}{2}R_g$$

$$= \frac{7}{2} \times \frac{8.314\,5}{29 \times 10^{-3}} = 1\,003.47 \text{ J/(kg} \cdot \text{K)}$$

所以,每千克空气吸收的热量为

$$q_p = c_p(t_2 - t_1) = 1.003\,47 \times (327 - 127) = 200.7 \text{ kJ/kg}$$

(2) 用平均比热容表计算。

查平均比热容表,得 $c_p|_0^{100} = 1.006$ kJ/(kg · K), $c_p|_0^{200} = 1.012$ kJ/(kg · K), $c_p|_0^{300} = 1.019$ kJ/(kg · K), $c_p|_0^{400} = 1.028$ J/(kg · K)。用线性内插法,得

$$c_p|_0^{127} = c_p|_0^{100} + \frac{c_p|_0^{200} - c_p|_0^{100}}{200 - 100} \times (127 - 100)$$

$$= 1.006 + \frac{1.012 - 1.006}{100} \times 27$$

$$= 1.007\,6 \text{ kJ/(kg} \cdot \text{K)}$$

$$c_p|_0^{327} = c_p|_0^{300} + \frac{c_p|_0^{400} - c_p|_0^{300}}{400 - 300} \times (327 - 300)$$

$$= 1.019 + \frac{1.028 - 1.019}{100} \times 27$$

$$= 1.021\,4 \text{ kJ/(kg} \cdot \text{K)}$$

由式(3-19)可得

$$q_p = c_p|_0^{t_2} t_2 - c_p|_0^{t_1} t_1$$

$$= 1.021\,4 \times 327 - 1.007\,6 \times 127 = 206.03 \text{ kJ/kg}$$

(3) 用空气的热力性质表计算。

查附录 5 空气热力性质表,得到

当 $T_1 = 273 + 127 = 400$ K 时,$h_1 = 401.25$ kJ/kg

当 $T_2 = 273 + 327 = 600$ K 时,$h_2 = 607.26$ kJ/kg

$$q_p = h_2 - h_1 = 607.26 - 401.25 = 206.01 \text{ kJ/kg}$$

讨论：

(1) 还可以按真实比热容计算热量。例如，可查得空气的比定压热容为 $c_p = 0.970\ 5 + 0.067\ 91 \times 10^{-3} T + 0.165\ 8 \times 10^{-6} T^2 - 0.067\ 88 \times 10^{-9} T^3$，则 1 kg 空气的加热量为 $q_p = \int_{T_1}^{T_2} c_p \mathrm{d}T$，将 c_p 代入积分即可得到。

(2) 由于平均比热容表和气体热力性质表都是根据比热容的精确数值编制的，因此可以求得最可靠的结果。定值比热容是近似计算得到的，误差较大，但由于计算简便，在计算精度要求不高，或气体温度不太高且变化范围不大时，一般按定值比热容计算。

3.3　理想气体的热力学能、焓和熵

3.3.1　理想气体的热力学能和焓

如前所述，理想气体的热力学能和焓都是温度的单值函数，由式(3-10)，(3-11)可得

$$\mathrm{d}u = c_V \mathrm{d}T \tag{3-20}$$

$$\mathrm{d}h = c_p \mathrm{d}T \tag{3-21}$$

式(3-20)和式(3-21)适用于理想气体的任何过程。理想气体任一过程中比热力学能和比焓的变化 Δu，Δh 可以分别由以下积分式求得

$$\Delta u = \int_1^2 c_V \mathrm{d}T \tag{3-22}$$

$$\Delta h = \int_1^2 c_p \mathrm{d}T \tag{3-23}$$

工程上，根据计算精度的要求，可以选用真实比热容、平均比热容或定值比热容进行计算。Δu 和 Δh 还可以直接查取热力性质表，如例题 3-2。附录 5 列有空气的比热力学能和比焓的值，该表规定 $T = 0$ K 时，$u = 0$ kJ/kg，$h = 0$ kJ/kg。在热力计算中，往往只计算比热力学能和比焓的差值，因此基准点的选择是任意的，对 Δu 和 Δh 的计算没有影响。

3.3.2　理想气体的熵

根据熵的定义式及热力学第一定律表达式，可得

$$\mathrm{d}s = \frac{\delta q}{T} = \frac{\mathrm{d}u + p\mathrm{d}v}{T}$$

$$ds = \frac{\delta q}{T} = \frac{dh - v dp}{T}$$

对于理想气体，$du = c_V dT$，$dh = c_p dT$，$pv = R_g T$，分别代入上面两式，可得

$$ds = c_V \frac{dT}{T} + R_g \frac{dv}{v} \qquad (3-24)$$

$$ds = c_p \frac{dT}{T} - R_g \frac{dp}{p} \qquad (3-25)$$

将理想气体状态方程式微分，代入式(3-25)还可以推导得到

$$ds = c_V \frac{dp}{p} + c_p \frac{dv}{v} \qquad (3-26)$$

将式(3-24),(3-25),(3-26)两边积分，可得任一热力过程熵变的计算公式

$$\Delta s = \int_1^2 c_V \frac{dT}{T} + R_g \ln \frac{v_2}{v_1} \qquad (3-27)$$

$$\Delta s = \int_1^2 c_p \frac{dT}{T} - R_g \ln \frac{p_2}{p_1} \qquad (3-28)$$

$$\Delta s = \int_1^2 c_V \frac{dp}{p} + \int_1^2 c_p \frac{dv}{v} \qquad (3-29)$$

当比热容为定值时，则

$$\Delta s = c_V \ln \frac{T_2}{T_1} + R_g \ln \frac{v_2}{v_1} \qquad (3-30)$$

$$\Delta s = c_p \ln \frac{T_2}{T_1} - R_g \ln \frac{p_2}{p_1} \qquad (3-31)$$

$$\Delta s = c_V \ln \frac{p_2}{p_1} + c_p \ln \frac{v_2}{v_1} \qquad (3-32)$$

与比热力学能和比焓一样，在一般的热工计算中，只涉及熵的变化量，其计算结果与基准点(零点)的选择无关。而且由以上各式不难看出，只要初态和终态一定，熵变就确定了，即理想气体的熵是一个状态参数。熵变与过程经历的途径无关，因此以上各熵变计算式对理想气体的任何过程都适用。

例题 3-3 一绝热刚性气缸被一个导热的无摩擦活塞分成两部分。最初活塞被固定在某一位置，气缸的一侧储有压力为 0.2 MPa、温度为 300 K 的 0.01 m³ 的空气，另一侧储有同体积、同温度的空气，其压力为 0.1 MPa。去除销钉，放松活塞任其自由移动，最后两侧达到平衡。设空气的比热容为定值，试求：

(1) 平衡时的温度；

(2) 平衡时的压力；

(3) 两侧空气的熵变值及整个气体的熵变。

解:

依题意画出示意图,如图 3-2 所示。

(1) 取整个气缸为闭口系统,因刚性气缸绝热,所以 $Q=0$,$W=0$;平衡时 A,B 两侧温度应相等,即 $T_{A2}=T_{B2}=T_2$。由闭口系统能量方程得

$$\Delta U = \Delta U_A + \Delta U_B = 0$$

即

$$m_A c_V (T_2 - T_{A1}) + m_B c_V (T_2 - T_{B1}) = 0$$

$$m_A c_V (T_2 - 300) + m_B c_V (T_2 - 300) = 0$$

解得

$$T_2 = 300 \text{ K}$$

(2) 仍取整个气缸为对象。终态时,两侧压力相等,设为 p_2,则满足

$$p_2 V_2 = m R_g T_2$$

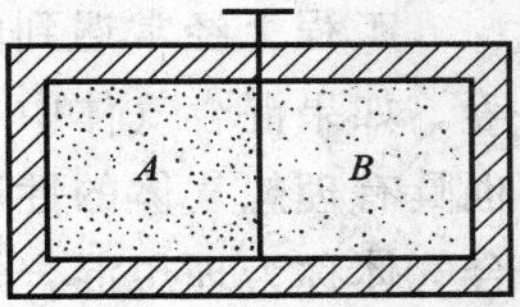

其中,$V = V_A + V_B$,$m = m_A + m_B$,则有

$$p_2 (V_A + V_B) = (m_A + m_B) R_g T_2$$

图 3-2 例题 3-3 示意图

$$p_2 = \frac{(m_A + m_B) R_g T_2}{V_A + V_B} = \left(\frac{p_{A1} V_{A1}}{R_g T_{A1}} + \frac{p_{B1} V_{B1}}{R_g T_{B1}} \right) \frac{R_g T_2}{V_A + V_B} = \left(\frac{p_{A1} + V_{A1}}{T_{A1}} + \frac{p_{B1} V_{B1}}{T_{B1}} \right) \frac{T_2}{V_A + V_B}$$

$$= \left(\frac{0.2 \times 10^6 \times 0.01}{300} + \frac{0.1 \times 10^6 \times 0.01}{300} \right) \frac{300}{0.01 + 0.01} = 0.15 \text{ MPa}$$

(3) 根据熵增的计算式 $\Delta s = \int_{T_1}^{T_2} c_p \mathrm{d}T - R_g \ln \frac{p_2}{p_1}$,过程前后温度相等,则熵增计算简化为 $\Delta s = -R_g \ln \frac{p_2}{p_1}$。

A 侧空气的总熵增为

$$\Delta S_A = -m_A R_g \ln \frac{p_2}{p_{A1}} = -\frac{p_{A1} V_{A1}}{T_{A1}} \ln \frac{p_2}{p_{A1}}$$

$$= -\frac{0.2 \times 10^6 \times 0.01}{300} \ln \frac{0.15}{0.2} = 1.918 \text{ J/K}$$

B 侧空气的总熵增为

$$\Delta S_B = -m_B R_g \ln \frac{p_2}{p_{B1}} = -\frac{p_{B1} V_{B1}}{T_{B1}} \ln \frac{p_2}{p_{B1}}$$

$$= -\frac{0.1 \times 10^6 \times 0.01}{300} \ln \frac{0.15}{0.1} = -1.352 \text{ J/K}$$

整个气缸绝热系的总熵增为

$$\Delta S = \Delta S_A + \Delta S_B = 1.918 - 1.352 = 0.566 \text{ J/K}$$

讨论：

（1）像本题这样的过程，或是绝热气缸中插有一隔板，抽去隔板两侧气体绝热混合等过程，均可选整个气缸为对象，根据闭口系统能量方程可得 $\Delta U=0$，从而求得终态温度。

（2）计算结果表明，整个气缸绝热系统熵增 $\Delta S>0$。根据题意，绝热容器与外界无热量交换，且活塞又是无摩擦的，但不能根据熵的定义式得到 $\Delta S=0$，因为自由膨胀过程是不可逆过程，而熵的定义式 $dS=\dfrac{\delta Q}{T}$ 仅适用于可逆过程。

3.4　理想混合气体

工程上经常遇到的不是单一气体，而是几种气体的混合物，如空气、燃气、天然气等。如果混合气体中各组成气体（简称组元）都具有理想气体的性质，则整个混合气体也具有理想气体的性质，其 p,v,T 之间的关系也符合理想气体状态方程式，这样的混合气体称为理想混合气体（以下简称混合气体）。

在混合气体中，各组元之间不发生化学反应，它们各自互不影响地充满整个容器，每一种气体的行为就如同它们单独存在时一样。因此，混合气体的性质实际上就是各组元性质的组合，可以根据各组元的性质以及它们在混合气体中的组成份额，确定混合气体的相对分子质量和气体常数等。

3.4.1　分压力定律和分体积定律

混合气体中每一种组元的分子都会撞击容器壁，从而产生各自的压力。通常，将各组元单独占有混合气体体积 V 并处于混合气体温度 T 时所呈现的压力，称为该组元的分压力，用 p_i 表示，如图 3-3 所示。

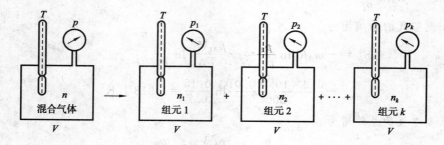

图 3-3　道尔顿分压定律示意图

显然，混合气体的总压力等于各组元分压力之和，这称为道尔顿分压定律，其表达式为

$$p=\sum_i p_i \tag{3-33}$$

式中，p 为混合气体的总压力；p_i 为第 i 种组元的分压力。

混合气体中第 i 种组元处于与混合气体相同压力 p 和相同温度 T 时所单独占据的体积，称为该组元的分体积，用 V_i 表示，如图 3-4 所示。

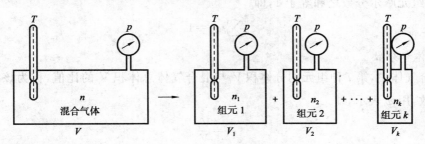

图 3-4　分体积定律示意图

混合气体的总体积等于各组元分体积之和，这称为分体积定律，其表达式为

$$V = \sum_i V_i \tag{3-34}$$

值得注意的是，分压力定律和分体积定律仅适用于理想气体，因为实际混合气体中，各组元气体之间存在着相互作用与影响。

3.4.2　混合气体的成分

各组元在混合气体中所占的数量份额称为混合气体的成分。按所用数量单位的不同，有质量分数 w_i、摩尔分数 x_i 与体积分数 φ_i。

1. 质量分数

混合气体中，第 i 种组元的质量 m_i 与混合气体总质量 m 的比值，称为该组元的质量分数，用 w_i 表示，即

$$w_i = \frac{m_i}{m} \tag{3-35}$$

由于混合气体的总质量 m 等于各组元质量 m_i 的总和，即

$$m = \sum_i m_i \tag{3-36}$$

所以，各组元质量分数之和等于 1，即

$$\sum_i w_i = 1 \tag{3-37}$$

2. 摩尔分数

混合气体中，第 i 种组元的物质的量 n_i 与混合气体总物质的量 n 的比值，称为该组元的摩尔分数，用 x_i 表示，即

$$x_i = \frac{n_i}{n} \tag{3-38}$$

由于混合气体的总物质的量 n 等于各组元物质的量 n_i 的总和,即

$$n = \sum_i n_i$$

所以,各组元摩尔分数之和等于 1,即

$$\sum_i x_i = 1 \qquad (3\text{-}39)$$

3. 体积分数

混合气体中,第 i 种组元的分体积 V_i 与混合气体总体积 V 的比值,称为该组元的体积分数,用 φ_i 表示,即

$$\varphi_i = \frac{V_i}{V} \qquad (3\text{-}40)$$

根据分体积定律,各组元体积分数之和也等于 1,即

$$\sum_i \varphi_i = 1 \qquad (3\text{-}41)$$

很容易证明,各种成分间存在下列换算关系,这些换算关系方便了工程计算分析。

$$x_i = \varphi_i \qquad (3\text{-}42)$$

$$w_i = \frac{x_i M_i}{\sum_i x_i M_i} \qquad (3\text{-}43)$$

$$x_i = \frac{M}{M_i} w_i \qquad (3\text{-}44)$$

可以推导出各组成气体分压力为

$$p_i = x_i p \qquad (3\text{-}45)$$

3.4.3 平均摩尔质量和平均气体常数

理想气体状态方程的应用关键在于气体常数,而气体常数取决于气体的摩尔质量。由于混合物是由摩尔质量不相同的多种气体组成,为了方便计算,取混合物的总质量 m 与混合物总物质的量 n 之比为混合物的摩尔质量 M,称为折合摩尔质量或平均摩尔质量,即

$$M = \frac{m}{n}$$

如果已知混合物的摩尔分数 x_i(或体积分数),则根据

$$m = m_1 + m_2 + \cdots$$

即

$$nM = n_1 M_1 + n_2 M_2 + \cdots$$

可得混合气体的平均摩尔质量为

$$M = \frac{\sum\limits_i n_i M_i}{n} = \sum\limits_i x_i M_i \tag{3-46}$$

当各组元的种类及摩尔分数已知时,用式(3-46)计算 M 非常方便。求得 M 后,平均气体常数即可根据 $R_g = \dfrac{R}{M}$ 求得。

例题 3-4　推导证明 $x_i = \dfrac{M}{M_i} w_i$ 以及 $w_i = \dfrac{x_i M_i}{\sum\limits_i x_i M_i}$。

证明：

$$x_i = \frac{n_i}{n} = \frac{m_i / M_i}{m / M} = \frac{M}{M_i} w_i$$

$$w_i = \frac{m_i}{m} = \frac{n_i M_i}{\sum\limits_i n_i M_i} = \frac{\dfrac{n_i}{n} M_i}{\sum\limits_i \dfrac{n_i}{n} M_i} = \frac{x_i M_i}{\sum\limits_i x_i M_i}$$

例题 3-5　汽油发动机吸入空气和汽油蒸气的混合物,其压力为 0.095 MPa。混合物中汽油的质量分数为 6%,汽油的摩尔质量为 114 g/mol。试求混合气体的平均摩尔质量、气体常数及汽油蒸气的分压力。

解：

质量分数和摩尔分数之间的关系为

$$x_i = \frac{M}{M_i} w_i$$

其中,混合气体平均分子量的计算公式为

$$M = \sum\limits_i x_i M_i$$

对于由空气和汽油蒸气组成的混合物,下标 1 代表汽油,下标 2 代表空气,联立以上两式得

$$x_1 = w_1 \frac{M_1 x_1 + M_2 (1 - x_1)}{M_1}$$

代入数据,即

$$x_1 = 0.06 \times \frac{114 x_1 + 29 (1 - x_1)}{114}$$

解得

$$x_1 = 0.016$$

混合气体平均分子量为

$$M = M_1 x_1 + M_2 (1 - x_1) = 114 \times 0.016 + 29 \times (1 - 0.016)$$
$$= 30.36 \text{ g/mol}$$

$$R_g = \frac{R}{M} = \frac{8.314\ 5}{30.36 \times 10^{-3}} = 273.86\ \text{J/(kg} \cdot \text{K)}$$

$$p_1 = x_1 p = 0.016 \times 0.095 = 0.001\ 5\ \text{MPa}$$

3.5 理想气体的基本热力过程

能量的转换是通过工质的状态变化过程来实现的。工程实际的热力过程很复杂：首先,实际过程都是不可逆的;其次,实际热力过程中工质的各个状态参数都在变化,难以找出其变化规律。许多热力过程虽然所有参数都在变化,但相比而言某个参数变化很小,其变化可以忽略不计。例如,在换热器中,流体的温度和压力都在变化,但温度变化是主要的,压力变化却很小,可以近似为定压过程。这种一个状态参数保持不变的过程称为基本热力过程,如定压、定容、定温、绝热过程等。同时,为使问题简化,暂不考虑不可逆因素,而假设过程是可逆的。在实际应用中,引进经验的或实验的修正系数,对可逆过程的分析结果进行修正。

分析计算热力过程的目的,在于揭示过程中状态参数的变化规律以及能量转换情况,从而找出影响转化的主要因素,进而提高热能和机械能的转化效率。分析的方法是将一般规律与过程的特点相结合,导出适用于具体过程的计算公式。

理想气体的热力过程的研究步骤如下：

(1) 确定过程中状态参数的变化规律,如

$$p = f(v)$$

这种状态参数的变化规律反映了过程的特征,称为过程方程式。

(2) 根据已知参数及过程方程式,确定未知参数以及过程中的热力学能和焓的变化。

(3) 计算过程中的热量 q、膨胀功 w 和技术功 w_t。

(4) 将过程表示在 p-v 图和 T-s 图上。

3.5.1 定容过程

气体比体积保持不变的过程,称为定容过程。例如,对刚性密闭容器中的气体加热或冷却。

1. 过程方程式

定容过程方程式为

$$v = 常数 \quad 或 \quad dv = 0$$

2. 初、终态状态参数关系式

根据理想气体状态方程式和过程方程式

$$\begin{cases} p_1 v_1 = R_g T_1 \\ p_2 v_2 = R_g T_2 \\ v_1 = v_2 \end{cases}$$

联立以上三式,可以得到

$$\frac{p_2}{p_1} = \frac{T_2}{T_1} \tag{3-47}$$

理想气体的比热力学能和比焓都是温度的单值函数,对于理想气体所经历的任何过程,比热力学能和比焓的变化均可按下面两式分别计算

$$\Delta u = \int_1^2 c_V \mathrm{d}T \tag{3-48}$$

$$\Delta h = \int_1^2 c_p \mathrm{d}T \tag{3-49}$$

3. 功和热量

由于 $v =$ 常数,$\mathrm{d}v = 0$,所以定容过程中气体的膨胀功为零,即

$$w = \int_1^2 p \mathrm{d}v = 0$$

定容过程吸收或放出的热量可以用比热容进行计算,即

$$q = \int_1^2 c_V \mathrm{d}T \tag{3-50}$$

还可以根据热力学第一定律 $q = \Delta u + w$ 计算定容过程的热量,由于过程中容积不变,$w = 0 \ \mathrm{kJ/kg}$,因而

$$q = \Delta u \tag{3-51}$$

由此可见,在定容过程中加入的热量全部变为气体热力学能的增加。

4. 定容过程在 $p\text{-}v$ 图和 $T\text{-}s$ 图上的表示

由于 $v =$ 常数,定容过程在 $p\text{-}v$ 图上是一条垂直于 v 轴的直线,如图 3-5(a)所示。

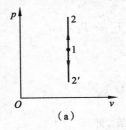
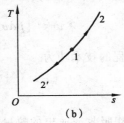

(a)　　　　　　　　　(b)

图 3-5　定容过程

理想气体的比熵表达式为

$$ds = c_V \frac{dT}{T} + R_g \frac{dv}{v}$$

定容过程 $dv = 0$，则

$$ds = c_V \frac{dT}{T}$$

近似取热容为定值，并积分得到

$$T = T_0 e^{\frac{s - s_0}{c_V}} \quad \text{及} \quad \left(\frac{\partial T}{\partial s} \right)_v = \frac{T}{c_V}$$

由于 T 与 c_V 都不会是负值，所以定容过程在 $T\text{-}s$ 图上是一条斜率为正值的指数曲线，如图 3-5(b) 所示。线 1-2 表示定容吸热过程，1-2′ 表示定容放热过程。

3.5.2 定压过程

气体压力保持不变的过程，称为定压过程。

1. 过程方程式

定压过程方程式为

$$p = 常数 \quad \text{或} \quad dp = 0$$

2. 初、终态状态参数关系式

根据理想气体状态方程式和过程方程式

$$\begin{cases} p_1 v_1 = R_g T_1 \\ p_2 v_2 = R_g T_2 \\ p_1 = p_2 \end{cases}$$

联立以上三式，可以得到

$$\frac{v_2}{v_1} = \frac{T_2}{T_1} \tag{3-52}$$

3. 功和热量

由于 $p =$ 常数，所以定压过程中气体的膨胀功为

$$w = \int_1^2 p dv = p(v_2 - v_1) = R_g(T_2 - T_1) \tag{3-53}$$

定压过程的技术功为

$$w_t = -\int_1^2 v dp = 0$$

定压过程吸收或放出的热量可以用比热容进行计算，即

$$q = \int_1^2 c_p dT \tag{3-54}$$

还可以根据热力学第一定律 $q = \Delta h + w_t$ 计算定压过程的热量,由于 $w_t = 0 \text{ kJ/kg}$,因而

$$q = \Delta h \tag{3-55}$$

由此可见,在定压过程中加入的热量全部变为焓的增加。

4. 定压过程在 $p\text{-}v$ 图和 $T\text{-}s$ 图上的表示

由于 $p =$ 常数,定压过程在 $p\text{-}v$ 图上是一条平行于 v 轴的直线,如图 3-6(a) 所示。

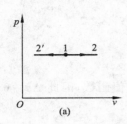 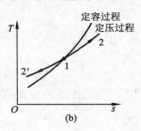

图 3-6　定压过程

理想气体的比熵表达式为

$$\mathrm{d}s = c_p \frac{\mathrm{d}T}{T} - R_g \frac{\mathrm{d}p}{p}$$

定容过程 $\mathrm{d}p = 0$,则

$$\mathrm{d}s = c_p \frac{\mathrm{d}T}{T}$$

近似取热容为定值,并积分得到

$$T = T_0 \mathrm{e}^{\frac{s - s_0}{c_p}} \quad \text{及} \quad \left(\frac{\partial T}{\partial s}\right)_p = \frac{T}{c_p}$$

由于 T 与 c_p 都不会是负值,所以定压过程在 $T\text{-}s$ 图上也是一条斜率为正值的指数曲线,如图 3-6(b) 所示。线 1-2 表示定压吸热过程,1-2′ 表示定压放热过程。

在 $T\text{-}s$ 图上,定压线与定容线同为指数曲线,二者的斜率分别为

$$\left(\frac{\partial T}{\partial s}\right)_p = \frac{T}{c_p} \quad \text{和} \quad \left(\frac{\partial T}{\partial s}\right)_v = \frac{T}{c_V}$$

在相同的温度下,$c_p > c_V$,因此定容线的斜率必大于定压线的斜率。如果从同一初态出发,二者的相对位置如图 3-6(b) 所示。

3.5.3　定温过程

气体温度保持不变的过程,称为定温过程。

1. 过程方程式

定温过程方程式为

$$T = \text{常数} \quad \text{或} \quad \mathrm{d}T = 0$$

根据理想气体状态方程式,定温过程的过程方程式也可以表示为

$$pv = 常数 \tag{3-56}$$

2. 初、终态状态参数关系式

根据理想气体状态方程式和过程方程式

$$\begin{cases} p_1 v_1 = R_g T_1 \\ p_2 v_2 = R_g T_2 \\ T_1 = T_2 \end{cases}$$

联立以上三式,可以得到

$$\frac{p_2}{p_1} = \frac{v_1}{v_2} \tag{3-57}$$

由于理想气体的比热力学能和比焓都是温度的单值函数,因此 $\Delta u = 0$ kJ/kg,$\Delta h = 0$ kJ/kg。

3. 功和热量

定温过程中的膨胀功为

$$w = \int_1^2 p \mathrm{d}v = \int_1^2 \frac{R_g T}{v} \mathrm{d}v = R_g T \ln \frac{v_2}{v_1} = R_g T \ln \frac{p_1}{p_2} \tag{3-58}$$

根据热力学第一定律 $q = \Delta u + w$ 计算定温过程的热量,由于 $\Delta u = 0$ kJ/kg,因而

$$q = w \tag{3-59}$$

上式说明,理想气体在定温膨胀时,加入的热量等于对外所作的功量;定温压缩时,对气体所作的功量等于气体向外放出的热量。

此外,定温过程的热量还可以由熵的变化进行计算,即

$$q = \int_1^2 T \mathrm{d}s = T(s_2 - s_1) \tag{3-60}$$

4. 定温过程在 $p\text{-}v$ 图和 $T\text{-}s$ 图上的表示

由于 $pv = 常数$,因此在 $p\text{-}v$ 图上定温过程线为一等边双曲线,在 $T\text{-}s$ 图上定温过程为一水平线,如图 3-7 所示,其中线 1-2 是定温过程吸热过程,线 1-2′ 是定温过程放热过程。

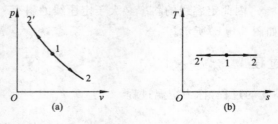

图 3-7 定温过程

3.5.4 绝热过程

气体与外界没有热量交换的过程,称为绝热过程。绝热过程的特征为 $\delta q = 0$, $q = 0 \text{ kJ/kg}$。对于可逆绝热过程

$$\mathrm{d}s = \frac{\delta q}{T} = 0 \tag{3-61}$$

因此,可逆绝热过程也称为定熵过程。

1. 过程方程式

可以推导出定熵过程的过程方程式为

$$pv^\kappa = 常数 \tag{3-62}$$

式中,κ 为定熵指数(绝热指数),理想气体的定熵指数等于比热容比 γ,恒大于 1。

2. 初、终态状态参数关系式

根据理想气体状态方程式和过程方程式

$$\begin{cases} p_1 v_1 = R_g T_1 \\ p_2 v_2 = R_g T_2 \\ p_1 v_1^\kappa = p_2 v_2^\kappa \end{cases}$$

联立以上三式,可以得到

$$\frac{p_2}{p_1} = \left(\frac{v_1}{v_2}\right)^\kappa \tag{3-63}$$

$$\frac{T_2}{T_1} = \left(\frac{v_1}{v_2}\right)^{\kappa-1} \tag{3-64}$$

$$\frac{T_2}{T_1} = \left(\frac{p_2}{p_1}\right)^{\frac{\kappa-1}{\kappa}} \tag{3-65}$$

由上述关系式可以看出,当气体定熵膨胀($v_2 > v_1$)时,p 与 T 均降低;当气体定熵压缩($v_2 < v_1$)时,p 与 T 均升高。

3. 功和热量

对于绝热过程

$$q = 0 \text{ kJ/kg}$$

根据热力学第一定律 $q = \Delta u + w$,过程的膨胀功为

$$w = -\Delta u \tag{3-66}$$

即工质经绝热过程所作的膨胀功等于热力学能的减少,这一结论适用于任何工质的可逆或不可逆绝热过程。对于比热容为定值的理想气体,上式可进一步表示为

$$w = c_V(T_1 - T_2) = \frac{R_g}{\kappa-1}(T_1 - T_2)$$

$$= \frac{1}{\kappa-1}(p_1 v_1 - p_2 v_2)$$

$$= \frac{1}{\kappa-1} R_g T_1 \left[1 - \left(\frac{p_2}{p_1} \right)^{\frac{\kappa-1}{\kappa}} \right] \tag{3-67}$$

同理,根据热力学第一定律 $q = \Delta h + w_t$,过程的技术功为

$$w_t = -\Delta h \tag{3-68}$$

式(3-68)和式(3-66)相比,显然 $w_t = \kappa w$。

4. 定熵过程在 p-v 图和 T-s 图上的表示

在 T-s 图上定熵过程为一垂直线,如图 3-8(b)所示,其中线 1-2 代表定熵膨胀,1-2′代表定熵压缩。

由于 pv^{κ} = 常数,在 p-v 图上定熵过程线为一不等边双曲线。根据过程方程式可导出定熵过程曲线的斜率为

$$\left(\frac{\partial p}{\partial v} \right)_s = -\kappa \frac{p}{v} \tag{3-69}$$

而定温过程线在 p-v 图上的斜率为

$$\left(\frac{\partial p}{\partial v} \right)_T = -\frac{p}{v} \tag{3-70}$$

由于 κ 总是大于 1,因此在 p-v 图上绝热线斜率的绝对值大于定温线斜率的绝对值,如图 3-8(a)所示。也就是说,从同一始点出发的绝热线较定温线陡。

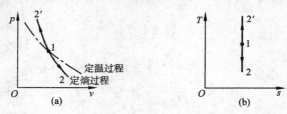

图 3-8 定熵过程

例题 3-6 一氧气瓶容量为 0.04 m³,内盛 $p_1 = 14$ MPa 的氧气,其温度与室温相同,即 $t_1 = t_0 = 20$ ℃。

(1) 如果开启阀门,使压力迅速下降到 $p_2 = 7$ MPa,求此时氧气的温度 t_2 和所放出的氧气的质量 Δm。

(2) 阀门关闭后,瓶内氧气的温度与压力将如何变化?

(3) 若放气极为缓慢,以至瓶内气体与外界随时处于热平衡,则当压力自 14 MPa 降到 7 MPa 时,所放出的氧气较(1)为多还是少?

解:

设气体的初态参数为 p_1, V_1, T_1 和 m_1;阀门开启时气体的参数为 p_2, V_2, T_2 和 m_2;阀门重新关闭时气体的参数为 p_3, V_3, T_3 和 m_3;考虑到是刚性容器,则有 $V_1 = V_2 = V_3 = V$,且 $m_1 = m_2$。

（1）如果放气过程很快，瓶内气体来不及和外界交换热量，过程可看作绝热过程，同时假设过程可逆，所以气体终温为

$$T_2 = T_1 \left(\frac{p_2}{p_1}\right)^{\frac{\kappa-1}{\kappa}} = 293 \times \left(\frac{7}{14}\right)^{\frac{1.4-1}{1.4}} = 240.36 \text{ K}$$

瓶内原来的气体质量为

$$m_1 = \frac{p_1 V}{R_g T_1} = \frac{14 \times 10^6 \times 0.04}{\frac{8.314}{32 \times 10^{-3}} \times 293} = 7.36 \text{ kg}$$

放气后瓶内气体的质量为

$$m_2 = \frac{p_2 V}{R_g T_2} = \frac{7 \times 10^6 \times 0.04}{\frac{8.314}{32 \times 10^{-3}} \times 240.36} = 4.48 \text{ kg}$$

所以放出的氧气质量为

$$\Delta m = m_1 - m_2 = 7.36 - 4.48 = 2.88 \text{ kg}$$

（2）阀门关闭后，瓶内气体质量 m_2 不变，温度升高，直到和环境温度相同，即 $T_3 = 293 \text{ K}$，压力将升高。根据理想气体状态方程，有

$$p_2 V = m_2 R_g T_2$$
$$p_3 V = m_2 R_g T_3$$

联立以上两式，可得到最终平衡时的压力为

$$p_3 = p_2 \frac{T_3}{T_2} = 7 \times \frac{293}{240.36} = 8.533 \text{ MPa}$$

（3）如果放气极为缓慢，以至瓶内气体与外界随时处于热平衡，即放气过程为定温过程，所以放气后瓶内的气体质量为

$$m_2 = \frac{p_2 V_2}{R_g T_2} = \frac{7 \times 10^6 \times 0.04}{\frac{8.314}{32 \times 10^{-3}} \times 293} = 3.68 \text{ kg}$$

故所放的氧气 $7.36 - 3.68 = 3.68$ kg，即放出氧气量比第一种情况多。

3.6 理想气体的多变过程

前面讨论的 4 种基本热力过程，其特点是过程中某一状态参数保持不变或者与外界无热量交换。在实际热力过程中，工质的状态参数一般都会发生变化，并且与外界有热量交换。通过研究发现，许多过程的状态参数近似满足下列关系式

$$pv^n = 常数 \tag{3-71}$$

满足这一规律的过程称为多变过程，n 称为多变指数。

不同的多变过程具有不同的 n 值。理论上，n 可以是 $-\infty$ 到 $+\infty$ 之间的任何一个实数，相应的多变过程也可以有无穷多种。下述 4 种基本热力过程是多变过程的特

例：

(1) 当 $n=0$ 时，$p=$ 定值，为定压过程；

(2) 当 $n=1$ 时，$pv=$ 定值，为定温过程；

(3) 当 $n=\kappa$ 时，$pv^\kappa=$ 定值，为绝热过程；

(4) 当 $n=\pm\infty$ 时，$v=$ 定值，为定容过程。

3.6.1　过程方程式

多变过程的过程方程式为

$$pv^n = 常数$$

3.6.2　过程初、终态参数间的关系

比较多变过程和定熵过程的过程方程式，可以发现：只要将绝热过程指数 κ 换成多变指数 n，定熵过程的初、终状态参数关系式就可以用于多变过程，即

$$\frac{p_2}{p_1} = \left(\frac{v_1}{v_2}\right)^n \tag{3-72}$$

$$\frac{T_2}{T_1} = \left(\frac{v_1}{v_2}\right)^{n-1} \tag{3-73}$$

$$\frac{T_2}{T_1} = \left(\frac{p_2}{p_1}\right)^{\frac{n-1}{n}} \tag{3-74}$$

3.6.3　功和热量

1. 膨胀功

$$w = \int_1^2 p\,\mathrm{d}v$$

当 $n\neq 1$ 时，将 $p=\dfrac{p_1 v_1^n}{v^n}$ 代入上式，积分可得

$$w = \frac{1}{n-1}(p_1 v_1 - p_2 v_2) = \frac{R_g}{n-1}(T_1 - T_2) \tag{3-75}$$

当 $n\neq 0$ 且 $n\neq 1$ 时，上式可进一步表示为

$$w = \frac{1}{n-1} R_g T_1 \left[1 - \left(\frac{p_2}{p_1}\right)^{\frac{n-1}{n}}\right] \tag{3-76}$$

2. 技术功

对于可逆过程，技术功为 $w_t = -\displaystyle\int_1^2 v\,\mathrm{d}p$。当 $n\neq\infty$ 时，可以推导得到

$$w_t = nw \tag{3-77}$$

3. 热量

根据热力学第一定律

$$q = \Delta u + w = c_V(T_2 - T_1) + \frac{1}{n-1}R_g(T_1 - T_2)$$

$$= \left(c_V - \frac{1}{n-1}R_g\right)(T_2 - T_1)$$

将 $c_V = \frac{1}{\kappa-1}R_g$ 代入上式,得

$$q = \frac{n-\kappa}{n-1}c_V(T_2 - T_1) = c_n(T_2 - T_1) \tag{3-78}$$

式中,$c_n = \frac{n-\kappa}{n-1}c_V$ 称为多变比热容。当 $n = 0$ 时,$c_n = c_p$,为定压过程;当 $n = 1$ 时,$c_n \to \infty$,为定温过程;当 $n = \kappa$ 时,$c_n \to 0$,为定熵过程;当 $n = \pm\infty$ 时,$c_n = c_V$,为定容过程。

3.6.4　多变过程在 p-v 图和 T-s 图上的表示

在 p-v 图和 T-s 图上,从同一初态出发,画出的 4 种基本热力过程的过程线如图 3-9 所示。

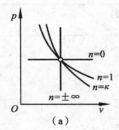
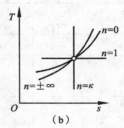

图 3-9　多变过程

从图 3-9(a)可以看出,多变过程的 n 值按顺时针方向逐渐增大,n 由 $-\infty \to 0 \to 1 \to \kappa \to +\infty$。在 T-s 图(图 3-9b)上,n 的值也是按顺时针方向逐渐增大的。因此,对于任一多变过程,若已知多变指数 n 值,就能确定其在图上的相对位置。

3.6.5　过程功和热量正负的判断

过程功 w 的正负应以过起点的定容线($n = +\infty$)为分界线,如图 3-10 所示。在 p-v 图上,由同一起点出发的多变过程线位于定容线的右方的,比体积增大,$\delta w = pdv > 0$;反之,$\delta w < 0$。在 T-s 图上,$\delta w > 0$ 的过程线位于定容线的右下方,$\delta w < 0$ 的过程线位于定容线的左上方。

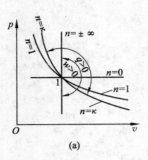
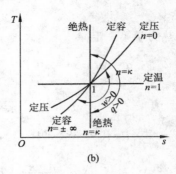

(a)   (b)

图 3-10　过程功和热量正负的判断

　　热量 q 的正负应以过起点的定熵线（$n=\kappa$）为分界线。在 $p\text{-}v$ 图上，$\delta q>0$ 的吸热过程线位于定熵线的右上方，$\delta q<0$ 的放热过程线位于定熵线的左下方。在 $T\text{-}s$ 图上，由同一起点出发的多变过程线中位于定熵线的右方的，由于 $\mathrm{d}s>0$，故 $\delta q=T\mathrm{d}s>0$，均为吸热过程；反之，$\delta q<0$，为放热过程。

　　以上分别讨论了 4 种基本热力过程和多变过程，为了便于对比，将这 4 种基本热力过程和多变过程的公式汇总在表 3-2 中。

表 3-2　各种热力过程的计算公式

过　程	定容 $n=\infty$	定压 $n=0$	定温 $n=1$	定熵 $n=\kappa$	多变 n
过程方程式	$v=$定值	$p=$定值	$pv=$定值	$pv^{\kappa}=$定值	$pv^{n}=$定值
初、终状态参数间的关系	$\dfrac{p_2}{p_1}=\dfrac{T_2}{T_1}$	$\dfrac{v_2}{v_1}=\dfrac{T_2}{T_1}$	$\dfrac{p_2}{p_1}=\dfrac{v_1}{v_2}$	$\dfrac{p_2}{p_1}=\left(\dfrac{v_1}{v_2}\right)^{\kappa}$ $\dfrac{T_2}{T_1}=\left(\dfrac{p_2}{p_1}\right)^{\frac{\kappa-1}{\kappa}}$ $\dfrac{T_2}{T_1}=\left(\dfrac{v_1}{v_2}\right)^{\kappa-1}$	$\dfrac{p_2}{p_1}=\left(\dfrac{v_1}{v_2}\right)^{n}$ $\dfrac{T_2}{T_1}=\left(\dfrac{p_2}{p_1}\right)^{\frac{n-1}{n}}$ $\dfrac{T_2}{T_1}=\left(\dfrac{v_1}{v_2}\right)^{n-1}$
过程功 $w=\displaystyle\int_1^2 p\mathrm{d}v$	0	$p(v_2-v_1)$ 或 $R_g(T_2-T_1)$	$R_gT\ln\dfrac{v_2}{v_1}$ 或 $R_gT\ln\dfrac{p_1}{p_2}$	$\dfrac{R_g}{\kappa-1}(T_1-T_2)$ 或 $\dfrac{1}{\kappa-1}(p_1v_1-p_2v_2)$ 或 $\dfrac{1}{\kappa-1}R_gT_1\left[1-\left(\dfrac{p_2}{p_1}\right)^{\frac{\kappa-1}{\kappa}}\right]$	$\dfrac{R_g}{n-1}(T_1-T_2)$ 或 $\dfrac{1}{n-1}(p_1v_1-p_2v_2)$ 或 $\dfrac{1}{n-1}R_gT_1\left[1-\left(\dfrac{p_2}{p_1}\right)^{\frac{n-1}{n}}\right]$
技术功 $w_t=-\displaystyle\int_1^2 v\mathrm{d}p$	$v(p_1-p_2)$	0	w	κw	nw
热　量 $q=\displaystyle\int_1^2 c\mathrm{d}T$ 或 $q=\displaystyle\int_1^2 T\mathrm{d}s$	$c_V(T_2-T_1)$	$c_p(T_2-T_1)$	w	0	$\dfrac{n-\kappa}{n-1}c_V(T_2-T_1)$

例题 3-7　某天然气进入压缩机压缩,压缩前状态为 $t_1 = 27\ ℃$, $p_1 = 0.1$ MPa,压缩到 $p_2 = 0.6$ MPa,试求在下列情况下压缩终了时的温度和压缩所消耗的轴功。(天然气平均分子量为 17,$\kappa = 1.3$)

(1) 可逆定温压缩;

(2) 可逆绝热压缩;

(3) 可逆多变压缩,$n = 1.2$。

解:

生产压缩气体所消耗的功是轴功,当忽略动能差和位能差时,轴功在数值上等于技术功。将天然气近似为理想气体进行处理。

(1) 可逆定温压缩。

$$T_{2T} = T_1 = 27 + 273 = 300\ \text{K}$$

$$w_{t,T} = -\int_{p_1}^{p_2} v \mathrm{d}p = -\int_{p_1}^{p_2} \frac{R_g T}{p} \mathrm{d}p = -R_g T \ln \frac{p_2}{p_1}$$

$$= -\frac{8.314\ 5}{17 \times 10^{-3}} \times 300 \times \ln \frac{0.6}{0.1} = -262.9\ \text{kJ/kg}$$

(2) 可逆绝热压缩。

$$T_{2s} = T_1 \left(\frac{p_2}{p_1} \right)^{\frac{\kappa-1}{\kappa}} = 300 \times \left(\frac{0.6}{0.1} \right)^{\frac{1.3-1}{1.3}} = 453.6\ \text{K}$$

$$w_{t,s} = \frac{\kappa}{\kappa-1} R_g T_1 \left[1 - \left(\frac{p_2}{p_1} \right)^{\frac{\kappa-1}{\kappa}} \right]$$

$$= \frac{1.3}{1.3-1} \times \frac{8.314\ 5}{17 \times 10^{-3}} \times 300 \times \left[1 - \left(\frac{0.6}{0.1} \right)^{\frac{1.3-1}{1.3}} \right]$$

$$= -325.6\ \text{kJ/kg}$$

(3) 可逆多变压缩,$n = 1.2$。

$$T_{2n} = T_1 \left(\frac{p_2}{p_1} \right)^{\frac{n-1}{n}} = 300 \times \left(\frac{0.6}{0.1} \right)^{\frac{1.2-1}{1.2}} = 404.4\ \text{K}$$

$$w_{t,n} = \frac{n}{n-1} R_g T_1 \left[1 - \left(\frac{p_2}{p_1} \right)^{\frac{n-1}{n}} \right]$$

$$= \frac{1.2}{1.2-1} \times \frac{8.314\ 5}{17 \times 10^{-3}} \times 300 \times \left[1 - \left(\frac{0.6}{0.1} \right)^{\frac{1.2-1}{1.2}} \right]$$

$$= -306.4\ \text{kJ/kg}$$

可逆定温压缩、可逆绝热压缩和 $n = 1.2$ 的可逆多变压缩过程的 $p\text{-}v$ 图及 $T\text{-}s$ 图如图 3-11 所示。

讨论:

(1) 计算结果说明,$|w_{t,T}| < |w_{t,n}| < |w_{t,s}|$,即定温压缩耗功最小,绝热压缩消耗

的技术功最多,多变压缩介于两者之间,并随 n 的减小而减少。可逆过程的技术功在 p-v 上可以用过程曲线与纵坐标之间的面积表示,如图 3-11(a)所示,图中阴影面积为定温压缩过程消耗的技术功的大小。从图 3-11 也可以定性分析出定温压缩耗功最小,绝热压缩消耗的技术功最多。

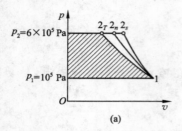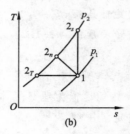

图 3-11 三种压缩过程的比较

（2）无论是计算结果,还是图 3-11(b)的过程分析,都有 $T_{2T} < T_{2n} < T_{2s}$,即绝热压缩后温度最高,不利于压缩机的安全工作。

（3）以上分析表明,定温压缩($n=1$)最为有利,但活塞式压缩机即使采用水套冷却,也不能实现等温压缩,所以应尽量减小压缩过程的多变指数 n,使过程接近定温压缩。

（4）可以从物理概念上定性分析压缩耗功的大小。因为在定温压缩过程中产生的热量可及时散出,在相同压力下比体积较小,所以消耗的技术功较少;对绝热压缩来说,压缩产生的热量散不出去,使工质的温度升高,在相同压力下比体积较大,所以消耗的技术功较多。

例题 3-8 天然气(其主要成分是甲烷 CH_4)由高压输气管道经膨胀机绝热膨胀作功后再使用。已测出天然气进入膨胀机时的压力为 4.9 MPa,温度为 25 ℃,流出膨胀机时压力为 0.15 MPa,温度为 −115 ℃。如果认为天然气在膨胀机中的状态变化规律接近一多变过程,试求多变指数及所输出的轴功。

解：

查得 CH_4 的 $R_g = 0.518\ 3\ kJ/(kg \cdot K)$。

（1）当忽略动能差和位能差时,轴功在数值上等于技术功。天然气近似为理想气体。由于天然气在膨胀机中的状态变化规律接近于一多变过程,故有

$$\frac{T_2}{T_1} = \left(\frac{p_2}{p_1}\right)^{\frac{n-1}{n}}$$

$$\frac{273-115}{273+25} = \left(\frac{0.15}{4.9}\right)^{\frac{n-1}{n}}$$

解得

$$n = 1.22$$

（2）输出的轴功为

$$w_{t,s} = \frac{n}{n-1} R_g T_1 \left[1 - \left(\frac{p_2}{p_1} \right)^{\frac{n-1}{n}} \right]$$

$$= \frac{1.22}{1.22-1} \times 518.3 \times 298 \times \left[1 - \left(\frac{0.15}{4.9} \right)^{\frac{1.22-1}{1.22}} \right]$$

$$= 399.7 \text{ kJ/kg}$$

本章小结

工质是能量转换的媒介,是实现能量转化的内部条件,工质的性质影响能量转换的效果。在热功转换中,主要以气态物质为工质,所有气体在压力趋于无穷小,温度又不太低时都可以作为理想气体处理。仅有工质尚不足以实现能量转换,还必须让工质在一定的热力设备中通过状态的变化即热力过程,来实现预定的能量转换。对于热力过程的研究,实质上就是研究外部条件对能量转换的影响。

学习本章要达到以下要求:

（1）理解提出理想气体的意义,熟练掌握并正确应用理想气体状态方程式。

（2）正确理解理想气体的比热容的概念,熟练掌握和正确应用定值比热容、平均比热容计算过程热量,以及理想气体热力学能、焓和熵的变化。

（3）掌握理想混合气体的分压力定律和分体积定律,并利用它们计算平均分子量和平均气体常数。

（4）掌握 4 种基本热力过程和多变过程的初、终态基本状态参数之间的关系。

（5）掌握 4 种基本热力过程和多变过程系统与外界交换的热量、功量的计算。

（6）能将各过程表示在 p-v 图及 T-s 图上,并能正确判断 q 和 w 的正负。

思考题

1. 怎样正确看待"理想气体"这个概念? 在进行实际计算时如何决定是否可采用理想气体的计算公式?

2. 摩尔气体常数 R 值是否随气体的种类不同或状态不同而异?

3. 为什么热力学能、焓、熵为零的工质的基准可以任选? 理想气体的热力学能或焓的参照状态通常选定哪个或哪些状态参数值?

4. 理想气体熵变计算式是由可逆过程导出的,这些计算式是否可用于不可逆过程初、终态的熵变? 为什么?

5. 凡质量分数较大的组元气体,其摩尔分数是否也一定较大?

6. 有人认为由理想气体组成的封闭系统吸热后,其温度必定增加,这是否正确? 你认为哪一种状态参数必定增加?

7. 夏天,自行车在被晒得很热的马路上行驶时,为何容易引起轮胎爆破?

8. 对工质加热,其温度反而降低,这是否有可能?

9. 空气边吸热边膨胀,如吸热量 $Q=$ 膨胀功,则空气的温度如何变化?

10. 用打气筒向自行车轮胎打气时,打气筒发热,轮胎也发热,它们发热的原因各是什么?

11. 利用人工打气筒为车胎打气时,用湿布包裹气筒的下部,会发现打气时轻松了一点,为什么?

12. 工程上压气机一般都采用冷却措施,如在气缸壁内制成冷却水套夹层,或在气缸外壁加装风冷散热片。请解释采用冷却措施的原因。

13. 判断下列说法是否正确:

(1) 气体吸热后熵一定增大。(   )

(2) 气体吸热后温度一定升高。(   )

(3) 气体吸热后热力学能一定升高。(   )

(4) 气体膨胀时一定对外作功。(   )

(5) 气体压缩时一定耗功。(   )

14. 讨论下列问题:

(1) 气体吸热的过程是否一定是升温的过程?

(2) 气体放热的过程是否一定是降温的过程?

(3) 能否以气体温度的变化量来判断过程中气体是吸热还是放热?

15. 将满足空气下列要求的多变过程表示在 p-v 图和 T-s 图上:

(1) 空气升压,升温,又放热;

(2) $n=1.6$ 的膨胀过程,并判断 q,w 的正负;

(3) $n=1.3$ 的压缩过程,并判断 q,w 的正负。

习 题

3-1 现有一体积为 $0.3 \ m^3$ 的丙烷储罐,罐的极限承受压力为 2 800 kPa。为安全起见,装入的丙烷在 125 ℃时不得超过允许压力的一半,试问储罐能装入多少丙烷?

3-2 用一储气罐储存甲烷,压力表读数为 1.4 MPa,大气压力为 10^5 Pa。测得储气罐中甲烷的温度为 27 ℃,问这时比体积为多大?若要储存 1 000 kg 这种状态的甲烷,则储气罐的体积需多大?

3-3 容积为 2.5 m^3 的压缩空气储气罐,原来压力表读数为 0.05 MPa,温度为

18 ℃,充气后压力表读数升为 0.42 MPa,温度升为 40 ℃。当地大气压力为 0.1 MPa,求充进空气的质量。

3-4　把某一天然气压送到容积为 3 m³ 的储气罐中,起始时表压力为 0.03 MPa,终了时表压力为 0.3 MPa,温度由 45 ℃增至 70 ℃,求被压入的天然气的质量。(天然气的当量分子量为 20,当地大气压为 0.1 MPa)

3-5　空气压缩机每分钟从大气中吸取 0.2 m³ 温度为 17 ℃、当地大气压为 0.1 MPa 的空气,充入容积 $V=1$ m³ 的储气罐中,储气罐原有空气的温度 $t_1=17$ ℃,表压力为 0.05 MPa,问经过多少分钟才能使储气罐中的绝对压力提高到 $p_2=0.5$ MPa,温度提高到 $t_2=50$ ℃?

3-6　容积 $V=0.027$ m³ 的刚性储气筒内装有压力为 0.5 MPa、温度为 27 ℃的氧气。筒上装有一排气阀,压力达到 0.8 MPa 时就开启,压力降为 0.75 MPa 时才关闭。若由于外界加热的原因造成阀门开启,试问:

(1) 当阀门开启时,筒内温度为多少?

(2) 因加热而损失掉多少氧气?(设筒内气体温度在排气过程中保持不变;氧气 $R_g=260$ J/(kg·K))

3-7　一刚性绝热容器中的空气由一透热的活塞分成 A,B 两部分,开始时 $V_A=V_B=0.02$ m³,$p_A=200$ kPa,$T_A=400$ K,$p_B=100$ kPa,$T_B=400$ K。拔去销钉后,活塞可自由移动(无摩擦)直至两侧平衡,求:

(1) 平衡时的温度;

(2) 平衡时的压力;

(3) 系统的熵增。

3-8　容器 A 中盛有 1 kg 温度为 27 ℃、压力为 0.3 MPa 的空气;容器 B 中盛有温度为 127 ℃、压力为 0.6 MPa 的空气,容积为 0.2 m³。两个容器都是绝热的,试求两容器连通后空气的最终温度及压力。

3-9　对空气边压缩边进行冷却,如果空气的放热量为 1 kJ,对空气的压缩功为 6 kJ,则此过程中空气的温度是升高还是降低?

3-10　空气从 300 K 定压加热到 900 K,假设为理想气体,试分别按下列方法计算每千克空气吸收的热量:

(1) 按定值比热容表;

(2) 按平均比热容表;

(3) 按气体热力性质表。

3-11　体积为 0.5 m³ 的密闭容器中装有 27 ℃,0.06 MPa 的氧气,加热后温度升高到 327 ℃,分别按下列方法求加热量 Q_V:

(1) 按定值比热容表;

（2）按平均比热容表。

3-12　冬天把 200 kg 某柴油从 -10 ℃加热到 20 ℃,柴油的比热容可取 1.8 kJ/(kg·K),柴油的低位发热值为 40 000 kJ/kg。试问:

（1）加热柴油需要多少热量?

（2）加热 200 kg 柴油需要烧掉多少柴油?

3-13　某气体的摩尔质量为 $29×10^{-3}$ kg/mol,由 $t_1=320$ ℃定容加热到 $t_2=940$ ℃。若加热过程中热力学能变化量 $\Delta u=700$ kJ/kg,试按理想气体计算其焓和熵的变化量。

3-14　温度为 600 K 的甲烷,流经冷却器后温度降低到 366 K,甲烷冷却过程中压力近似不变,即 $p_1=p_2=0.42$ MPa。试分别按定值比热容和平均比热容表法,计算 1 kg 甲烷热力学能的变化量、焓变和熵变。

3-15　由氮气和二氧化碳组成的混合气体,在温度为 40 ℃、压力为 0.5 MPa 时,比体积为 0.166 m³/kg,求混合气体中各组元的质量分数。

3-16　某天然气的容积成分如下:$x_{CH_4}=70\%$,$x_{CO}=12\%$,$x_{CO_2}=10\%$,$x_{C_2H_6}=3.6\%$,$x_{N_2}=3.4\%$,$x_{H_2}=1\%$。求:

（1）天然气的折合分子量;

（2）天然气的折合气体常数。

3-17　在柴油机中,为了使燃料达到着火温度,须将初态 $p_1=0.087$ MPa,$t_1=60$ ℃的空气绝热压缩到 670 ℃,试问空气在压缩终了时的压力应为多大? 空气的体积缩小为原来的几分之几?

3-18　在一个容积为 0.6 m³的压缩空气瓶中,装有压力 $p_1=10$ MPa 和温度 $t_1=20$ ℃的压缩空气,打开空气瓶的阀门以起动柴油机。假使存留在瓶中的空气是绝热膨胀,问当瓶中的压力降到 $p_2=7$ MPa 时,共用去了多少空气? 这时瓶中空气的温度是多少? 设瓶的容积不因压力和温度而改变。过了一段时间,空气瓶中的空气又逐渐从室内空气吸热,温度逐渐升高,最后重新达到与室温相等,即又恢复到20℃,问此时空气瓶中压缩空气的压力为多少?

3-19　天然气进入压缩机压缩,压缩前状态为 $t_1=27$ ℃,$p_1=0.1$ MPa,可逆多变压缩到 $p_2=0.8$ MPa,多变指数 $n=1.23$,试求压缩终了时的温度和压缩所消耗的技术功。（天然气平均分子量按 17 计算）

3-20　天然气初态为 $p_1=1×10^5$ Pa,$t_1=50$ ℃,$V_1=0.032$ m³,进入压气机按多变过程压缩至 $p_2=32×10^5$ Pa,$V_2=0.002$ 1 m³,试求:

（1）多变指数;

（2）所需压缩功（轴功）;

（3）压缩终了时的空气温度;

（4）压缩过程中传出的热量。

第4章 热力学第二定律

热力学第一定律阐明了热能和机械能以及其他形式的能量在传递和转换过程中的数量守恒关系,它阐明了能量"量"的属性。但能量不仅有"量"的多少,还有"质"的高低之别。由于不同形式的能量的"质"不同,所以并不是所有满足热力学第一定律的热力过程都能实现。热力过程的发生是有方向、有条件、有限度的,热力学第二定律正是揭示了这一规律。

4.1 热力学第二定律的表述

4.1.1 热力过程的方向性

凡是能够独立、无条件地自动进行的过程,称为自发过程。例如,热量由高温物体传向低温物体就是一个自发过程,而反过来则不能自发进行。

机械能通过摩擦转变为热能也是一个自发过程。例如,行驶中的汽车刹车时,汽车的动能通过摩擦全部变成热能,造成地面和轮胎温度升高,最后散失到环境大气中;反之,如果将同等数量的热加给轮胎和地面,却不能使汽车行驶。这说明,机械能可以自发地转变为热能,而热能却不能自发地转变为机械能。

实践证明,不仅热量传递、热能与机械能的转换具有方向性,自然界的一切过程都具有方向性。例如,水总是自动地从高处流向低处,气体总是自动地由高压区向低压区膨胀,电流自动地由高电势流向低电势等等,都是只能自发地向一个方向进行。如果要想使自发过程逆向进行,就必须付出代价,或者说给外界留下某种变化,这就是说,自发过程是不可逆过程。

4.1.2 热力学第二定律的表述

热力学第二定律揭示了自然界中一切热过程进行的方向、条件及限度。自然界中热过程的种类很多,因此热力学第二定律的表述方式也很多。由于各种表述所揭示的是一个共同的客观规律,因而它们彼此是等效的。下面介绍2种具有代表性的表述。

1850 年,克劳修斯(Rudolf Clausius)从热量传递的角度提出:"热不可能自发地、不付代价地从低温物体传至高温物体。"这指明了热量只能自发地从高温物体传向低温物体,反向的非自发过程,即热从低温物体传至高温物体并不是根本无法实现,而是必须花费一定的代价。例如,在制冷机中可以使热量从温度较低的物体(冷库)转移到温度较高的物体(大气),但这个非自发过程的实现是以花费机械能或电能为代价的。

1851 年左右,开尔文和普朗克等人从热能转化为机械能的角度提出的表述,被称为开尔文说法。他们提出:"不可能从单一热源吸热,并使之完全转变为功而不产生其他任何影响"。例如,理想气体定温膨胀过程,$\Delta U = 0$,满足 $Q = W$,即吸收的热量等于作出的膨胀功。也就是说气体从单一热源吸热并将其全部变成了功,但同时,气体的压力降低,体积增大,即气体的状态发生了变化,或者说"产生了其他影响"。

人们把能够从单一热源吸热,使之完全转化为功而不引起其他变化的机器叫做第二类永动机。设想的这种机器并不违反热力学第一定律,在工作过程中其能量是守恒的,但却违反了热力学第二定律。如果这种永动机能够制造成功,能量转化效率将是 100%,而且可以利用大气、海洋等作为单一热源,将大气、海洋中取之不尽的热能转变为功,维持它永远转动,这显然是不可能的。因此,热力学第二定律又可以表述为:"第二类永动机是不可能制造成功的。"

4.2　热力循环

4.2.1　热力循环

如图 4-1 所示,通过工质的膨胀过程 1-2-3 可以将热能转变为机械能,但是单一的膨胀过程所作的功是有限的,实用的热机必须能连续不断地做功。为此,必须使膨胀后的工质经过某些过程(如 3-4-1)再回复到原来的状态,使其重新具有作功的能力。工质经过一系列的状态变化,重新回复到原来状态的全部过程称为热力循环,简称循环。

全部由可逆过程组成的循环称为可逆循环。如果循环中有部分过程或全部过程是不可逆的,则是不可逆循环。还可根据循环所产生的效果不同,分为正向循环和逆向循环。

循环的经济性指标的基本定义是:

$$经济性指标 = \frac{得到的收获}{花费的代价}$$

4.2.2　正向循环

将热能转变为机械能的循环称为正向循环。所有热力发动机都是按正向循环工作的,所以正向循环也称为动力循环或热机循环。

如图 4-1 所示,在 $p\text{-}v$ 图上,1-2-3 为膨胀过程,功的大小可用面积 123nm1 表示;3-4-1 为压缩过程,该过程消耗功以面积 341mn3 表示。工质完成一个循环后对外作出的净功称为循环功,以 W_{net} 表示。显然,循环功等于膨胀功减去压缩耗功,即在 p-v 图上它等于循环曲线包围的面积 12341。

同一循环在 T-s 图上设为 5-6-7-8-5。图中 5-6-7 是工质的吸热过程,吸收热量大小为面积 $567fe5$,以 Q_1 表示;7-8-5 是工质的放热过程,放出热量大小为面积 $785ef7$,以 Q_2(取绝对值)表示。若以 Q_{net} 表示该循环的净热量,则在 T-s 图上 Q_{net} 可用循环过程包围的面积 56785 表示。显然,它等于循环过程中吸热量减去放热量,即

$$Q_{net} = Q_1 - Q_2 \tag{4-1}$$

循环是一个闭合的过程,满足 $Q = \Delta U + W$。经过一个循环后,工质回到初态,热力学能的变化 $\Delta U = 0$,因此 $W_{net} = Q_{net} = Q_1 - Q_2$。可见,工质从高温热源所得到的热量 Q_1 中,只有一部分($Q_1 - Q_2$)可以转换为功,而另一部分 Q_2 则传给了低温热源。这样,正向循环可被概括:热机中的工质从高温热源吸取热能,在热机中将其中一部分转换为机械能,并把余下部分热能传给低温热源,此关系可用图 4-2 表示。

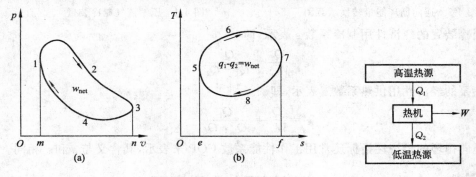

图 4-1　正向循环　　　　　　　　图 4-2　正向循环能量转换示意图

由图 4-1 可知,正向循环在 p-v 图和 T-s 图上都是按顺时针方向进行的。正向循环的经济性用热效率 η_t 来衡量,正向循环的收益是循环净功 W_{net},花费的代价是工质的吸热量 Q_1,因此

$$\eta_t = \frac{W_{net}}{Q_1} = \frac{Q_1 - Q_2}{Q_1} = 1 - \frac{Q_2}{Q_1} \tag{4-2}$$

式中,Q_1 为循环吸热量之和;Q_2 为循环放热量之和。

式(4-2)是分析计算循环热效率的最基本公式,普遍适用于各种类型的热动力循环。η_t 越大,表明循环的经济性越好。

4.2.3　逆向循环

与正向循环相反,逆向循环的目的是把热量从低温物体取出并排向高温物体,如图 4-3 所示。为此需要消耗机械能,所以逆向循环在状态参数坐标图上按逆时针方向进行。

图 4-4 中,Q_2(取绝对值)是从冷库(低温热源)吸收的热量;Q_1(取绝对值)是向冷

凝器(高温热源)放出的热量。制冷装置及热泵都是按逆向循环工作的,但它们循环的目的不同。制冷装置的目的是从低温的冷藏室或冷库中取出热量 Q_2,排向大气,维持冷藏室或冷库的低温;热泵的目的是向高温热源(如供暖房间等)提供热量 Q_1。

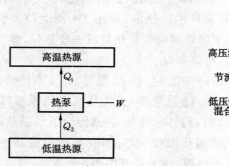

图 4-3   逆向循环能量转换示意图   图 4-4   压缩蒸气制冷装置

制冷装置的经济性用制冷系数 ε 表示,即

$$\varepsilon = \frac{Q_2}{W_{net}} = \frac{Q_2}{Q_1 - Q_2}$$

热泵的经济性用供热系数 ε' 表示,即

$$\varepsilon' = \frac{Q_1}{W_{net}} = \frac{Q_1}{Q_1 - Q_2}$$

逆向循环的经济性指标还常用工作性能系数 COP 来表示,其含义与 ε 和 ε' 相同。

4.3   卡诺循环与卡诺定理

热力学第二定律指出,热机的效率不可能达到 100%。那么在一定的条件下,热机的转换效率最大能达到多少? 它又与哪些因素有关? 法国工程师卡诺在深入考察了蒸汽机工作的基础上,于 1824 年提出了一种理想的热机工作循环——卡诺循环。

4.3.1   卡诺循环

卡诺循环由两个可逆定温过程和两个可逆绝热过程组成。以理想气体为工质的卡诺循环,其 p-v 图及 T-s 图如图 4-5 所示。

a-b 为定温吸热过程,工质在温度 T_1 下,自同温度的高温热源吸热 q_1;b-c 为绝热膨胀过程,过程中工质的温度从 T_1 降低到 T_2,对外作功;c-d 为定温放热过程,工质在温度 T_2 下向同温度的低温热源放出热量 q_2;d-a 为绝热压缩过程,工质从低温热源温度 T_2 升高到高温热源温度 T_1,此过程要消耗功。

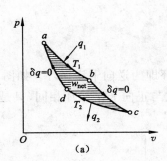 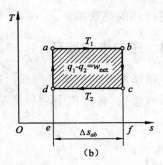

图 4-5　卡诺循环示意图

根据式（4-2），热机循环的热效率为

$$\eta_t = \frac{w_{net}}{q_1} = 1 - \frac{q_2}{q_1} \tag{4-3}$$

由图 4-5 的 T-s 图，可得

$$q_1 = T_1(s_b - s_a)$$
$$q_2 = T_2(s_c - s_d)$$

将 q_1，q_2 代入到式（4-3）中，可以得到卡诺循环的热效率为

$$\eta_c = 1 - \frac{T_2}{T_1} \tag{4-4}$$

从式（4-4）可得出如下重要结论：

（1）卡诺循环的热效率 η_c 只取决于工质的吸热温度 T_1 和放热温度 T_2，提高 T_1，降低 T_2，可以提高卡诺循环的热效率。

（2）因为 $T_1 = \infty$ 或 $T_2 = 0$ 都是不可能的，所以卡诺循环的热效率总是小于 1，不可能大于或等于 1。这说明，通过热机循环不可能将热能全部转变为机械能。

（3）当 $T_1 = T_2$ 时，卡诺循环的热效率为零。这说明没有温差就不可能产生动力，只有一个热源的第二类永动机是不可能的。

4.3.2　卡诺定理

以理想气体为工质的卡诺循环的热效率为 $\eta_c = 1 - \frac{T_2}{T_1}$，那么在两个热源间工作的其他的可逆循环，其热效率如何？不可逆循环的热效率又如何？这些正是卡诺定理要阐述的问题。

定理一：对于在相同的高温热源和低温热源间工作的一切可逆热机，其热效率都相等，且与可逆循环的种类无关，与工质的性质无关，都可以表示为 $\eta_c = 1 - \frac{T_2}{T_1}$。

定理二：对于在相同的高温热源和低温热源间工作的任何不可逆热机，其热效率都小于可逆循环的热效率。

4.3.3 逆向卡诺循环

按与卡诺循环相同的路径但反向进行的循环即为逆向卡诺循环。如图 4-6 中,它按逆时针方向进行,各过程中功和热量的计算式与正向卡诺循环相同,只是传递方向相反。

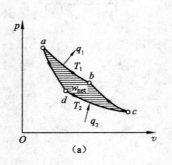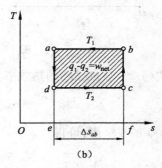

图 4-6 逆向卡诺循环

采用类似的方法,可以求得逆向卡诺循环的经济指标。逆向卡诺循环制冷循环的制冷系数为

$$\varepsilon_c = \frac{q_2}{w_{net}} = \frac{q_2}{q_1 - q_2} = \frac{T_2}{T_1 - T_2} \tag{4-5}$$

逆向卡诺循环热泵循环的供热系数为

$$\varepsilon_c' = \frac{q_1}{w_{net}} = \frac{q_1}{q_1 - q_2} = \frac{T_1}{T_1 - T_2} = 1 + \varepsilon_c \tag{4-6}$$

制冷循环和热泵循环都是逆向循环,只是二者工作温度范围有差别。制冷循环以大气环境作为高温热源向其放热;而热泵循环通常以环境大气作为低温热源从中取热。对于逆向循环,高温热源与低温热源的温差越小,经济性越好。因此,为了取得良好的经济效益,没有必要把制冷温度定得比需要的低,也没有必要把制热温度定得高于需要的温度。

从式(4-6)可见,热泵的供热系数总是大于1,即热泵的供热量 Q_1 远大于它所消耗的能量 W_{net},因此它是一种高效的节能装置。热泵的供热 Q_1 来自两部分:一部分热量由机械能转换而来,另一部分是从低温热源传到高温热源的热量 Q_2。室外大气、地下水、土壤、江河湖泊、工业废水废气都可作为热泵的低温热源,其供热则可用于房间采暖、热水供应、物料加热、蒸发、蒸馏等。在工业生产中,中低温废热大量存在,可以采用热泵装置回收余热或废热,因此热泵被广泛应用于建筑空气调节、石油化工供热、化工生产等领域中。

例题 4-1 北方冬季室外的温度为 $-5\ ℃$,为保持房间内温度为 $20\ ℃$,需要每小时供热 $25\ 200\ kJ$。试求:

(1) 如果采用电热器供暖,需要消耗电功率多少?

(2) 如果采用热泵供暖,则供给热泵的功率至少是多少?

解:

(1) 用电热器供暖,供给的热量全部来自于电能,故需要的电能为

$$W = Q = 25\ 200\ kJ$$

每小时耗电为

$$\frac{25\ 200}{3\ 600} = 7\ kW$$

(2) 如果热泵按逆向卡诺循环运行,所需的功最少,则逆向卡诺循环的供暖系数为

$$\varepsilon' = \frac{Q_1}{W_{net}} = \frac{T_1}{T_1 - T_2}$$

$$= \frac{20 + 273}{(20 + 273) - (-5 + 273)} = 11.72$$

于是有

$$W_{net} = \frac{Q_1}{11.72} = \frac{25\ 200}{11.72} = 2\ 150\ kJ$$

每小时从室外大气吸收的热量为

$$Q_2 = Q_1 - W_{net} = 25\ 200 - 2\ 150 = 23\ 050\ kJ$$

驱动热泵耗电为

$$\frac{2\ 150}{3\ 600} = 0.6\ kW$$

讨论:

向房间提供相同的热量,用电取暖耗电量是热泵耗电量的 11.7 倍,所以电取暖是不可取的。

例题 4-2 欲设计一热机,使之从温度为 $700\ ℃$ 的高温热源吸热 $2\ 000\ kJ$,并向温度为 $30\ ℃$ 的低温热源放热 $800\ kJ$。问此热机循环能否实现?

解:

利用卡诺定理来判断循环是否可行。在 T_1 和 T_2 之间的卡诺循环的热效率为

$$\eta_c = 1 - \frac{T_2}{T_1} = 1 - \frac{30 + 273}{700 + 273} = 0.69$$

而欲设计的热机的循环热效率为

$$\eta_t = 1 - \frac{Q_2}{Q_1} = 1 - \frac{800}{2\ 000} = 0.6$$

即欲设计循环的热效率比同温度限间卡诺循环的低,由卡诺定理可知,这是一种不可逆热机,可能实现。

4.4 热力学第二定律的数学表达式

4.4.1 克劳修斯积分式

在第 1 章中,式(1-3)已给出了熵的定义,对于可逆过程 $\delta q = T \mathrm{d} s$,即

$$\mathrm{d} s = \frac{\delta q}{T_r} \bigg|_{\text{可逆}} \tag{4-7}$$

当过程可逆时,δq 为可逆过程的热量,T_r 为热源的绝对温度,因为过程可逆,所以热源温度 T_r 也等于工质温度 T。当过程不可逆时,过程的 $\mathrm{d} s$ 与 $\frac{\delta q}{T_r}$ 之间的关系如何?

可以证明,当系统或工质经历一个不可逆过程时,$\mathrm{d} s > \frac{\delta q}{T_r}$,即系统或工质的熵变总是大于该过程的热量与热源温度的比值。

综合可逆过程和不可逆过程,有

$$\mathrm{d} s \geqslant \frac{\delta q}{T_r} \tag{4-8}$$

对于一个过程,式(4-8)可写为

$$\Delta s \geqslant \int \frac{\delta q}{T_r} \tag{4-9}$$

对于一个循环,式(4-8)积分后,满足 $\oint \mathrm{d} s \geqslant \oint \frac{\delta q}{T_r}$。熵是状态参数,有 $\oint \mathrm{d} s = 0$,因而可以推导出

$$\oint \frac{\delta q}{T_r} \leqslant 0 \tag{4-10}$$

式中,$\frac{\delta q}{T_r}$ 为微元过程热量与温度的比值;T_r 为热源温度,可逆时等于工质的温度。

式(4-10)是克劳修斯于 1865 年首先提出的,称为克劳修斯积分式。若循环可逆,则取等号,为克劳修斯积分等式;若循环不可逆,取小于号,为克劳修斯积分不等式。

式(4-8),(4-9)和(4-10)互为因果,可逆时取等号,不可逆时取不等号,可以用来判断过程或循环能否实现,以及是否可逆。因此,都可以作为热力学第二定律的数学表达式。

4.4.2 孤立系统熵增原理

当研究的是孤立系统(isolated system)时,无论是否可逆均有 $\delta Q = 0$。根据克劳

修斯不等式 $dS \geqslant \dfrac{\delta Q}{T_r}$，则有

$$dS_{iso} \geqslant 0 \quad 或 \quad \Delta S_{iso} \geqslant 0 \tag{4-11}$$

实际上，在很多情况下，系统并不是孤立系统，但总可以找到一个边界，将系统和与之有关的环境合并在一起，构成一个孤立系统，如图 4-7 所示。根据熵的可加性，该孤立系统的总熵变等于各子系统熵变的代数和，则式(4-11)可写为

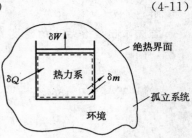

图 4-7　孤立系统

$$\Delta S_{iso} = \Delta S_{sys} + \Delta S_{sur} \geqslant 0$$

式(4-11)的含义为：孤立系统内部发生不可逆变化时，孤立系统的熵增大，$\Delta S_{iso} > 0$；极限情况（发生可逆变化）下，熵保持不变，$\Delta S_{iso} = 0$；使孤立系统总熵减小的过程不可能出现。简言之，孤立系统的熵可以增大或保持不变，但不可能减少。这一结论即为孤立系统的熵增原理，简称熵增原理。

式(4-11)指出了不可逆过程只能朝着使孤立系统总熵增加的方向进行，它提供了判断过程方向的准则，因此，它是热力学第二定律的另一种数学表达式。

例如，一个单纯的传热过程，设孤立系统中有两个物体 A 和 B，其温度各为 T_A 和 T_B。热量 Q 由 A 传至 B，传热后 T_A 和 T_B 保持不变，即 A，B 为恒温热源。

A 物体放出热量 Q，故其熵减小，$\Delta S_A = -\dfrac{Q}{T_A}$；$B$ 物体吸收热量 Q，其熵增大，$\Delta S_B = \dfrac{Q}{T_B}$。于是，孤立系统总熵增为

$$\Delta S_{iso} = \Delta S_A + \Delta S_B = -\frac{Q}{T_A} + \frac{Q}{T_B} \tag{4-12}$$

若 $T_A = T_B$（或二者相差无限小量），则为可逆传热过程，有

$$\Delta S_{iso} = -\frac{Q}{T_A} + \frac{Q}{T_B} = 0 \tag{4-13}$$

若传热有温差，$T_A > T_B$，则

$$\Delta S_{iso} = -\frac{Q}{T_A} + \frac{Q}{T_B} > 0 \tag{4-14}$$

即在孤立系统中进行可逆传热时，系统的熵不变；进行不可逆传热时，则系统总熵必增大。此传热过程证实了熵增原理的结论。

熵是热力学中很抽象但又很重要的概念，熵是表征由大量微观粒子组成的系统的"有序"程度的参数，熵值大的状态出现的概率也大，系统的"有序"程度越小。因此，从微观上讲，熵是系统混乱程度或无序性的量度。理解了熵的本质，就容易理解宏观的熵增原理了。

例题 4-3 质量为 100 kg、温度为 20 ℃的水与质量为 200 kg、温度为 80 ℃的热水在绝热容器中混合,求混合前后水的熵变。(已知水的比热容为 4.187 kJ/(kg·K))

解:

首先求出混合后水的温度 t_m。由于混合是在绝热条件下进行的,因此根据水的热平衡,可得

$$m_1 c_1 (t_m - t_1) = m_2 c_2 (t_2 - t_m)$$
$$100 \times 4.187 \times (t_m - 20) = 200 \times 4.187 \times (80 - t_m)$$

解得

$$t_m = 60 \text{ ℃}$$

固体或液体的压缩性很小,dV 近似为零,根据 $\delta Q = dU + p dV$,其熵变 $dS = \dfrac{\delta Q}{T} = \dfrac{dU}{T} = mc \dfrac{dT}{T}$,且一般情况下,$c_p = c_V = c$。于是,混合前后容器内水的总熵变为

$$\Delta S = \Delta S_1 + \Delta S_2$$
$$= \int_{T_1}^{T_m} \frac{m_1 c_1 dT}{T} + \int_{T_2}^{T_m} \frac{m_2 c_2 dT}{T}$$
$$= m_1 c_1 \ln \frac{T_m}{T_1} + m_2 c_2 \ln \frac{T_m}{T_2}$$
$$= 100 \times 4.187 \times \ln \frac{333}{293} + 200 \times 4.187 \times \ln \frac{333}{353}$$
$$= 4.739 \text{ kJ/K}$$

讨论:

(1) 熵是状态参数,只要初终态确定,不可逆过程的熵增也可以计算——通过假想的可逆过程来计算。$\Delta s \geqslant \int \dfrac{\delta q}{T_r}$ 中的温度 T_r 为热源的温度,当过程可逆时,热源的温度等于工质的温度,所以取等号,有 $\Delta s = \int \dfrac{\delta q}{T_{工质}}$。

(2) 不同参数或不同种类的物质的混合过程都是不可逆过程,不可逆过程孤立系统的总熵必然增大。

例题 4-4 欲设计一热机,如图 4-8 所示,使之从温度为 700 ℃的高温热源吸热 2 000 kJ,并向温度为 30 ℃的低温热源放热 800 kJ。问此热机循环能否实现?

解:

$$T_1 = 700 + 273 = 973 \text{ K}, \quad T_2 = 30 + 273 = 303 \text{ K}$$

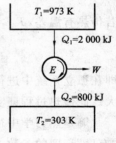

图 4-8 例题 4-4 图

方法一

用克劳修斯积分式判断。若满足 $\oint \dfrac{\delta Q}{T_r} \leqslant 0$，则此循环可能实现。

$$\oint \frac{\delta Q}{T_r} = \frac{Q_1}{T_1} + \frac{-Q_2}{T_2} = \frac{2\,000}{973} + \frac{-800}{303} = -0.585 \text{ kJ/K} < 0$$

满足克劳修斯不等式 $\oint \dfrac{\delta Q}{T_r} \leqslant 0$，所以此循环可能实现，且为不可逆循环。

方法二

用孤立系统熵增原理判断。若满足 $\Delta S_{iso} \geqslant 0$，则此循环可能实现。

将高温热源、低温热源和循环装置共取为一个复合系统，此系统与外界既无质量交换也无能量交换，即为孤立系统。此孤立系统熵的变化为

$$\Delta S_{iso} = \Delta S_{T1} + \Delta S_{T2} + \Delta S_{\text{工}}$$

式中，$\Delta S_{\text{工}}$ 为工质的熵变，因为工质完成一个循环而恢复到原来状态，所以 $\Delta S_{\text{工}} = 0$；ΔS_{T1}，ΔS_{T2} 分别为高温热源和低温热源的熵变，由于热源温度不变，所以

$$\Delta S_{T1} = \frac{Q_1}{T_1} = \frac{-2\,000}{973} = -2.055 \text{ kJ/K}$$

$$\Delta S_{T2} = \frac{Q_2}{T_2} = \frac{800}{303} = 2.64 \text{ kJ/K}$$

$$\Delta S_{iso} = \Delta S_{T1} + \Delta S_{T2} + \Delta S_{\text{工}}$$
$$= -2.055 + 2.64 + 0 = 0.585 \text{ kJ/K} > 0$$

结果满足孤立系统的熵增原理，所以此循环可能实现，而且是一个不可逆热机。

讨论：

(1) 对于循环方向性的判断可用克劳修斯不等式、孤立系统熵增原理和卡诺定理中的任一种。这 3 种方法中，孤立系统熵增原理的方法最通用，因为该方法无论对循环还是对过程都适用，而克劳修斯积分式和卡诺定理仅适用于循环方向性的判断。当然，可用克劳修斯不等式 $\Delta S \geqslant \displaystyle\int \dfrac{\delta Q}{T_r}$ 判断一个过程能否实现。

(2) 注意热量的正负。克劳修斯积分式 $\oint \dfrac{\delta Q}{T_r} \leqslant 0$ 适用于循环，即针对工质，所以热量、功的方向都以工质作为对象考虑，工质吸热为正，工质放热为负，T_r 为热源的温度。而熵增原理适用于孤立系统，所以计算熵的变化时，热量的方向以构成孤立系统的有关物体为对象，它们吸热为正，放热为负。例如本题中工质从高温热源吸热 $Q_1 = 2\,000$ kJ，对高温热源来说是失去热量 2 000 kJ，所以高温热源熵变为 $\Delta S_{T1} = \dfrac{Q_1}{T_1} = \dfrac{-2\,000}{700+273} = -2.055$ kJ/K。千万不要把热量的方向搞错，以免得出相反的结论。

4.5　㶲及热量㶲

4.5.1　㶲的定义

热力学第二定律指出,热机的热效率永远小于1。热量可以转变为功的数量(或者说热量作功的能力)与热源的温度以及环境温度有关。热源与环境的温差越小,热量的作功能力越小。如果热源温度降低到与环境温度相同,那么无论热量有多大,其作功能力都为零。如大气、海洋中蕴藏着数量巨大的热能,但却几乎不能转变成机械能而加以利用,因为难以找到温度更低的环境。机械能、电能和风能则不同,它们理论上可以百分之百地转换为其他形式的能量,所以对人们来说它们是更宝贵、"质"更高的能量。

由此可见,仅从能量的数量上衡量其价值是不够的。不同形式的能量,其动力利用价值并不相同,或者说不同形式的能量具有质的区别。为此,引入一个新的参数——available energy 或 exergy,译为"㶲"(yōng),还有译为"有效能"、"可用能"等的,它表示能量的可用性或作功能力。

热力学中定义:在环境条件下,能量中可转化为有用功的最高数值称为该能量的㶲(或称㶲)。或者:如果热力系只与环境相互作用,从任意状态可逆地变化到与环境相平衡状态时作出的最大有用功,称为该热力系统的㶲。

在环境条件下不可能转化为有用功的那部分能量称为炕(wú)或无效能。任何能量 E 都由㶲(E_x)和炕(A_n)两部分组成,即

$$E = E_x + A_n \tag{4-15}$$

不同形态的能量或物质,处于不同状态时所包含的㶲和炕的比例各不相同。对于高级能量,可无限转化,$A_n = 0$,如机械能、电能等全部是㶲,$E_x = E$;不可转化的能量,$E_x = 0$,如环境介质中的热能全为炕。显然,能量中含有的㶲值越多,其转换为有用功的能力越大,也就是其"质"越高,动力利用的价值越大。

4.5.2　热量㶲

在给定的环境条件(环境温度为 T_0)下,热量 Q 中最大可能转变为有用功的部分称为热量㶲,以 $E_{x,Q}$ 表示。

如图 4-9 所示,假设有一温度为 T 的恒温热源($T > T_0$),传出的热量为 Q,则热量㶲等于在该热源与温度为 T_0 的环境之间的可逆热机所作出的功,即等于卡诺循环热机所作出的功

$$E_{x,Q} = Q\left(1 - \frac{T_0}{T}\right) \tag{4-16}$$

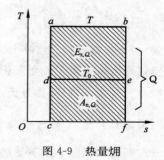

图 4-9　热量㶲

在图 4-9 中,热量㶲 $E_{x,Q}$ 在数值上等于卡诺循环所包围的面积,即面积 $abeda$。必须向环境排放的热量为面积 $cdefc$,这部分就是热量炕 $A_{n,Q}$。

$$Q = E_{x,Q} + A_{n,Q} \qquad (4\text{-}17)$$

由式(4-16)可见,温度越高的物体,传出的热量的作功能力越大,热量㶲也越大;与环境温度相同的系统所放出的热量则不具有热量㶲值,热量全部为炕。

4.5.3　能量贬值原理

数量相同的热量,温度越高,热量㶲越大。也就是说,同是热量,温度越高,其作功能力越大,其品位越高。热量由高温物体传向低温物体,热量的数量并未减少,但是 Q 中的热量㶲减少了,即热量的“质”降低了,称之为能量贬值,或能级的降低。这种系统的总能量尽管保持不变,但其作功能力却不断减少,称为能量的降级(贬值)原理。

可见,不可逆过程会发生能量降级现象,唯有可逆过程的能量的“质”不变。由于实际的过程都是不可逆的,因此能量中的一部分㶲将不可避免地退化为炕,而且一旦退化为炕就再无法转变为㶲,因而㶲损失是真正意义上的损失。能量的降级是不可避免的,但可以尽量减少过程的不可逆损失,尽可能减少能量降级造成的作功能力的损失,做到避免能量“质”的不必要的损耗与浪费,有效合理地用能。

系统的㶲值是指其处于环境条件下,经完全可逆过程过渡到与环境平衡时所作出的有用功,这时其作功能力最大。任何不可逆循环或不可逆过程,必然有机械能损失,系统的作功能力降低,或者说必然有㶲损失(或炕增加)。不可逆程度越严重,作功能力降低得越多,㶲损失越大,所以㶲损失可以作为不可逆尺度的又一个度量。

4.5.4　作功能力的损失

熵增原理表明,孤立系统内发生任何不可逆变化时,孤立系统的熵必然增大。而任何不可逆循环或不可逆过程,必然有机械能损失,系统的作功能力降低。因此,孤立系统的熵增和作功能力的损失(㶲损失)之间必然有一定的联系。

例如,一个单纯的传热过程,设孤立系统中有两个物体 A 和 B,其温度各为 T_A 和 T_B。热量 Q 由 A 传至 B,作功能力损失为

$$I = E_{x,Q(A)} - E_{x,Q(B)} = T_0 Q \left(\frac{1}{T_B} - \frac{1}{T_A} \right) \qquad (4\text{-}18)$$

热量 Q 由 A 传给 B,此传热过程的孤立系统的熵增如式(4-12)所示,即

$$\Delta S_{iso} = Q \left(\frac{1}{T_B} - \frac{1}{T_A} \right)$$

由式(4-12)和(4-18)可以推导出

$$I = T_0 \Delta S_{iso} \qquad (4\text{-}19)$$

式(4-19)表明,环境温度 T_0 一定时,孤立系统㶲损失与其熵增成正比。式(4-19)虽然由单纯的传热过程推导而得,但它是一个普适公式,适用于计算任何不可逆因素引起的㶲损失。

例题 4-5　温度为 420 ℃的热水传热给温度为 400 ℃的冷水,设传热量 $Q=100$ kJ,环境温度 $T_0=300$ K,求由于不可逆传热造成的可用能损失。

解:

热水温度 $T_A=420+273=693$ K,冷水温度 $T_B=400+273=673$ K。

420℃热水传出热量 $Q=100$ kJ,其热量㶲为

$$E_{x,Q(A)}=Q\left(1-\frac{T_0}{T_A}\right)=100\times\left(1-\frac{300}{693}\right)=56.71 \text{ kJ}$$

这部分热量传给冷水,假设被冷水全部吸收,$Q=100$ kJ 的热量在温度 400 ℃时的热量㶲为

$$E_{x,Q(B)}=Q\left(1-\frac{T_0}{T_B}\right)=100\times\left(1-\frac{300}{673}\right)=55.42 \text{ kJ}$$

不可逆传热㶲损失为

$$I=E_{x,Q(A)}-E_{x,Q(B)}=56.71-55.42=1.29 \text{ kJ}$$

讨论:

热量 Q 由高温物体传向低温物体,热量的数量并没有减少,但是 Q 中的㶲减少了,热量的"质"降低了,即能量贬值了。只要有温差传热,就有作功能力的损失,即㶲损失。温差越大,即㶲损失越大。

例题 4-6　温度为 70 ℃的热水传热给温度为 50 ℃的冷水,设传热量 $Q=100$ kJ,环境温度 $T_0=300$ K,求由于不可逆传热造成的可用能损失。

解:

热水温度 $T_A=70+273=343$ K,冷水温度 $T_B=50+273=323$ K。

70 ℃的热水传出热量 $Q=100$ kJ,其熵变为

$$\Delta S_A=\frac{Q}{T_A}=\frac{-100}{343}=-0.2915 \text{ kJ/K}$$

50 ℃的冷水得到热量 $Q=100$ kJ,其熵变为

$$\Delta S_B=\frac{Q}{T_B}=\frac{100}{323}=0.3096 \text{ kJ/K}$$

由 T_A 和 T_B 组成的孤立系统的熵增为

$$\Delta S_{iso}=\Delta S_A+\Delta S_B$$

$$=-0.2915+0.3096=0.0181 \text{ kJ/K}$$

不可逆传热㶲损失为

$$I=T_0\Delta S_{iso}=300\times0.0181=5.43 \text{ kJ}$$

讨论：

（1）例题 4-5 和 4-6 给出了求不可逆传热㶲损失的两种方法，即㶲分析法和熵增原理法，这两种方法的计算结果应该相同。例题 4-5 和 4-6 分别只采用了一种方法，另一方法请读者自行分析计算。

（2）例题 4-5 和 4-6 中，温度虽然不同，但温差相同，均为 20 ℃。由计算结果可知，同样大小的传热温差 ΔT，低温传热时㶲损失更大。工程上，在不降低（或少降低）传热效果的同时，尽量减小传热温差，对低温换热器尤为重要。

（3）温差传热造成可用能的损失，任何不可逆过程，如不同参数或不同种类的物质的混合过程、压力降低的节流过程等，都会引起可用能的损失，且都满足 $I = T_0 \Delta S_{iso}$。

4.6　能量的合理利用

能量的合理利用，是指在用能过程中尽可能地减少过程的能量损失，将能量最大限度地加以利用。根据热力学第一定律和第二定律，能量合理利用的原则，就是要求能量系统中能量在"数量"上保持平衡，在"质"上合理匹配，做到"能"尽其用。从能量利用经济性指标的角度考虑，就是要尽量使系统的热效率和㶲效率接近 100%。从工程热力学的角度出发，实现热能的合理利用应当遵循以下几个基本原则。

4.6.1　减少热能利用过程的不可逆性

热力学第二定律指出，任何过程都是向着熵增方向进行的不可逆过程，不可逆过程的结果是造成能量的贬值，即㶲值的下降。由于一切的用能过程都包含着能量的传递和转换过程，因此它们都是在一定的热力学势差（温度差、压力差、电位差或化学势差等）推动下实现的。过程进行的速度与过程的推动力成正比，没有推动力的过程实际上是无法实现的（或过程进行的时间要无限长）。任何热力学势差都是过程中的不可逆因素，都会导致过程的㶲损失。为了实现热能的合理利用，首先必须尽量减少过程中的不可逆性，减少一切不可逆损失，从而使用能过程中能量的㶲值得到有效利用而不致轻易地贬值。为此，燃烧和化学反应过程应当尽量在高温下进行；加热、冷却等传热过程应当尽量减少传热温差，实现小温差传热；减少向环境的散热损失；力求避免和减小流体介质的节流压降和沿程摩擦损失等。这些减少不可逆性的措施，都有助于热能达到合理有效地利用。

4.6.2　按质用能，按需用能

各种形式的热能以及同一形式具有不同温度的热能，它们具有的品质是不同的。这种能量品质上的差别，可以用其㶲值的大小来表示。生产过程和日常生活对热能的品质要求各不相同。为了合理地利用热能,必须根据用户对能源品质的要求,选择合适的能源,按质提供热能,做到热能供需双方不仅在数量上相符,而且在品质要求上相匹配,从而实现按质用能、按需用能、能尽其用的目标。

在实际用能过程中,常常存在着各种不按质用能的情况。最常见的是把高品位热能供给仅需低品位热能的用户,这种情况最典型的例子是把高压蒸汽(高品位热能)经过节流减压后当作低压蒸汽(低品位热能)使用。此时,尽管热能在数量上并没有减少,但是它的㶲值却大大降低了。例如,1.3 MPa 的饱和蒸汽具有的㶲值为 1 005 kJ/kg,但如果把它节流到 0.3 MPa,其㶲值仅为 832.2 kJ/kg,㶲值损失了 17%。

用电炉取暖也是一个典型的不按质用能的例子。对于这种常见的电热取暖过程,如果仅从数量上来看,其加热效率为 100%,即所有电能全部转变成了热能。但从能量的级别,即品质的角度看,这个能量利用过程是十分不合理的。假设环境温度为 $T_0 = 273$ K,为了维持室温 $T = 293$ K,需要提供的热量为 Q。用电取暖,原有电能的㶲值为 $E_{x1} = Q$,而变成热能以后的㶲值仅为

$$E_{x2} = Q\left(1 - \frac{T_0}{T}\right) = Q\left(1 - \frac{273}{293}\right) = 0.068Q$$

显然㶲值减少了 93%。这就是说,电炉取暖过程中能量品质的不匹配造成了大量有效能的损失,能量的利用很不合理。

若改为蒸汽供暖,设蒸汽压力为 0.5 MPa,温度为 425 K,供热量仍为 Q,则蒸汽的初始㶲值为 $E_{x1} = 0.332Q$。若再改为高温热水供暖,设高温热水的压力为 0.5 MPa,温度为 403 K,供热量仍为 Q,则高温热水的初始㶲值为 $E_{x1} = 0.183Q$。最后改用低温热水供暖,热水压力为 0.5 MPa,温度为 328 K,则低温热水的初始㶲值为 $E_{x1} = 0.09Q$。可见,低温热水的㶲值与用户要求的热能的㶲值 E_{x2} 最为接近。

上述计算表明,从按质用能的观点看,用低温热水供暖最为合理,供需双方最为匹配,而用电取暖最不合理。同理,工程上用电加热流体或物料也是最不合理的。

*4.6.3　总能系统的梯级利用

总能系统的梯级利用是指能源的综合利用和多级利用,是热能利用中层次更高,也更先进、合理的能源利用模式。总能系统的基本思想是:为了取得最合理的能源利用总效果,除了提高单件设备和单个子系统的能源利用率以外,根据热力学和系统工程的原理,综合研究及分析能量转换和利用的全过程。按照系统可以提供的能源形式和需求的能量形式,从总体上合理安排好功和热的利用,使能量供需之间的品位优化匹配,实行能量的梯级利用。使各类能源各尽其能,各尽其用。综合利用好一个工厂,一个单位,甚至一个地区的各类能源,实现能源的合理有效利用。

总能系统是根据能的梯级利用与品位概念,遵循"分配得当、各得其所、温度对口、

梯级利用"的原则(图 4-10),以取得热功转换和利用的最佳效果。例如,简单的燃气轮机工作时,燃气温度高,但排烟损失大;采用总能系统后,既能充分发挥燃气轮机的高温加热优势,又能避免简单循环排热温度高的缺陷,显示出极好的总体性能,因而受到电力、石化、冶金等部门的青睐。不同的总能系统体现"热能梯级利用"的集成原理和方法有很大的差别,即要针对指定的具体功能和条件,从不同思路采用多种措施和组合,下面介绍燃气轮机总能系统中较简单的 2 种。

1. 热、电、冷三联供总能系统

图 4-11 所示为由燃气发动机驱动的热、电、冷三联供总能系统的工作原理图,即燃气发动机驱动压缩机和发电机,由发电机产生的电量为热泵系统辅机和其他建筑设备供电。该系统由两部分组成:左边部分为由燃气发动机驱动的蒸汽压缩式热泵系统,该系统由开启式压缩机、蒸发器、冷凝器、膨胀阀等部件组成;右边部分为由燃气发动机驱动的发电系统,可向空调系统辅机和建筑物其他设备供电。由这两部分实现了由燃气发动机驱动的热、电、冷三联供。

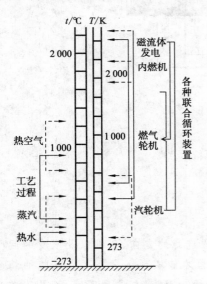

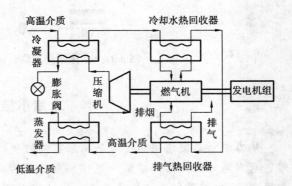

图 4-10　能的梯级利用示意图　　　图 4-11　热、电、冷三联供总能系统工作原理示意图

在供冷运行时,机组从低温介质吸热,使之冷却降温后送给冷用户,而将冷凝器排出的热及发动机废热排放给环境(在同时需要热水的场合,发动机废热也可回收);在供热运行时,机组通过低温介质(热源)从环境吸热,并使高温介质先后经过冷凝器、燃气发动机冷却水热回收器(包括发动机机油冷却器)、发动机排烟热回收器吸热升温,而后送给热用户。无论是供冷运行还是供热运行,发电机一般都同时运转,所发电量主要用于驱动空调系统本身辅机及自控设备,使空调系统完全由天然气一种能源驱

动,无需外界供电。

计算结果表明,采用热、电、冷三联供后,总能系统的能源利用率高于采用电动热泵系统,其中供热时约提高了 53%,供冷时约提高了 18%。

2. 余热锅炉型联合循环

余热锅炉型联合循环如图 4-12 所示,所有燃料都从燃气轮机顶循环输入,燃料燃烧释放热能,先由燃气轮机循环实现高温、高效的热功转换功能,然后回收燃气排热,在余热锅炉中产生过热蒸汽,再由汽轮机循环实现中低温的热功转换功能。这样依据热能的梯级利用原理,回收了燃气轮机排热,使系统的性能大幅度提高。

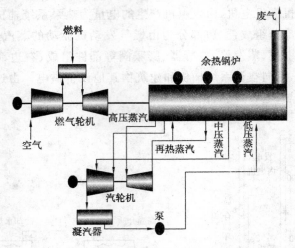

图 4-12　余热锅炉型联合循环系统示意图

本章小结

热力学第二定律阐明了与热现象有关的各种过程进行的方向、条件以及限度的问题。只有同时满足热力学第一定律和第二定律的过程才能实现。根据孤立系统的熵增原理,只有使孤立系统的总熵增大的过程才可以进行。因此,与能量不同,熵是不守恒的,孤立系统的熵只增不减是因为一切实际过程均不可逆。

能量由㶲和烆构成,用能的实质是用㶲。学习热力学第二定律应抓住其本质:过程进行的结果表现为使孤立系统的熵增大,其实质是在能量的传递和转换过程中,能量的"数量"不变,可用性却是在不断地下降。

学习本章要达到以下要求:

(1) 掌握卡诺循环的分析计算和卡诺定理。理解提高工质吸热温度、降低放热温度,使过程尽可能接近可逆,是提高热机热效率的根本途径。

（2）理解㶲的概念及热量㶲的计算。

（3）掌握孤立系统的熵增原理及其应用。

（4）在深刻领会热力学第二定律实质的基础上，认识能量不仅有"量"的多少，还有"质"的高低。能量在利用过程中虽然其数量守恒，但其"质"却是在不断地贬值、下降。节能不仅要提高能量利用率，还要更合理地利用能量，做到能级的匹配利用。

思考题

1. 自发过程是不可逆过程，非自发过程是可逆过程，这样说对吗？

2. 热力学第二定律能不能说成"机械能可以全部转变为热能，而热能不能全部转变为机械能"？为什么？

3. 与大气温度相同的压缩气体可以从大气中吸热而膨胀作功（依靠单一热源作功）。这是否违背热力学第二定律？

4. 指出循环热效率公式 $\eta_t = 1 - Q_2/Q_1$ 和 $\eta_t = 1 - T_1/T_2$ 各自适用的范围（T_1 和 T_2 分别指高温热源和低温热源的温度）。

5. 下列说法是否正确？为什么？

（1）循环输出净功愈大，则热效率愈高；

（2）可逆循环的热效率都相等；

（3）不可逆循环的热效率一定小于可逆循环的热效率。

6. 夏天适合我国情况的室内舒适温度为 26～29 ℃。有人为了凉快，用空调将室内温度降为 20 ℃，从节能的角度分析他的做法是否正确。

7. 闭口系统进行一个过程后，如果熵增加了，是否能肯定它从外界吸收了热量？如果熵减少了，是否能肯定它向外界放出了热量？

8. 下列说法是否正确？为什么？

（1）熵增大的过程为不可逆过程；

（2）不可逆过程的熵变 ΔS 无法计算；

（3）工质从某一初态分别经可逆与不可逆途径到达同一终态，则不可逆途径的 ΔS 必大于可逆途径的 ΔS；

（4）工质经历不可逆循环后 $\Delta S > 0$；

（5）自然界的过程都是朝着熵增的方向进行的，因此熵减小的过程不可能实现；

（6）工质被加热熵一定增大，工质放热熵一定减小；

（7）不可逆绝热膨胀的终态熵大于初态熵（$S_2 > S_1$），不可逆绝热压缩的终态熵小于初态熵（$S_2 < S_1$）。

9. 闭口系统经历了一不可逆过程对外作功 10 kJ，同时放出热量 5 kJ，问系统的熵变是正、是负，还是不能确定？

10. 既然能量是守恒的，那还有什么能量损失呢？

习　题

4-1　一卡诺热机在 800 ℃和 20 ℃的两热源间工作，求：

(1) 卡诺热机的热效率；

(2) 若卡诺热机每分钟从高温热源吸热 1 000 kJ 热量，则卡诺热机的净输出功率为多少；

(3) 每分钟向低温热源排放的热量。

4-2　冬季室外平均温度为 -5 ℃，使室内保持在 20 ℃时所需供给的热量为 2×10^4 kJ/h。当采用电炉取暖时需要多大功率的电炉？如果改用电驱动卡诺热泵取暖，则需输入多大功率？它是电炉采暖的几分之几？

4-3　1 kg 空气从状态 1 可逆绝热压缩到状态 2，$P_2 = 3P_1$，然后定压加热到状态 3，最后经定容回到初态。已知 $p_1 = 0.1$ MPa，$T_1 = 300$ K，$\kappa = 1.4$，$R_g = 287$ J/(kg·K)，试求：

(1) 将该循环定性地表示在 p-v 及 T-s 图上；

(2) 循环的热效率；

(3) 循环净功。

4-4　某定压加热的燃气轮机装置及其 p-v 图和 T-s 图如图 4-13 和 4-14 所示。压气机进口参数 $T_1 = 290$ K，$p_1 = 0.1$ MPa，其增压比 $\pi = p_2/p_1 = 5.5$；燃气轮机进口参数 $T_3 = 900$ K。工质为空气，相对分子质量为 29，$\kappa = 1.4$，比热容按定值计算，假设各过程可逆，试求：

(1) 循环吸热量和放热量；

(2) 压气机的耗功量和燃气轮机的作功量；

(3) 循环热效率。

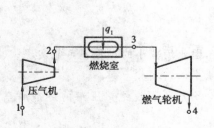

图 4-13　定压燃烧燃气轮机装置流程图

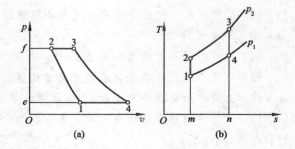

图 4-14　燃气轮机循环图

4-5 某发明者自称已设计出一台在 540 K 和 300 K 的热源之间循环工作的热机,该热机每从高温热源吸热 1 000 J 的热量,即可做出 450 J 的净功。他的设计可行吗?

4-6 某热机循环,工质从温度为 2 000 K 的高温热源吸热 Q_1,并向温度为 300 K 的低温热源放热 Q_2。在下列条件下,循环是否可行? 是否可逆?

(1) $Q_1 = 1\ 500$ J,$Q_2 = 800$ J;

(2) $Q_1 = 2\ 000$ J,$W_{net} = 1\ 800$ J;

(3) $Q_2 = 200$ J,$W_{net} = 800$ J。

4-7 若封闭系统经历一过程,熵增为 25 kJ/K,从 300 K 的恒温热源吸热 8 000 kJ,则此过程是可逆还是不可逆? 或是不可能?

4-8 将质量为 10 kg、温度为 50 ℃ 的水与质量为 6 kg、温度为 100 ℃ 的热水在绝热容器中混合,求混合后系统的熵增。(水的比热容为 4.187 kJ/(kg·K))

4-9 一刚性绝热容器中的空气由一透热的活塞分成 A,B 两部分。开始时 $V_A = V_B = 0.02$ m³,$p_A = 200$ kPa,$T_A = 400$ K,$p_B = 100$ kPa,$T_B = 400$ K;拔去销钉后,活塞可自由移动(无摩擦)直至两侧平衡,试求:

(1) 平衡时的温度;

(2) 平衡时的压力;

(3) 系统的熵增,并判断此过程是否可逆;

(4) 此混合过程的作功能力损失。

4-10 气体在气缸中被压缩,压缩过程中外界对气体作功 160 kJ/kg,气体的热力学能和熵的变化分别为 40 kJ/kg 和 -0.25 kJ/(kg·K)。过程中气体只与环境交换热量,环境温度为 300 K。问该过程能否实现? 若环境温度为 $T_0 = 300$ K,问系统的机械能损失了多少?

4-11 图 4-15 所示为一烟气余热回收方案,设烟气比热容 $c_p = 1.4$ kJ/(kg·K),$c_V = 1.0$ kJ/(kg·K),试求:

(1) 烟气流经换热器时传给热机工质的热量;

(2) 热机排给大气的最小热量 Q_2;

(3) 热机输出的最大功 W。

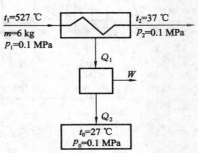

图 4-15 烟气余热回收示意图

第 5 章　水蒸气

工程上用的气态工质可以分为两类——气体和蒸气,两者之间并无严格的界限。蒸气泛指刚刚脱离液态或比较接近液态的气态物质,在被冷却或被压缩时,很容易变回液态。一般来说,蒸气分子间的距离较小,分子间的作用力及分子本身的体积不能忽略,因此蒸气一般不能作为理想气体处理。

工程上常用的蒸气有水蒸气、氨蒸气、氟利昂蒸气等。由于水蒸气来源丰富,耗资少,无毒无味,比热容大,传热好,有良好的膨胀和载热性能,所以它是工程中应用最广泛的一种工质。各种物质的蒸气虽然各有特点,但其热力性质及物态变化规律都有许多类似之处。这里仅以水蒸气(简称蒸汽)为例,对它的产生、状态的确定及其基本热力过程进行分析。

5.1　水蒸气的产生过程

工业生产中所用的水蒸气,通常是对锅炉内的水定压加热产生的。为了便于说明,假设水在气缸内定压加热,其原理如图 5-1 所示。设气缸内有质量为 1 kg、温度为 0.01 ℃的纯水,在水面上有 1 个可以移动的活塞,可在其上施加一定的压力 p,在容器底部对水加热。水蒸气的产生过程一般可以分为三个阶段。

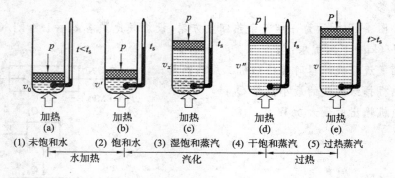

图 5-1　水蒸气产生过程示意图

1. 预热阶段

假设水开始处于压力为 0.1 MPa、温度为 0.01 ℃的状态,在图 5-2 的 p-v 图和 T-s 图上用 a 表示。维持压力不变,随着热量的加入,水的温度逐渐升高,比体积也略有增加。当水温升高到 99.634 ℃时,若继续加热,水就会沸腾而产生蒸汽,此沸腾温度称为饱和温度 t_s。处于饱和温度的水称为饱和水,对其除压力和温度外的状态参数均加一上标 $'$,如 v',h' 和 s' 等。低于饱和温度的水称为未饱和水或过冷水,如图 5-1 所示的 (1),$t < t_s$。

2. 汽化阶段

对饱和水继续加热,水开始沸腾,不断地产生蒸汽。沸腾时水温保持不变,仍为饱和温度。这时容器内气、液两相共存,称为湿饱和蒸汽,简称湿蒸汽,如图 5-1 所示的 (3)。对湿蒸汽继续加热,水逐渐减少,蒸汽逐渐增加,直到最后一滴水变为蒸汽,这时容器中的蒸汽称为干饱和蒸汽,简称干蒸汽或饱和蒸汽,如图 5-1 所示的 (4)。饱和蒸汽的比体积、焓和熵分别用 v'',h'' 和 s'' 表示。从饱和水加热到饱和蒸汽称为定压汽化阶段,整个汽化过程吸收的热量称为汽化潜热,以 r 表示,单位为 J/kg。

3. 过热阶段

对干饱和蒸汽继续加热,蒸汽的温度又开始上升,超过了该压力对应的饱和温度,其比体积也继续增加,这时的蒸汽称为过热蒸汽,如图 5-1 所示的 (5)。从图 5-1(d) 到图 5-1(e) 为蒸汽的定压过热过程,这一过程吸收的热量称为过热热量。过热蒸汽的温度与同压力下饱和温度之差称为过热度。

综上所述,水蒸气的定压形成过程先后经历了未饱和水、饱和水、湿饱和蒸汽、干饱和蒸汽和过热蒸汽五种状态,经历了预热、汽化和过热三个阶段。在汽化阶段,温度保持不变,一直为饱和温度,所以给出湿蒸汽的温度和压力并不能确定湿蒸汽的状态。湿蒸汽是饱和水和饱和蒸汽的混合物,不同饱和蒸汽含量的湿蒸汽,状态显然不同。为了说明湿蒸汽中所含饱和蒸汽的含量,以确定湿蒸汽的状态,引入干度的概念。湿蒸汽中所含有的干饱和蒸汽的质量分数,称为湿蒸汽的干度,用 x 表示,即

$$x = \frac{m_v}{m_v + m_w} \tag{5-1}$$

式中,m_v 和 m_w 分别表示湿蒸汽中所含干饱和蒸汽和饱和水的质量。

水蒸气的定压形成过程可以在 p-v 图和 T-s 图上表示,如图 5-2 所示。在 p-v 图上,它是一条水平线,a-b,b-d,d-e 分别为定压预热、定压汽化、定压过热过程。a,b,c,d,e 分别表示与图 5-1 对应的五种状态。在 T-s 图上,a-b 为预热过程,过程中温度升高,熵增大,过程线向右上方倾斜;b-d 为汽化过程,压力和温度保持不变,熵增大,在 T-s 图上为一水平线;d-e 为过热过程,温度开始升高,熵继续增加,过程线向右上方倾斜。工质所吸收的总热量由 T-s 图上 a-b-c-d-e 过程线下的面积表示。

如果改变压力,如将压力提高到 $p = 1$ MPa,可以得到类似上述过程的三个阶段,但其饱和温度却随着压力的提高而升高。对应 1 MPa 的饱和温度是 179.916 ℃。压力一定,饱和温度一定,反之亦然,二者一一对应。对应饱和温度的压力,称为饱和压

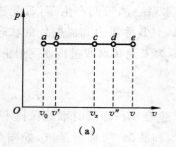 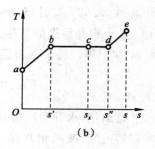

(a)   (b)

图 5-2　水蒸气的定压产生过程

力,用 p_s 表示。如果将不同压力下蒸汽的形成过程表示在 $p\text{-}v$ 图与 $T\text{-}s$ 图上,并将不同压力下对应的状态点连接起来,就得到了图 5-3 中的 $a_1a_2a_3\cdots$ 线、$b_1b_2b_3\cdots$ 线以及 $d_1d_2d_3\cdots$ 线,它们分别表示各种压力下的水、饱和水以及干饱和蒸汽状态。$a_1a_2a_3\cdots$ 线近乎一条垂直线,这是因为低温时的水几乎不可压缩,压力升高,比体积基本不变。$b_1b_2b_3\cdots$ 线称为饱和水线或下界线,它表示的是不同压力下饱和水的状态。$d_1d_2d_3\cdots$ 线称为干饱和蒸汽线或上界线,它表示的是不同压力下干饱和蒸汽的状态。

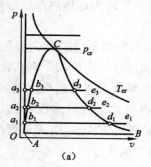 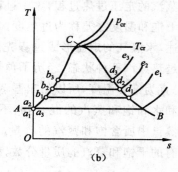

(a)   (b)

图 5-3　不同压力下水蒸气的产生过程

由图 5-3 可以清楚地看到,随着压力的增加,饱和水与干饱和蒸汽两点间的距离逐渐缩短。当压力增加到某一临界值时,饱和水与干饱和蒸汽不仅具有相同的压力和比体积,而且还具有相同的温度和熵,这时的饱和水与干饱和蒸汽之间的差异已完全消失,在图中由同一点 C 表示,这个点称为临界点,这样一种特殊的状态称为临界状态。临界状态的各热力参数都加下角标“cr”,如水的临界参数为:$p_{cr}=22.064$ MPa,$t_{cr}=373.99$ ℃,$v_{cr}=0.003\ 106$ m³/kg。水在临界压力 p_{cr} 下定压加热到临界温度 t_{cr} 时,不存在气液分界线和气液共存的汽化阶段,再加热就直接成为过热蒸汽。

饱和水线 CA 与饱和蒸汽线 CB 分别将 $p\text{-}v$ 图和 $T\text{-}s$ 图分为三个区域:CA 线的左方是未饱和水区;CA 线与 CB 线之间为气液两相共存的湿蒸汽区;CB 线右方为过热蒸汽区。

综上所述,在表示水的汽化过程的 $p\text{-}v$ 图和 $T\text{-}s$ 图上,有一点(临界点)、二线(上、下界线)、三区(液相区、气液两相区、气相区)和五态(未饱和水、饱和水、湿蒸汽、干蒸汽、过热蒸汽)。

5.2　水蒸气的状态参数

水蒸气的性质与理想气体差别很大,不满足理想气体状态方程式,水蒸气的热力学能和焓也不是温度的单值函数,数学表达式形式很复杂。为了便于工程计算,将不同温度和不同压力下的未饱和水、饱和水、干饱和蒸汽和过热蒸汽的比体积、焓、熵等各种状态参数列成表或绘成线算图,利用它们可以很容易地确定水蒸气的状态参数。

5.2.1　水与水蒸气热力性质表

有两种表,一种是饱和水与饱和蒸汽表,另一种是未饱和水与过热蒸汽表。为了使用方便,饱和水与饱和蒸汽表又分为以温度为序和以压力为序的两种表,分别见附录 6 和附录 7。遵循国际规定,蒸汽表取三相点(即固、液、气三相共存状态)液相水的热力学能和熵为零。根据焓的定义,三相点液相水的焓为也近似等于零。

在以温度为序的饱和水与饱和蒸汽表中,列出了不同温度对应的饱和压力 p_s,而在以压力为序的表中则列出了与不同压力对应的饱和温度 t_s。两种表都列出了饱和水与干饱和蒸汽的比体积、焓和熵,同时还列出了每千克饱和水蒸发为同温度下的干蒸汽所需要的汽化潜热 r,显然 $r = h'' - h'$。

利用附录 6 和附录 7 可以确定饱和水、干蒸汽以及湿蒸汽的状态。对于饱和水与干蒸汽,只要知道压力和温度中的任何一个参数,就可以从饱和水与饱和蒸汽表中直接查得其他参数。由于湿蒸汽是由压力、温度相同的饱和水与干蒸汽所组成的混合物,要确定其状态,除知道它的压力(或温度)外,还必须知道它的干度 x。因为 1 kg 湿蒸汽是由 x kg 干蒸汽和 $(1-x)$ kg 饱和水混合而成的,因此,1 kg 湿蒸汽的各有关参数就等于 x kg 蒸汽的相应参数与 $(1-x)$ kg 饱和水的相应参数之和,即

$$v_x = xv'' + (1-x)v' \tag{5-2}$$

$$h_x = xh'' + (1-x)h' \tag{5-3}$$

$$s_x = xs'' + (1-x)s' \tag{5-4}$$

比热力学能 u 之值一般不列入表中,需要时可由 $h = u - pv$ 计算。

附录 8 是未饱和水与过热蒸汽表。表中粗黑线以上为未饱和水的参数,粗黑线以下为过热蒸汽的参数。对于未饱和水和过热蒸汽,已知任何两个状态参数都可以由附录 8 确定出其他状态参数。表中没有列出的状态,可以通过直线内插法求得。

5.2.2　水蒸气的焓熵图

利用蒸汽表确定蒸汽的状态虽然准确度高,但往往需要内插。此外,水蒸气表上并不能直接查得湿蒸汽的参数,如果根据表中的数据制成状态图,则可克服以上不足。尤其在对水蒸气的热力过程进行分析计算时,图比表更直观方便。

工程上分析水蒸气的热力过程时,最常用的是水蒸气的焓熵图(h-s 图),其结构如图 5-4 所示。图中,C 为临界点,CA 为 $x=0$ 的下界线(即饱和水线),CB 为 $x=1$ 的上界线(即干饱和蒸汽线)。ACB 线的下面为湿蒸汽区,曲线 CB 的右上方为过热蒸汽区。图中标有定压线簇和定温线簇,在湿蒸汽区内还标有定干度线。

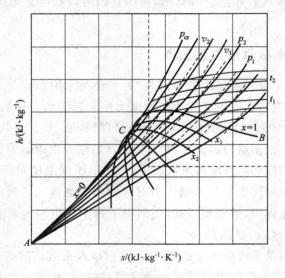

图 5-4　h-s 结构示意图

湿蒸汽区的定压线是倾斜直线。因为根据热力学第一定律,$\delta q = \mathrm{d}h + \delta w_\mathrm{t}$,对于可逆过程,$T\mathrm{d}s = \mathrm{d}h - v\mathrm{d}p$,于是可得定压线的斜率为 $\left(\dfrac{\partial h}{\partial s}\right)_p = T$。由于湿蒸汽的压力与温度是一一对应的,所以湿蒸汽区的定压线也就是定温线。

在过热蒸汽区,从干饱和蒸汽线开始,定压线不再是直线,其斜率随温度升高而增大,因此它是向右上方翘的曲线。定温线与定压线在上界线处开始分离,而且随温度的升高及压力的降低,定温线逐渐接近于水平的定焓线,这表明,此时过热蒸气的性质逐渐接近于理想气体。

在工程计算用的详图中还标有定容线,一般用红线标出,其斜率大于定压线。

在焓熵图中,水及 $x<0.6$ 的湿蒸汽区域里的曲线密集,查图所得数据误差很大,因此,如果需要水或干度比较小的湿蒸汽的参数,可以查水与水蒸气表。由于工程上

使用的多是过热蒸汽或 $x>0.7$ 的湿蒸汽,所以实用的焓熵图只限于图 5-4 中右上方用虚线框出的部分,工程上用的 h-s 图就是将这部分放大后绘制而成的。

此外,在 150 ℃ 以内,水的比热容可近似地取为 4.187 kJ/(kg·K),所以当温度不超过 150 ℃ 时,水的焓 $h=4.187t$ kJ/kg。

例题 5-1 已知 A 和 B 两个密闭容器中 H_2O 的温度均为 150 ℃,压力分别为 0.1 MPa 和 1 MPa,问 H_2O 处于什么状态?

解:

方法一

查饱和蒸汽表,得 $t=150$ ℃ 时对应的饱和压力 $p_s=0.475\ 71$ MPa。

容器 A 内的压力为 0.1 MPa,小于 150 ℃ 对应的饱和压力,即 $p<p_s$,因此容器 A 内的 H_2O 处于过热蒸汽状态。容器 B 内的压力为 1 MPa,大于 150 ℃ 对应的饱和压力,即 $p>p_s$,因此容器 B 内的 H_2O 处于未饱和水状态。

方法二

查饱和蒸汽表,得 $p_A=0.1$ MPa 对应的饱和温度近似为 $t_{sA}=100$ ℃,$p_B=1$ MPa 对应的饱和温度近似为 $t_{sB}=180$ ℃。

容器 A 中水的温度为 150 ℃,大于 0.1 MPa 对应的饱和温度,即 $t_A>t_{sA}$,因此容器 A 内的 H_2O 处于过热蒸汽状态。容器 B 中水的温度为 150 ℃,小于 1 MPa 对应的饱和温度,即 $t_B<t_{sB}$,因此容器内的 H_2O 处于未饱和水状态。

例题 5-2 已知一冷凝器中蒸汽的压力为 5 kPa,比体积 $v=25.38$ m³/kg,求此蒸汽的状态及 t,h,s。

解:

由 $p=5$ kPa,查饱和蒸汽表,得 $v'=0.001\ 005\ 3$ m³/kg,$v''=28.191$ m³/kg。因为 $v'<v<v''$,所以冷凝器中的蒸汽为湿蒸汽。

由饱和蒸汽表继续查得 $t_s=32.88$ ℃,$h'=137.72$ kJ/kg,$h''=2\ 560.55$ kJ/kg,$s'=0.476\ 1$ kJ/(kg·K),$s''=8.393\ 0$ kJ/(kg·K)。

求湿蒸汽的干度

$$v=xv''+(1-x)v'$$
$$25.38=28.191x+(1-x)\times0.001\ 005\ 3$$

解得

$$x=0.90$$

因蒸汽为湿蒸汽,所以温度等于饱和温度,即

$$t=t_s=32.88\ ℃$$

分别计算 h,s

$$h = xh'' + (1-x)h'$$
$$= 0.90 \times 2\,560.55 + (1-0.90) \times 137.72$$
$$= 2\,318.3 \text{ kJ/kg}$$
$$s = xs'' + (1-x)s'$$
$$= 0.90 \times 8.393\,0 + (1-0.90) \times 0.476\,1$$
$$= 7.601\,3 \text{ kJ/(kg·K)}$$

5.3 水蒸气的基本热力过程

和理想气体一样,分析水蒸气热力过程的目的,是为了求解过程中工质状态的变化规律,确定过程中工质与外界的能量交换。水蒸气不能看作理想气体,所以第3章中理想气体的状态方程和热力过程的有关公式都不能使用,蒸汽热力过程的分析与计算只能利用热力学第一定律和第二定律的基本方程,以及水蒸气图表。其一般步骤如下:

(1) 由已知初态的两个独立参数(如 p,T),在 h-s 图上(或水蒸气表中)查出初态的其他参数值;

(2) 根据过程特点以及终态的一个参数值,确定终态,查出终态的其他参数值,并将过程表示在坐标图上,如图 5-5 所示;

(3) 由查得的初、终态参数,应用热力学基本定律的基本方程,计算 $q,w,\Delta u,\Delta h,\Delta s$ 等。

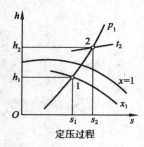
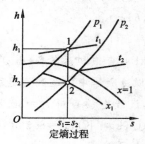

图 5-5 水蒸气的基本热力过程

在实际工程应用中,经常遇到蒸汽的定压过程和绝热过程。

1. 定压过程

蒸汽加热(如锅炉中水和水蒸气的加热)和冷却过程,在忽略流动压损的条件下均可近似为定压过程。当过程可逆时,有

$$w = \int_1^2 p\mathrm{d}v = p(v_2 - v_1) \tag{5-5}$$

$$w_t = -\int_1^2 v\mathrm{d}p = 0 \tag{5-6}$$

$$q = \Delta h \tag{5-7}$$

蒸汽与外界交换的热量可以用焓差表示。所以，h-s 图用于水蒸气热力过程的定量计算极为方便。

2. **绝热过程**

蒸汽在蒸汽机或汽轮机中的膨胀作功过程，以及制冷压缩机中对制冷工质的压缩过程，在忽略热交换的条件下均可视为绝热过程，有

$$q = 0 \tag{5-8}$$

$$w = -u \tag{5-9}$$

$$w_t = -\Delta h \tag{5-10}$$

绝热过程中与外界之间的功量交换也可用焓差表示。在可逆条件下绝热过程是定熵过程；但绝热节流是一个不可逆过程，如不考虑摩擦损失，熵必然增加。

例题 5-3　水在 $p_1 = 1$ MPa，$t_1 = 120$ ℃ 的状态下送入加热炉，定压加热至 $t_2 = 350$ ℃ 时生成水蒸气，并流出加热炉，求每千克水在加热炉中吸收的热量。

解：

查饱和蒸汽表，得 1 MPa 对应的饱和温度为 $t_s = 180$ ℃，所以 $t_1 = 120$ ℃ 时为未饱和水，$t_2 = 350$ ℃ 时为过热蒸汽。查未饱和水与过热蒸汽表得 $h_1 = 504.32$ kJ/kg，$h_2 = 3\,157.0$ kJ/kg。

水蒸气在加热炉中的加热过程是开口系统的稳定流动，根据式（2-11）可计算每千克水在锅炉中所吸收的热量为

$$q = h_2 - h_1 = 3\,157.0 - 504.32 = 2\,653.38 \text{ kJ/kg}$$

例题 5-4　在一刚性容器中充满了压力为 0.1 MPa、温度为 20 ℃ 的水。如果由于气温的升高或意外的加热，其温度升高到 40 ℃，求此时容器所承受的压力及水升温所吸收的热量。

解：

因为是密闭的刚性容器，水的质量和体积不变，所以这是一个定容加热过程。

初态时，$p_1 = 0.1$ MPa，$t_1 = 20$ ℃，为未饱和水，查得 $v_1 = 0.001\,001\,8$ m³/kg，$h_1 = 83.96$ kJ/kg。

终态时，$t_2 = 40$ ℃，$v_2 = v_1 = 0.001\,001\,8$ m³/kg，根据 t_2 和 v_2 查未饱和水与过热蒸汽表得 $p_2 = 14$ MPa，$h_2 = 179.86$ kJ/kg。

可见，为了应对这种意外情况，容器至少要能承受 14 MPa 的压力。为了安全起见，除了设计盛有液体的容器要有足够的耐压强度之外，还应设置安全阀，以防止事故的发生。

水升温过程满足 $q=\Delta u+w$，刚性容器 $w=0$，所以每千克水吸收的热量为

$$q=\Delta u$$
$$=(h_2-h_1)-v(p_2-p_1)$$
$$=(179.86-83.96)-0.001\,001\,8\times(14-0.1)\times10^3$$
$$=82\ \text{kJ/kg}$$

例题 5-5 一封闭绝热的气缸活塞装置内有 1 kg 压力为 0.2 MPa 的饱和水，气缸内维持压力恒定不变。(1) 若装设一叶轮搅拌器，搅动水，直至气缸内 80% 的水蒸发为止，求带动此搅拌器需消耗多少功？(2) 若除去绝热层，用热源来加热气缸内的水，使 80% 的水蒸发，这时热源的加热量是多少？

解：

(1) 由于气缸内未汽化的水没有任何变化，所以取缸内汽化的水为研究对象。这是一闭口系统，根据热力学第一定律

$$Q=\Delta U+W$$

由题意，$Q=0$，W 为各种输入功之和，此处 $W=-W_j+p\Delta V$，其中 W_j 为搅拌功，$p\Delta V$ 为汽化膨胀功。所以

$$0=\Delta U-W_j+p\Delta V$$
$$W_j=\Delta U+p\Delta V=\Delta H=m(h''-h')$$

查饱和水和饱和蒸汽表，得 $h'=504.78$ kJ/kg，$h''=2\,706.5$ kJ/kg，所以有

$$W_j=0.8\times(2\,706.5-504.78)=1\,761.4\ \text{kJ}$$

(2) 除去绝热层，直接加热，因气缸内压力维持不变，所以加热量等于使水定压汽化所需的热量，即

$$Q=m(h''-h')=0.8\times(2\,706.5-504.78)=1\,761.4\ \text{kJ}$$

讨论：

(1) 同样使 80% 的水定压汽化，所消耗的搅拌功和热量在数量上相同，但功是高品位的能量，所以利用输入搅拌功使水汽化的做法不可取。

(2) 使 80% 的水定压汽化，也可以采用电加热方法，所需要的电能也是 1 761.4 kJ。电也是高品位的能量，利用电加热使水汽化的做法同样不可取。

例题 5-6 压力为 1 MPa 的饱和水蒸气，流经一节流阀后压力降为 0.5 MPa。环境压力取 0.1 MPa，环境温度取 20 ℃，分析水蒸气的节流过程引起的㶲损失。

解：

节流前，$p_1=1$ MPa，$x_1=1$，查水蒸气表得 $h_1=2\,777.7$ kJ/kg，$s_1=6.585\,9$ kJ/(kg·K)，$t_1=179.916$ ℃。

节流过程近似绝热，由热力学第一定律分析可得：绝热

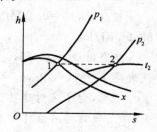

图 5-6 例题 5-6 图

节流前后焓值不变,即 $h_2 = h_1 = 2\,777.7$ kJ/kg。由 $h_2 = 2\,777.7$ kJ/kg 及 $p_2 = 0.5$ MPa 查附录 8 得 $s_2 = 6.888\,4$ kJ/(kg·K),$t_2 = 164.72$ ℃。

不可逆节流过程引起的熵增为

$$\Delta s = s_2 - s_1 = 6.888\,4 - 6.585\,9 = 0.302\,5 \text{ kJ/(kg·K)}$$

由此导致的㶲损失为

$$I = T_0 \cdot \Delta s = (20 + 273) \times 0.302\,5 = 88.632\,5 \text{ kJ/kg}$$

讨论:

(1) 绝热节流过程是一个典型的不可逆过程,熵必然增大,本例题计算结果也说明了这个特点。

(2) 不可逆过程必然要引起作功能力的损失,即㶲损失。因为高压水蒸气节流降压为低压水蒸气,能级或品位降低,作功能力降低,引起作功能力的损失。因此,工业中使用高压蒸汽通过减压阀来提供低压动力是不可取的。

(3) 绝热节流后压力降低,熵增大,这是绝热节流的共性。由本例题计算可知,水蒸气节流后温度下降。而对于理想气体,由于焓不变,所以温度也不变。

本章小结

水蒸气是广泛使用的工质,不能作为理想气体来处理。本章主要阐述了水蒸气的产生过程、应用水蒸气图表确定水蒸气状态参数的方法,以及热力过程的计算方法。

学习本章要达到以下要求:

(1) 掌握有关水蒸气的各种术语,如饱和温度、饱和压力、过冷水、饱和水、湿蒸汽、饱和蒸汽、过热蒸汽、临界点、汽化潜热、干度等。

(2) 了解水蒸气定压发生过程及其在 $p\text{-}v$ 图和 $T\text{-}s$ 图上的一点、两线、三区和五态。

(3) 了解水蒸气图表的结构,并掌握其应用。

(4) 掌握水蒸气热力过程的热量和功量的计算方法。

思考题

1. 锅炉产生的水蒸气在定温过程中是否满足 $q = \Delta u + w$,$q = \Delta h + w_t$ 的关系?

2. 水在定压汽化过程中,温度维持不变。因此,根据 $q = \Delta u + w$,有人认为 $q = w$,这种说法对不对?为什么?

3. 水的定压产生过程可分为哪几个阶段?经历哪几种状态?请写出它们的名称。

4. 水在定压汽化过程中,温度如何变化?焓值和热力学能如何变化?

5. $dh=c_p dT$ 适用于任何工质的定压过程。水蒸气定压汽化过程中 $dT=0$，由此得出结论：水定压汽化时，$dh=c_p dT=0$。此结论是否正确？为什么？

6. 25 MPa 的水是否也像 1 MPa 的水那样经历汽化过程？为什么？

7. 水的汽化潜热是否是常数？有什么变化规律？

8. 热水泵必须安装在热水容器的下面距容器有一定高度的地方，而不能安装在热水容器的上面，为什么？

9. 对水蒸气的热力过程和理想气体热力过程，在分析方法上有何异同之处。

10. 物质的临界状态究竟是怎样一种状态？

11. 理想气体的热力学能只是温度的函数，而水蒸气的热力学能则和温度及压力都有关。试根据水蒸气图表中的数据，举例计算过热水蒸气的热力学能以验证上述结论。

习 题

5-1 利用水蒸气的焓熵图填充下列空白。

状态	p/MPa	t/℃	h/(kJ·kg^{-1})	s/(kJ·kg^{-1}·K^{-1})	干度 x/%	过热度/℃
1	5	500				
2	0.3		2 550			
3		180	2 524			
4	0.01				90	
5	4					150

5-2 试利用水蒸气表确定下列各点的状态，并确定各状态的比体积、焓、熵和干度。

（1）$p=3$ MPa，$t=300$ ℃；

（2）$p=5$ MPa，$t=155$ ℃；

（3）$p=0.3$ MPa，$x=0.92$。

5-3 一储油罐中，充满压力为 0.1 MPa、温度为 10 ℃ 的油水混合物。设计储油罐时，要考虑到气温的升高导致油温的升高，如果油罐内温度升高到 40 ℃，求储油罐所承受的压力。（油水未分离时含水量很高，油水混合物近似按水计算）

5-4 容积为 0.6 m³ 的密闭容器内盛有压力为 0.4 MPa 的干饱和蒸汽，问蒸汽的质量为多少？若对蒸汽进行冷却，当压力降低到 0.2 MPa 时，问蒸汽的干度为多少？冷却过程中由蒸汽向外传出的热量为多少？

5-5 用套管换热器加热原油。管内原油的质量流量为 200 kg/h，比定压热容为

2.09 kJ/(kg·K),进口温度为 20 ℃,要求被加热到 60 ℃。热水温度从 110 ℃降至 70 ℃,供给的热水压力为 0.6 MPa,求需要的热水流量。

5-6 一原油换热器,利用水蒸气来加热原油。原油流量为 3 000 kg/h,进换热器时的温度为 10 ℃,离开时的温度为 75 ℃,油的比定压热容取 2.1 kJ/(kg·K)。已知水蒸气压力为 0.5 MPa,干度为 0.8,在换热器中全部凝结为饱和水,求需要供给的水蒸气流量。

5-7 某联合站的燃油加热炉,每小时生产 10 t 水蒸气,其压力为 1 MPa,温度为 350 ℃。锅炉给水温度为 40 ℃,压力为 1.6 MPa,渣油发热量为 34 000 kJ/kg,求每小时消耗的渣油量。(假设锅炉内水的加热、汽化和蒸汽的过热都在定压下进行,已知加热炉的热效率为 $\eta_B = \dfrac{蒸汽吸收的热量}{燃料可产生的热能} = 80\%$)

5-8 一台锅炉的产汽量为 20 t/h,蒸汽的压力为 4 MPa,温度为 480 ℃,在同样的压力下进入锅炉的给水温度为 100 ℃。若锅炉热效率为 0.9,煤的发热量为 23 000 kJ/kg,则此锅炉每小时消耗多少煤?(锅炉热效率定义为水和蒸汽所吸收的热量与燃料燃烧时提供的热量之比)

5-9 在蒸汽锅炉的汽锅里储有 $p = 0.4$ MPa,$x = 0.04$ 的汽水混合物共 8 250 kg。如果关死出汽阀,炉内燃料燃烧每分钟供给汽锅 17 000 kJ 的热量,求汽锅内压力上升到 1 MPa 所需的时间。

下篇　传热学

凡是有温度差的地方，就会有热量自发地、不可逆地从高温物体传向低温物体，或从物体的高温部分传向低温部分。传热学就是研究在温差作用下热量传递规律的一门科学。

根据机理的不同，热量传递有三种基本方式，即热传导、热对流和热辐射。

(1) 温度不同的物体各部分或温度不同的两个物体直接接触时，依靠分子、原子及自由电子等微观粒子热运动而进行的热量传递现象，称为热传导，简称导热。导热现象既可以发生在固体内部，也可以发生在静止的液体和气体之间。

(2) 依靠流体的运动，把热量由一处传递到另一处，称为热对流。工程上特别感兴趣的是表面对流传热，即流动着的流体与它所接触的固体表面之间由于温度不同而引起的热量传递过程，又称对流传热。本书只讨论具有工程意义的对流传热。

(3) 物体通过电磁波传递能量的现象称为辐射。由于自身温度(热)的原因而发出辐射能的现象称为热辐射。

导热和对流这两种热量传递方式只在有物质存在的条件下才能实现，而热辐射可以在真空中传递。

不同的热量传递方式遵循不同的规律，因此有必要研究每一种热量传递的规律。传热学主要介绍导热、对流传热和热辐射三种基本传热方式的规律和计算方法，以及传热过程在工程中的应用。

第6章 导 热

导热是在温差作用下依靠物质微粒(分子、原子和自由电子)的运动(移动、振动和转动)进行的能量传递,因此导热与物体内的温度场或温度分布密切相关。本章主要阐述导热的基本概念和基本定律,讨论几种简单的稳态导热、非稳态导热的分析解法,简单介绍多维稳态导热的形状因子法。

6.1 导热基本定律

6.1.1 各类物质的导热机理

从微观上看,气体、液体、导电固体和非导电固体的导热机理是不同的。气体中,导热是气体分子不规则热运动时相互碰撞的结果。气体的温度越高,其分子的运动动能越大。不同能量水平的分子相互碰撞,使热量从高温处传到低温处。导电固体中有相当多的自由电子,它们在晶格之间像气体分子那样运动。自由电子的运动在导电固体导热中起着主要作用。在非导电固体中,导热是通过晶格结构的振动,即原子、分子在其平衡位置附近的振动来实现的。至于液体的导热机理,还存在着不同的观点。有一种观点认为定性上液体的导热类似于气体,只是情况更复杂,因为液体分子间的距离比较近,分子间的作用力对碰撞过程的影响远比气体大。另一种观点则认为液体的导热机理类似于非导电固体。本书以后的论述仅限于导热现象的宏观规律。

6.1.2 温度场

温差是热量传递的动力,每一种热量传递方式都和温度密切相关。在某一时刻 τ,物体内各点的温度的集合称为温度场,也称为温度分布。一般情况下,温度场 t 是空间坐标 (x,y,z) 和时间 (τ) 的函数,即

$$t = f(x,y,z,\tau) \tag{6-1}$$

例如,手握铁棒的一端,将另一端伸进灼热的火炉内加热,过一会儿手持的一端也会变热(温度升高),这是因为能量以导热的方式从炉内的高温端沿铁棒传向手握处的低温端。铁棒中的温度场不仅与位置有关,而且与时间有关。各点温度随时间变化的温度场称为非稳态温度场,在非稳态温度场中发生的导热称为非稳

态导热。各点温度不随时间变化的温度场称为稳态温度场,在稳态温度场中发生的导热称为稳态导热。

根据温度在三个空间方向的变化情况,温度场又可分为一维温度场、二维温度场和三维温度场。一维稳态温度场具有最简单的数学形式,即

$$t = f(x) \tag{6-2}$$

温度场中同一瞬间,相同温度各点连成的面称为等温面。在二维平面上等温面表现为等温线。图 6-1 是埋深为 1.5 m 的非保温输油管道周围地层的温度场,图 6-2 是土堤保温输油管道周围的温度场。由图 6-1 和 6-2 可见,采用等温线表示温度场的优点是形象、直观。

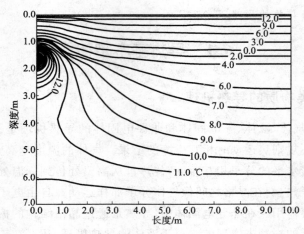

图 6-1　非保温输油管道周围地层的温度场

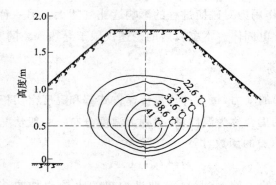

图 6-2　土堤保温输油管道周围的温度场

由于物体内同一点上不可能同时具有两个不同的温度,所以温度不同的等温面或等温线绝对不会相交。而且,在连续介质中,温度场中的等温线是连续的,它要么终止

于物体的边界上,要么自身构成封闭曲线。

6.1.3 导热基本定律

热流量 Φ 是单位时间内通过某一给定面积 A 的热量,单位为 W。通过单位面积的热流量则称为热流密度,记为 q,单位是 W/m^2。计算热量传递过程中的热流量或热流密度是传热学的主要任务之一。

大量实践经验表明,通过单位截面积的导热量,正比于当地垂直于截面方向上的温度变化率,即

$$\frac{\Phi}{A} \sim \frac{\partial t}{\partial x}$$

此处 x 是垂直于面积 A 的坐标轴。引入比例常数 λ,可得

$$\Phi = -\lambda A \frac{\partial t}{\partial x} \tag{6-3}$$

这就是导热基本定律,即傅里叶(Fourier)导热定律的数学表达式。式中负号表示热量传递的方向指向温度降低的方向,这是满足热力学第二定律所必需的。傅里叶导热定律用文字来表达是:在导热过程中,单位时间内通过给定截面的导热量正比于垂直该截面方向上的温度变化率和截面积,而热量传递的方向则与温度升高的方向相反。

傅里叶导热定律用热流密度 q 表示时有如下形式

$$q = -\lambda \frac{\partial t}{\partial x} \tag{6-4}$$

式中,$\frac{\partial t}{\partial x}$ 是物体沿 x 方向的温度变化率;q 是沿 x 方向传递的热流密度(严格地说,热流密度是矢量,所以此处 q 应是热流密度矢量在 x 方向的分量)。

当物体的温度是三个坐标的函数时,三个坐标方向上的单位矢量与该方向上热流密度分量的乘积合成一个空间热流密度矢量,记为 $\boldsymbol{q}$。傅里叶导热定律的一般形式的数学表达式是对热流密度矢量写出的,其形式为

$$\boldsymbol{q} = -\lambda \, \mathbf{grad} \, t = -\lambda \frac{\partial t}{\partial n} \boldsymbol{n} \tag{6-5}$$

式中,$\mathbf{grad} \, t$ 是空间某点的温度梯度;$\boldsymbol{n}$ 是通过该点等温线上的法向单位向量,指向温度升高的方向;$\partial t/\partial n$ 表示法线方向的温度变化率。

傅里叶定律是求解导热问题的基础,无论是稳态的还是非稳态的。但对于极低温(接近 0 K)的导热问题或极短时间内产生大热流密度的瞬态导热过程,如大功率、短脉冲激光瞬态加热过程,其不再适用。

6.1.4 导热系数

傅里叶定律中的比例系数 λ 反映了物质导热能力的大小,称为导热系数或热导率。

导热系数越大,物质的导热能力越强。它是材料固有的物理性质之一。工程计算中所需要的各物质的导热系数一般都是由实验测定的。附录 9 和附录 10 给出了部分物质导热系数的数值,更详细的资料可查阅相关文献或热物性数据手册。

作为材料的热物性参数,导热系数与物质的种类、物态和结构等诸多因素有关。各种材料的导热系数数值差别很大,为了使读者了解不同类型材料的导热系数的量级,表 6-1 列出了一些典型材料在常温下的导热系数值。

表 6-1 典型材料在常温下的导热系数值

材料名称	$\lambda/(W \cdot m^{-1} \cdot K^{-1})$	材料名称	$\lambda/(W \cdot m^{-1} \cdot K^{-1})$
金属(固体):		松木(平行木纹)	0.35
纯银	427	冰(0 ℃)	2.22
纯铜	398	液体:	
黄铜(70%Cu,30%Zn)	109	水(0 ℃)	0.551
纯铝	236	水银(汞)	7.90
铝合金(87%Al,13%Si)	162	变压器油	0.124
纯铁	81.1	柴油	0.128
碳钢(约 0.5%C)	49.8	润滑油	0.146
非金属(固体):		气体:(大气压力)	
石英晶体(0 ℃,平行于轴)	19.4	空气	0.025 7
石英玻璃(0 ℃)	1.13	氮气	0.025 6
大理石	2.70	氢气	0.177
玻璃	0.65~0.71	水蒸气(0 ℃)	0.018 3
松木(垂直木纹)	0.15		

从表 6-1 中可以看出,物质的导热系数在数值上具有以下特点:

(1) 一般金属材料的导热系数大于非金属材料的导热系数。这是因为金属的导热主要靠自由电子的运动,而非金属的导热主要依靠分子或晶格的振动。和自由电子的运动相比,晶格振动所传递的能量要小得多,因此其导热能力比导电体的要差得多。

(2) 导电性能好的金属,其导热性能也好。金属的导热和导电都主要依靠自由电子的运动。如银是最好的导电体,也是最好的导热体。

(3) 纯金属的导热系数大于其相应的合金。这是因为合金中的杂质(或其他金属)破坏了金属晶格结构的整齐性,并且阻碍了自由电子的定向运动,使导热系数降低。

(4) 对于同一物质,固态的导热系数最大,气态的导热系数最小。例如,同样是

0 ℃,冰的导热系数为 2.22 W/(m·K),水的导热系数为 0.551 W/(m·K),水蒸气的导热系数为 0.018 3 W/(m·K)。

(5) 对于各向异性材料,导热系数的数值与方向有关。例如,木材顺着木纹方向的导热系数是垂直于木纹方向的数倍。如木材、石墨、云母、动植物的肌肉和纤维组织等导热系数与方向有关的材料,称为各向异性材料。

(6) 某些导热系数小的非金属材料在保温隔热、保冷工程中应用广泛,这类材料称为保温材料或隔热材料。现行的国家标准(GB/T 4272—2008)规定:在平均温度不高于 350 ℃时,保温材料的导热系数应不大于 0.12 W/(m·K)。近年来,出现了各种新型、性能优良的保温材料,如聚氨酯泡沫塑料、聚乙烯泡沫塑料、玻璃纤维、岩棉毡、微孔硅酸钙等,常温下其导热系数一般可达 0.03～0.07 W/(m·K)。通常,保温材料的导热系数一般是由专门实验测定的,出厂时厂家会提供产品的导热系数值。

在结构上,保温材料大多是呈蜂窝状多孔性结构,或具有纤维结构,内部充满了导热能力较差的气体,蜂窝状孔隙或空腔内气体(空气)的导热系数很小,且在孔隙内基本不流动。某些特殊场合下的超级保温材料,空腔内则被抽成真空,这种超级保温材料的导热系数可以低达 10^{-4} 数量级。

当保温材料受潮吸水后,导热系数大的水代替了其中导热系数小的气体,使导热系数增加,保温材料的性能下降。如矿渣棉在含水 10.7% 时导热系数会增加 25%,而含水 23.5% 时导热系数将增加 500%。另外,在低温应用中,保温材料中的水结冰后会使其导热系数大大增加,因此需要在保温材料外敷设保护层等防水措施。

(7) 物质的导热系数除了与种类有关外,还与物理状态如温度、压力等有关,特别是温度的影响尤为重要。

温度对一些材料导热系数的影响如图 6-3 所示。物质导热系数与温度的变化关系比较复杂,工程上为了计算方便,在温度变化范围不大的情况下,绝大多数物体的导热系数与温度的关系可近似地用如下的线性关系来表示,即

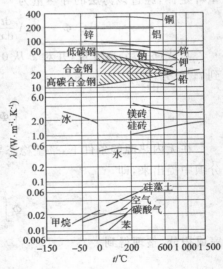

图 6-3　温度对导热系数的影响

$$\lambda = \lambda_0(1 + bt) \tag{6-6}$$

式中,λ_0 为直线与纵坐标的截距,一般不等于 $t = 0$ ℃时的导热系数,而由实验确定;b 为导热系数随温度的相对变化率,也由实验确定。

附录 11 给出了几种保温、耐火材料的导热系数和温度的线性关系式。

6.2 平壁的稳态导热

对建筑物进行采暖设计时需要计算通过墙壁和玻璃的散热量;对大型油罐进行保温设计时需要知道通过罐壁的散热量等。这些问题中的墙壁、玻璃、罐壁的高度和宽度远大于厚度,近似为大平壁,简称平壁。如果平壁两侧存在温度差,热量会以导热的方式通过平壁。当平壁沿厚度方向的两个侧面分别维持均匀不变的温度时,可以忽略温度沿高度与宽度方向的变化,而只考虑温度沿厚度方向的变化,此时为一维稳态导热。研究平壁导热的基本任务是确定平壁内的温度分布和计算通过平壁的导热量。

6.2.1 单层平壁

如图 6-4 所示,厚度为 δ、侧面积为 A 的单层平壁,导热系数 λ 为常数,两侧表面分别维持均匀不变的温度 t_{w1} 和 t_{w2},设 $t_{w1} > t_{w2}$,建立如图所示的坐标系。

在离左侧壁面 x 处,厚度为 dx 薄层的温差为 dt,根据傅里叶定律,经过该薄层的导热量为

$$\Phi = -\lambda A \frac{dt}{dx} \qquad (6-7)$$

对式(6-7)分离变量,并对 x 从 0 到 δ 积分,t 相应地从 t_{w1} 到 t_{w2} 积分,即

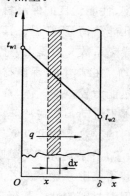

图 6-4 平壁的稳态导热

$$\int_0^\delta \Phi dx = \int_{t_{w1}}^{t_{w2}} -\lambda A dt \qquad (6-8)$$

在无内热源的条件下,平壁稳态导热的热流量应与位置 x 无关,为常数,可以从积分项中提出来,即

$$\Phi \int_0^\delta dx = -\lambda A \int_{t_{w1}}^{t_{w2}} dt$$

完成积分,整理得到

$$\Phi = \frac{t_{w1} - t_{w2}}{\dfrac{\delta}{\lambda A}} \qquad (6-9)$$

通过平壁的热流密度为

$$q = \frac{\Phi}{A} = \frac{t_{w1} - t_{w2}}{\dfrac{\delta}{\lambda}} \qquad (6-10)$$

对式(6-7)分离变量,并对 x 从 0 到 x 积分,可以得到平壁内的温度分布为

$$t = \frac{t_{w2} - t_{w1}}{\delta} x + t_{w1} \tag{6-11}$$

由式(6-11)可见,平壁内的温度分布是线性的。

式(6-9)与电学中的欧姆定律形式相同。在传热学中,温度差是热量传递的驱动力,过程的阻力 $R_\lambda = \frac{\delta}{\lambda A}$ 因类似于电阻而被称为热阻。仿照电学中的电路图,可以用热阻分析图来表示传热过程中的热量传递与温差、热阻间的关系。热阻分析图如图 6-5 所示,$R_\lambda = \frac{\delta}{\lambda A}$ 为面积 A 的导热热阻,单位为 K/W,$\frac{\delta}{\lambda}$ 为单位面积的导热热阻,单位为 $(m^2 \cdot K)/W$。

图 6-5　平壁导热的热阻分析图

6.2.2　多层平壁

在工程中经常会遇到由不同材料构成的多层平壁,如采用耐火砖、保温层和普通砖层叠而成的锅炉炉墙。为方便起见,下面以图 6-6 所示的三层平壁为例进行分析。

假定各层平壁的厚度分别为 δ_1,δ_2 和 δ_3,各层材料的导热系数均为常数,分别为 λ_1、λ_2 和 λ_3,层与层之间接触良好,平壁内、外两侧壁面维持均匀的温度 t_{w1} 和 t_{w4}(两平壁交界面处的壁温为 t_{w2} 和 t_{w3} 未知)。

对多层平壁,我们更关心的是通过平壁的热流密度。当热量由高温侧向低温侧传递时,它依次通过各平壁,共有三个导热环节,且各环节之间属于串联关系,图 6-6 同时给出了该过程的热阻分析图。利用串联热阻叠加原则直接写出此时的热流密度为

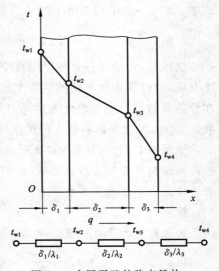

图 6-6　多层平壁的稳态导热

$$q = \frac{t_{w1} - t_{w4}}{\dfrac{\delta_1}{\lambda_1} + \dfrac{\delta_2}{\lambda_2} + \dfrac{\delta_3}{\lambda_3}} \tag{6-12}$$

得到热流密度后,由热流密度相等的原则可依次求出各层间分界面上的温度,即

$$q = \frac{t_{w1} - t_{w2}}{\delta_1 / \lambda_1} = \frac{t_{w3} - t_{w4}}{\delta_3 / \lambda_3}$$

常物性多层平壁稳态导热时的温度分布曲线为折线,各层内直线的斜率是不同的,这取决于材料的导热系数。导热系数越大,该层内温度分布直线的斜率就越小,直线就越平坦。

6.2.3　变导热系数

以上介绍的是导热系数为常数时的平壁的稳态导热。实际上,大多数工程材料的导热系数是温度的函数。在平壁两侧温度相差不大的情况下,导热系数可以表示为 $\lambda = \lambda_0(1+bt)$,根据傅里叶定律有

$$\Phi = -\lambda(t) A \frac{dt}{dx}$$

将 $\lambda = \lambda_0(1+bt)$ 代入上式,分离变量后积分,可以得到通过单层平壁的热流量为

$$\Phi = \frac{t_{w1} - t_{w2}}{\dfrac{\delta}{\lambda_m A}} \tag{6-13}$$

式中,λ_m 为平壁平均温度下的导热系数,即

$$\lambda_m = \lambda_0 \left(1 + b \frac{t_{w1} + t_{w2}}{2}\right) \tag{6-14}$$

这说明,即使导热系数随温度变化,通过平壁的热流量仍然为常数。与式(6-9)对比发现,通过变物性平壁的热流密度仍可按导热系数为常数时的公式进行计算,而且在导热系数与温度成线性关系时,只要将导热系数改用平壁算术平均温度下的导热系数 λ_m 即可,但变导热系数下的温度分布不再是线性变化。

例题 6-1　已知钢板及硅藻土板的导热系数各为 46 W/(m·K)和 0.242 W/(m·K)。若两板两侧表面分别维持在 $t_{w1} = 300\ ℃$ 和 $t_{w2} = 100\ ℃$,试计算分别通过 10 mm 厚钢板及硅藻土板的热流密度。

解:

这是通过大平壁的稳态导热问题。通过两种平板的热流密度分别为

钢板　　　　　$q_1 = \lambda_1 \dfrac{t_{w1} - t_{w2}}{\delta} = 46 \times \dfrac{300 - 100}{0.01} = 9.2 \times 10^5\ \text{W/m}^2$

硅藻土板　　　$q_2 = \lambda_2 \dfrac{t_{w1} - t_{w2}}{\delta} = 0.242 \times \dfrac{300 - 100}{0.01}$

　　　　　　　　$= 4.84 \times 10^3\ \text{W/m}^2$

讨论:

由计算可见,由于钢与硅藻土导热系数的巨大差别,导致在相同条件下通过钢板的热流密度是通过硅藻土的 190 倍。因此,钢是热的良导体,而硅藻土则是热的不良

导体,可以起到隔热保温作用。

例题 6-2 平板导热仪是利用平壁一维稳态导热的原理测量板状材料导热系数的仪器,如图 6-7 所示。待测试件被夹在温度不同的热板和冷板之间,侧面绝热,板间接触良好。若被测试件是一个厚 20 mm、直径 300 mm 的圆盘,圆盘一侧表面的温度为 250 ℃,另一侧表面的温度为 120 ℃,测得通过试件的热流量为 60 W,试确定待测试件的导热系数。

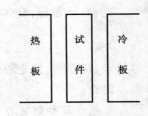

图 6-7 平板导热仪示意图

解:

由于试件的厚度远小于直径,可按大平壁来处理。根据平壁一维稳态导热的计算公式,得到

$$\lambda = \frac{\Phi\delta}{A(t_{w1}-t_{w2})}$$

代入数据,解得

$$\lambda = \frac{60\times 0.02}{\pi\times(0.3/2)^2\times(250-120)} = 0.131 \text{ W/(m·K)}$$

讨论:

如果平板导热仪由于安装不好,被测试件和冷、热板间均存在 0.1 mm 的间隙,忽略空隙的辐射传热,试分析计算值 $\lambda = 0.131$ W/(m·K) 比实际值偏大还是偏小?并计算由此造成的导热系数测量误差。

例题 6-3 用厚 1.5 mm 的平底铝锅烧水,锅底的内、外表面分别结了一层 0.2 mm 厚的水垢和 0.1 mm 厚的烟炱。若温差不变,试问锅底结垢后的导热量变化了多少?(已知铝、水垢和烟炱的导热系数分别为 $\lambda = 200$ W/(m·K),$\lambda_1 = 1.5$ W/(m·K) 和 $\lambda_2 = 0.1$ W/(m·K))

解:

通过平底锅的导热可看作是无限大平壁的一维稳态导热。结垢前,只有一层铝锅底,导热热流密度为

$$q = \frac{\Delta t}{\dfrac{\delta}{\lambda}} = \frac{\Delta t}{\dfrac{1.5\times 10^{-3}}{200}} = 1.333\times 10^5 \Delta t \text{ W/(m}^2\text{·K)}$$

结垢后,锅底的内、外表面分别结有水垢和烟炱。此时的热量传递过程属于多层平壁的稳态导热,整个过程由水垢层的导热热阻、铝锅底的导热热阻和烟炱的导热热阻串联而成,热流密度为

$$q' = \frac{\Delta t}{\dfrac{\delta_1}{\lambda_1}+\dfrac{\delta}{\lambda}+\dfrac{\delta_2}{\lambda_2}} = \frac{\Delta t}{\dfrac{1.5\times 10^{-3}}{200}+\dfrac{0.2\times 10^{-3}}{1.5}+\dfrac{0.1\times 10^{-3}}{0.1}}$$

$$= 876.55 \Delta t \ \mathrm{W/(m^2 \cdot K)}$$

这样,结垢前、后的导热量之比为

$$\frac{q}{q'} = \frac{1.333 \times 10^5 \Delta t}{876.55 \Delta t} = 152$$

即结垢前的导热量是结垢后的 152 倍。

讨论:

虽然水垢和烟炱都很薄,但由于它们的导热系数小,所以热阻很大,使导热量大大降低,浪费能源,因此需要及时清除锅底内、外表面的水垢和烟炱。

6.3 圆筒壁的稳态导热

圆形管道在工程和日常生活中的应用非常广泛,如蒸汽管道、化工厂的各种液体和气体输送管道、供暖热水管道以及石油工程中的输油管道、注水管道、输气管道、井筒中的油管和套管等。下面讨论这类管壁在稳态导热过程中的导热量的计算方法。

在圆管内、外壁面温度分别维持均匀恒定的情况下,圆管内的温度仅沿半径方向变化,这样的圆形管道称为长圆筒壁,简称圆筒壁。只要管长超过圆筒壁外径的 5 倍,就可认为是长圆筒壁。如果圆筒壁内的温度不随时间变化,则发生在圆筒壁内的导热就是一维稳态导热。

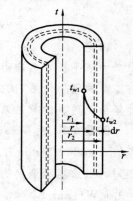

图 6-8 圆筒壁的稳态导热

6.3.1 单层圆筒壁

如图 6-8 所示,已知一单层圆筒壁的内、外半径分别为 r_1,r_2,长度为 l,导热系数为常数,内、外壁面分别维持均匀的温度 t_{w1} 和 t_{w2},设 $t_{w1} > t_{w2}$。根据傅里叶定律,通过薄圆筒的导热量为

$$\Phi = -\lambda A \frac{\mathrm{d}t}{\mathrm{d}r} = -\lambda \cdot 2\pi r l \cdot \frac{\mathrm{d}t}{\mathrm{d}r} \tag{6-15}$$

上式分离变量后为

$$\begin{cases} \Phi \dfrac{\mathrm{d}r}{r} = -\lambda \cdot 2\pi l \cdot \mathrm{d}t \\ r = r_1, t = t_{w1} \\ r = r_2, t = t_{w2} \end{cases}$$

对 r 从 r_1 到 r_2 积分,t 相应地从 t_{w1} 到 t_{w2} 积分,即

$$\int_{r_1}^{r_2} \Phi \frac{\mathrm{d}r}{r} = \int_{t_{w1}}^{t_{w2}} -\lambda \cdot 2\pi l \cdot \mathrm{d}t \tag{6-16}$$

根据能量守恒,稳态导热时热流量应与位置无关,热流量 Φ 为常数,可以从积分项中提出来,即

$$\Phi \int_{r_1}^{r_2} \frac{\mathrm{d}r}{r} = -2\pi\lambda l \int_{t_{w1}}^{t_{w2}} \mathrm{d}t$$

完成积分,整理得到通过圆筒壁的热流量,写成温差-热阻的形式为

$$\Phi = \frac{t_{w1} - t_{w2}}{\dfrac{1}{2\pi\lambda l}\ln\dfrac{r_2}{r_1}} = \frac{t_{w1} - t_{w2}}{R_\lambda} \tag{6-17}$$

式中, $R_\lambda = \dfrac{1}{2\pi\lambda l}\ln\dfrac{r_2}{r_1}$ 为长 l 的圆筒壁的导热热阻。

工程上为了计算方便,通常按单位管长来计算通过圆筒壁的热流量,记作 q_l,单位是 W/m,即

$$q_l = \frac{\Phi}{l} = \frac{t_{w1} - t_{w2}}{\dfrac{1}{2\pi\lambda}\ln\dfrac{r_2}{r_1}} = \frac{t_{w1} - t_{w2}}{r_\lambda} \tag{6-18}$$

其中, $r_\lambda = \dfrac{1}{2\pi\lambda}\ln\dfrac{r_2}{r_1}$ 为单位管长圆筒壁的导热热阻。

对式(6-15)分离变量,对 r 从 r_1 到 r 积分, t 相应地从 t_{w1} 到 t 积分,即

$$\Phi \int_{r_1}^{r} \frac{\mathrm{d}r}{r} = 2\pi\lambda l \int_{t_{w1}}^{t} -\mathrm{d}t$$

因此,可以得到圆筒壁内的温度分布为

$$t = t_{w1} - (t_{w1} - t_{w2})\frac{\ln(r/r_1)}{\ln(r_2/r_1)}$$

可见,圆筒壁内的温度呈对数曲线分布。

6.3.2 多层圆筒壁

工程中的许多管道如蒸汽管道、输油管道都敷设保温层或隔热层,以降低管道的热损失,另外换热器运行一段时间后也会在传热管内外表面产生污垢层,这时的圆筒壁称为多层圆筒壁。

为便于分析,以如图 6-9 所示的三层圆筒壁为例。图中从内向外各层的半径分别为 r_1, r_2, r_3 和 r_4,各层导热系数 λ_1, λ_2 和 λ_3 均为常数,圆筒壁最内层和最外层表面维持均匀温度 t_{w1} 和 t_{w4} ($t_{w1} > t_{w4}$),各交界面温度分别为 t_{w2} 和 t_{w3} (一般情况下是未知的)。

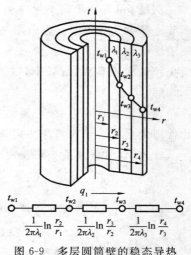

图 6-9 多层圆筒壁的稳态导热

利用串联热阻叠加的原则,可以得到多层圆筒壁导热的热阻分析图和导热量的计算公式如下

$$q_l = \frac{t_{w1} - t_{w4}}{\dfrac{1}{2\pi\lambda_1}\ln\dfrac{r_2}{r_1} + \dfrac{1}{2\pi\lambda_2}\ln\dfrac{r_3}{r_2} + \dfrac{1}{2\pi\lambda_3}\ln\dfrac{r_4}{r_3}} \tag{6-19}$$

以此类推,对于 n 层不同材料组成的多层圆筒壁的稳态导热,单位管长的热流量为

$$q_l = \frac{t_{w1} - t_{wn+1}}{\displaystyle\sum_{i=1}^{n} \frac{1}{2\pi\lambda_i}\ln\frac{r_{i+1}}{r_i}} \tag{6-20}$$

根据单位管长热流量相等的原则,可以很容易地求出各交界面处的温度。

6.3.3　变导热系数

如果圆筒壁的导热系数随温度变化,且仍可采用线性关系 $\lambda = \lambda_0(1+bt)$ 近似表示,根据傅里叶定律分离变量,积分得到通过圆筒壁的热流量为

$$\Phi = \frac{t_{w1} - t_{w2}}{\dfrac{1}{2\pi\lambda_m l}\ln\dfrac{r_2}{r_1}} \tag{6-21}$$

式中,λ_m 为圆筒壁内、外壁面平均温度下的导热系数,即

$$\lambda_m = \lambda_0\left(1 + b\frac{t_{w1} + t_{w2}}{2}\right)$$

这和导热系数为常数时的计算公式完全相同,只要将导热系数改用圆筒壁算术平均温度下的导热系数即可。

例题 6-4　为了减少管道热损失和保证安全的工作条件,在外径为 133 mm 的蒸汽管道外敷设保温层。蒸汽管道外壁面温度为 400 ℃,按安全操作规定,保温材料外侧温度不得超过 50 ℃。如果采用水泥珍珠岩制品作保温材料,并要把每米管道的热损失控制在 465 W/m 以下,问保温层厚度至少应为多少?

解:

因为保温材料内、外表面温差较大,不能忽略温度对导热系数的影响,因此这是变物性圆管壁的一维稳态导热问题。

首先,计算保温层平均温度下的导热系数。水泥珍珠岩保温材料的平均温度为

$$t_m = \frac{t_{w1} + t_{w2}}{2} = \frac{400+50}{2} = 225 \text{ ℃}$$

由附录 11 查得水泥珍珠岩的导热系数与温度关系为

$$\lambda = 0.065\,1 + 0.000\,105\{t\}_{℃}$$

将平均温度代入得到水泥珍珠岩保温材料的导热系数为

$$\lambda_m = 0.065\ 1 + 0.000\ 105 \times 225 = 0.088\ 7\ W/(m \cdot K)$$

单位管长的热流量为

$$q_l = \frac{\Phi}{l} = \frac{t_{w1} - t_{w2}}{\dfrac{1}{2\pi\lambda_m}\ln\dfrac{r_1+\delta}{r_1}}$$

$$465 = \frac{400-50}{\dfrac{1}{2\times3.14\times0.088\ 7}\ln\dfrac{0.133/2+\delta}{0.133/2}}$$

解得

$$\delta = 34.5\ mm$$

为了使每米管道的热损失限制在 465 W/m 以下,保温层厚度至少需要 34.5 mm。

讨论:

根据不同的已知条件,导热的热流量计算公式可用来计算热流量、导热层的厚度或表面温度等,本题计算了导热层的厚度。

例题 6-5 稠油注蒸汽工艺中有一内径为 200 mm 的输蒸汽管道,壁厚为 8 mm,钢材的导热系数 $\lambda_1 = 45\ W/(m \cdot K)$。管外包有厚度 $d = 120\ mm$ 的保温层,保温材料的导热系数 $\lambda_2 = 0.1\ W/(m \cdot K)$。管内壁面温度 $t_{w1} = 300\ ℃$,保温层外壁面温度 $t_{w3} = 50\ ℃$,试求单位管长的散热损失。

解:

这是通过两层圆筒壁的一维稳态导热问题。各层直径分别为

$$d_1 = 0.2\ m$$
$$d_2 = 0.2 + 2 \times 0.008 = 0.216\ m$$
$$d_3 = 0.216 + 2 \times 0.12 = 0.456\ m$$

根据多层圆筒壁的导热量计算公式,得到

$$q_l = \frac{t_{w1} - t_{w3}}{\dfrac{1}{2\pi\lambda_1}\ln\dfrac{d_2}{d_1} + \dfrac{1}{2\pi\lambda_2}\ln\dfrac{d_3}{d_2}}$$

$$= \frac{300-50}{\dfrac{1}{2\pi\times45}\times\ln\dfrac{0.216}{0.2} + \dfrac{1}{2\pi\times0.1}\times\ln\dfrac{0.456}{0.216}}$$

$$= 210.2\ W/m$$

讨论:

由计算过程可见,钢管壁的导热热阻($2.723\times10^{-4}\ m \cdot K \cdot W^{-1}$)与保温层的导热热阻($1.189\ m \cdot K \cdot W^{-1}$)相比很小,可以忽略。

6.4 多维稳态导热

前面讨论了最简单的一维稳态导热,当实际导热物体中某一个方向的温度变化率

远大于其他两个方向的变化率时,可以近似采用一维模型。但是当物体中两个或三个方向的温度变化率具有相同的数量级时,采用一维分析会带来较大的误差,这时必须采用多维导热问题的分析方法。

求解多维导热问题的方法主要有分析解法和数值解法。由于数学上的困难,分析解法仅限于几何形状规则、边界条件简单的情形。对于几何形状或边界条件复杂的导热问题,数值方法比较有效。对于某些稳态导热问题,如果计算的目的仅仅是为了获得两个等温面间的导热量,这时可以采用更为简单的形状因子法。

在一维稳态导热中曾得到了通过平壁和圆筒壁导热热流量的计算公式(6-9)和(6-17),可分别改写为

大平壁 $$\Phi = \frac{A}{\delta}\lambda(t_{w1} - t_{w2})$$

圆筒壁 $$\Phi = \frac{2\pi l}{\ln(r_2/r_1)}\lambda(t_{w1} - t_{w2})$$

比较以上两式可知,导热量与导热系数、温差成正比,比例系数分别为 A/δ 和 $2\pi l/\ln(r_2/r_1)$,而比例系数仅与导热体的几何因素有关,故可将上面两式统一写为

$$\Phi = S\lambda(t_{w1} - t_{w2}) \tag{6-22}$$

式中,S 称为导热形状因子,单位为 m,它仅仅取决于导热体的形状和大小,是一个几何参量。

式(6-22)是一个概括性的式子。理论分析表明,无内热源的二维或三维稳态导热问题中两个等温表面间的导热量仍可按上式计算,相应的导热形状因子可以通过分析法、图解法或模拟法得到。表 6-2 给出了部分有工程实用意义的典型导热系统的形状因子。

表 6-2 几种导热体的导热形状因子 S

导热系统	几何描述	导热形状因子
大平壁		一维导热 $\frac{A}{\delta}$
长度为 l 的长圆筒壁		$l \gg r_2$, $\dfrac{2\pi l}{\ln\dfrac{r_2}{r_1}}$
球 壁		$\dfrac{4\pi r_1 r_2}{r_2 - r_1}$

导热系统	几何描述	导热形状因子
地下埋管		$d \leqslant H, H \leqslant l$: $S = \dfrac{2\pi/\ln(2l/d)}{1 + \dfrac{\ln(2H/l)}{\ln(2H/d)}}$ l 无限长时,每米管长的导热形状因子为: $\dfrac{S}{l} = \dfrac{2\pi}{\text{arch}\,(2H/d)}$ $H > 2d$ 时,可简化为: $\dfrac{S}{l} = \dfrac{2\pi}{\ln(4H/d)}$ $d \leqslant l$ 时: $\dfrac{S}{l} = \dfrac{2\pi l}{\ln(4l/d)}$
地下深埋双管之间的导热		$H > d, d \ll l$ 时,对每根管: $S = \dfrac{2\pi l}{\ln\left[\dfrac{2w}{\pi d}\text{sh}\left(\dfrac{2\pi H}{w}\right)\right]}$ 管长 $l \gg d_1(d_1 > d_2)$ 时: $S = \dfrac{2\pi l}{\text{arch}\,\dfrac{w^2 - r_1^2 - r_2^2}{2r_1 r_2}}$
偏心热绝缘的管道		管长 $l \gg d_2$ 时: $S = \dfrac{2\pi l}{\ln\dfrac{\sqrt{(d_2+d_1)^2 - 4w^2} + \sqrt{(d_2-d_1)^2 - 4w^2}}{\sqrt{(d_2+d_1)^2 - 4w^2} - \sqrt{(d_2-d_1)^2 - 4w^2}}}$
外包方形绝缘层的管道		管长 $l \gg d$ 时: $S = \dfrac{2\pi l}{\ln\left(\dfrac{1.08b}{d}\right)}$

6.5　非稳态导热

温度不随时间发生变化的稳态导热是一种理想情况，如一年四季气温的变化，一天 24 h 气温的变化，都会影响导热体内的温度变化，只是对工程中的某些问题，忽略温度随时间变化所造成的影响、误差，而将其简化为稳态导热。

实际生活和工程中还存在着大量的不能简化为稳态导热的现象和问题，如玻璃杯中开水的冷却过程，热力设备与系统在启动、变工况和停机阶段，食品烘烤过程，热处理工艺中金属在加热炉内的加热以及加热后在不同介质中的冷却过程，注蒸汽热采工艺中蒸汽对油层的加热过程，井筒内流体向无限大地层的热量扩散过程等。在这些现象和问题中，物体内的温度随时间均明显地发生变化，均为非稳态过程。

6.5.1　非稳态导热的特征

为了阐明非稳态导热的特点，考察图 6-10 中厚为 2δ 的大平壁。初始时刻温度分布均匀，设为 t_0。突然投入到温度为 t_∞ 的高温流体中。高温流体与平壁表面间由于温度不同，发生对流传热，对流传热的热流量 Φ 根据牛顿（Newton）冷却公式计算，即

$$\Phi = hA\Delta t \tag{6-23}$$

式中，$\Delta t = |t_\infty - t_w|$，$t_w$ 为物体表面温度；h 简称对流传热系数，单位是 $W/(m^2 \cdot K)$。

假设流体与壁面两侧的对流传热系数均为 h，且沿壁面均匀、恒定，加热过程中流体的温度保持不变。从平壁投入高温流体中的那一刻（即 $\tau=0$）开始，受流体加热的影响，壁面两侧的温度由初始温度 t_0 升高，在 τ_1 时刻，靠近两侧壁面区域的温度会有不同程度的升高，但是在平壁的中心区域，温度仍维持原来的初始值 t_0；随着时间的推移，壁面两侧的温度仍然继续升高，壁面加热的波及区域向平壁中心推进；τ_c 时刻之后，平壁内的温度继续升高，但升温速率越来越低；经过无限长时间后，平壁内的温度趋于均匀一致，并等于加热流体的温度。

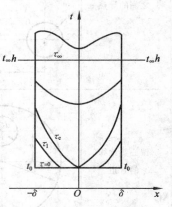

图 6-10　非稳态导热过程
平壁内的温度分布

可见，在非稳态导热中，物体中各点的温度都随时间变化。根据傅里叶定律，热流量等参数也随时间变化。而且在热量传递的路径中，物体各处本身温度的升高或降低要积聚或消耗能量，因而与热流方向垂直的不同截面上的热流量处处不等。

6.5.2 集总参数分析法

我们想象这样一个现象：一个烧红的灼热高温小球，突然浸入低温冷水中冷却。由于金属球很小，金属的导热系数又很大，金属球外表面温度的变化很快会影响小球内部，所以金属球的温度几乎均匀下降，其内部没有明显温差，金属球内部温度处处相等，好像整个金属球的质量、热容量汇总到了一点，这样分析问题的方法称为集总参数分析法，它是非稳态导热中最简单的一种方法。显然，这时的温度分布与坐标无关，仅仅是时间的函数，即

$$t = f(\tau)$$

忽略内部温度差的大平壁的温度分布见图 6-11。因为集总参数分析法中物体的温度分布与坐标无关，这种简化也称为准零维近似。在热处理工艺中，将金属工件放到加热炉中的加热过程或取出后放在低温流体中的冷却过程，以及热电偶测温时接点的加热或冷却过程，都是这一类问题的典型实例。

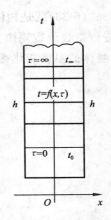

图 6-11 忽略内部温度差的大平壁

为具有一般性，设有如图 6-12 所示的任意形状物体，体积为 V，表面积为 A，物体的密度 ρ、导热系数 λ 和比热容 c 均为常数；初始时刻具有均匀的温度为 t_0。在 $\tau = 0$ 时，突然将其置于温度为 t_∞ 的流体中（不妨设 $t_0 < t_\infty$），流体与物体表面间的对流传热系数为 h，

图 6-12 集总热容系统

且保持不变。试分析物体的温度随时间的变化规律 $t = f(\tau)$。

在 τ 时刻，温度为 t；在 $\tau + d\tau$ 时刻，温度为 $t + dt$。$d\tau$ 时间段内满足能量守恒，即

$$Q = \Delta U + W \tag{6-24}$$

其中，$W = 0$，$Q = hA(t_\infty - t) \cdot d\tau$，$\Delta U = mc\,dt = \rho V c \cdot dt$，代入到式(6-24)中，则

$$hA(t_\infty - t) \cdot d\tau = \rho V c \cdot dt \tag{6-25}$$

固体在加热过程中满足能量守恒关系，即固体表面以对流传热方式得到的热量等于热力学能的增加。将式(6-25)分离变量得

$$-\frac{hA}{\rho V c} \cdot d\tau = \frac{dt}{t - t_\infty} \tag{6-26}$$

方程(6-26)应满足

$$t\big|_{\tau=0} = t_0 \tag{6-27}$$

为了积分方便，引入过余温度 $\theta = t - t_\infty$，并将其代入到式(6-26)和(6-27)中，得到

$$\begin{cases} -\dfrac{hA}{\rho Vc}\mathrm{d}\tau = \dfrac{\mathrm{d}\theta}{\theta} \\ \theta|_{\tau=0} = \theta_0 = t_0 - t_\infty \end{cases}$$

从初始时刻开始积分,有

$$\int_{\theta_0}^{\theta} \frac{\mathrm{d}\theta}{\theta} = \int_{0}^{\tau} -\frac{hA}{\rho cV}\mathrm{d}\tau$$

积分得到

$$\frac{\theta}{\theta_0} = \frac{t-t_\infty}{t_0-t_\infty} = \exp\left(-\frac{hA}{\rho Vc}\tau\right) \tag{6-28}$$

式(6-28)就是物体内的温度随时间的变化规律,它表明:物体中的过余温度随时间按负指数函数规律变化。其特点是:在过程的开始阶段,温度变化很快,随时间的延续,物体的温度变化逐渐减小,直到最后的稳定状态,如图 6-13 所示。

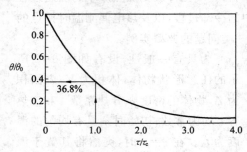

图 6-13　集总热容系统中物体温度的变化规律

有了温度分布,任意时刻物体与流体间的(瞬时)热流量就可以根据牛顿冷却定律求出

$$\Phi = hA(t-t_\infty) = hA\theta_0 \exp\left(-\frac{hA}{\rho cV}\tau\right) \tag{6-29}$$

从初始时刻到某一时刻 τ 的总传热量,可以通过对(瞬时)热流量的积分得到

$$Q_{0-\tau} = \int_{0}^{\tau} \Phi \mathrm{d}\tau = \rho cV\theta_0 \left[1 - \exp\left(-\frac{hA}{\rho cV}\tau\right)\right] \tag{6-30}$$

6.5.3　时间常数

在式(6-28)中, $\rho Vc/hA$ 具有时间的量纲。特别地,当 $\tau = \rho Vc/hA$ 时,有

$$\frac{\theta}{\theta_0} = \frac{t-t_\infty}{t_0-t_\infty} = \mathrm{e}^{-1} = 36.8\%$$

将时间 $\rho Vc/hA$ 称为时间常数,记为 τ_c。它表明,当 $\tau = \tau_c$ 时,物体的过余温度已经下降到初始过余温度的 36.8%。此时,该非稳态导热过程已经进行到全程(即最大可

能的温度变化幅度)的 63.2%,离最终的平衡状态还差 36.8%的进程。

时间常数可以反映物体对环境温度的瞬间变化做出反应的快慢程度。τ_c越小,表明系统对温度变化的反应越快。时间常数对测量温度的热电偶来说非常重要,它是反映热电偶对流体温度变化反应快慢的指标。时间常数越小,热电偶的反应越灵敏,越能迅速反映流体温度的变化。需要注意的是,热电偶的时间常数不仅与自身的几何参数(V/A)和物性参数(ρc)有关,还取决于热电偶与外界的对流传热条件。

6.5.4 集总参数法的适用条件

集总参数分析法忽略了物体内部的温度差异,是一种简化和近似,因此需要给出集总参数分析法的适用条件。分析表明,应用该法需要满足下式

$$Bi_V = \frac{hl_c}{\lambda} < 0.1M \tag{6-31}$$

采用集总参数分析法得到的瞬态温度场的误差不会超过 5%,这样的误差对一般工程问题都可以接受。

在式(6-31)中,l_c为物体的特征尺寸,取 $l_c = V/A$;M 是与物体几何形状有关的无量纲量。对于厚 2δ 且对称加热或冷却的无限大平壁,$l_c = \delta$,$M = 1$;对于无限长圆柱体或正方形长柱体,$M = 1/2$;对于球体或正方体,$M = 1/3$。其他各种不规则形状的物体,可以近似按与之相当的圆柱体或球体来考虑。

考虑到对流传热系数计算中有 20%~25%的误差,以及许多形状复杂的问题无法得到分析解,在某些情况下也可将集总参数法的适用条件放宽

$$Bi_V < 0.1 \tag{6-32}$$

对厚 2δ 且对称加热或冷却的无限大平壁,$Bi_V = \frac{\delta h}{\lambda} = \frac{\delta/\lambda}{1/h}$。其中,$\delta/\lambda$ 表示热量通过半个平壁时单位面积的导热热阻,而 $1/h$ 则是平壁表面与流体间单位面积的对流传热热阻。因此,Bi_V 数的物理意义是物体内部的导热热阻与表面的对流热阻之比。当 $Bi_V \to 0$ 时,即物体内部的导热热阻 δ/λ 远小于表面的对流热阻 $1/h$ 时,可以忽略物体内部的导热热阻,此时物体内部各点在同一时刻的温度趋于一致,温度场与空间位置无关,只是时间的单值函数。

例题 6-6 一直径为 50 mm 的钢球,初始温度为 750 ℃,突然被置于温度为 30 ℃的空气中冷却。设钢球表面与周围环境间的对流传热系数为 15 W/(m²·K),试计算钢球冷却到 200 ℃所需的时间。(已知钢球的物性参数 $c = 0.48$ kJ/(kg·K),$\rho = 7\,790$ kg/m³,$\lambda = 43$ W/(m·K))

解:

对导热系数较大、尺寸较小(即内部导热热阻较小)的金属钢球进行冷却,应考虑

采用集总参数法进行求解。为此必须首先计算 Bi_V 数，以判断是否满足集总参数分析法的使用条件。

$$l_c = \frac{V}{A} = \frac{4\pi R^3/3}{4\pi R^2} = \frac{R}{3}$$

$$Bi_V = \frac{hl_c}{\lambda} = \frac{hR}{3\lambda} = \frac{15 \times 0.025}{3 \times 43} = 2.91 \times 10^{-3} < 0.1M = 0.033\ 3$$

因此，可以采用集总参数分析法计算。

$$\frac{hA}{\rho Vc} = \frac{h}{\rho c}\frac{A}{V} = \frac{h}{\rho c}\frac{3}{R} = \frac{15}{7\ 790 \times 480} \times \frac{3}{0.025} = 4.814 \times 10^{-4}\ \text{s}^{-1}$$

将钢球温度 $t = 200\ ℃$，初始温度 $t_0 = 750\ ℃$，流体温度 $t_\infty = 30\ ℃$ 代入到式(6-28)中，得到

$$\frac{200-30}{750-30} = \exp(-4.814 \times 10^{-4}\tau)$$

解得

$$\tau = 2\ 998.4\ \text{s} = 49.97\ \text{min}$$

讨论：

本例是在已知对流传热系数的条件下计算的。如果为了获得金属球与冷却流体间的对流传热系数，在已知 ρ, c 和几何尺寸的情况下，你能否设计出一种方法，通过测定金属球非稳态导热过程中的温度变化而获得所需的对流传热系数 h？

例题 6-7 用水银温度计测量管道中原油的温度，原油温度为 70 ℃。温度计的水银泡呈圆柱形，长 20 mm，直径为 6 mm，初始温度为 10 ℃，设水银泡同原油间对流传热系数为 42 W/(m²·K)，试计算此条件下温度计的时间常数和插入 2 min 后温度计的读数。（水银的物性参数为 $c = 0.138$ kJ/(kg·K)，$\rho = 13\ 110$ kg/m³，$\lambda = 10.4$ W/(m·K)）

解：

略去玻璃柱体部分的影响，以水银泡为研究对象。首先检验是否可用集总参数分析法。考虑到水银泡柱体的上端面不直接受热，故

$$\frac{V}{A} = \frac{\pi R^2 l}{2\pi Rl + \pi R^2} = \frac{Rl}{2l+R} = \frac{0.003 \times 0.02}{2 \times 0.02 + 0.003} = 1.39 \times 10^{-3}\ \text{m}$$

$$Bi_V = \frac{h(V/A)}{\lambda} = \frac{42 \times 1.39 \times 10^{-3}}{10.4} = 5.61 \times 10^{-3} < 0.1M = 0.05$$

因此，可以采用集总参数分析法计算。时间常数为

$$\tau_c = \frac{\rho c V}{hA} = \frac{13\ 110 \times 138 \times 1.39 \times 10^{-3}}{42} = 59.875\ \text{s}$$

设 2 min 后温度计的读数为 t，则有

$$\frac{t-t_\infty}{t_0-t_\infty}=\mathrm{e}^{\frac{\tau}{\tau_c}}$$

代入数据

$$\frac{t-70}{10-70}=\mathrm{e}^{\frac{2\times60}{59.875}}$$

解得

$$t=62 \ \text{℃}$$

讨论：

由此可见，当用水银温度计测量流体温度时，必须在被测流体中放置足够长的时间，以使温度计与流体之间基本达到热平衡。对稳态过程，这是可以的。但对于非稳态流体温度场的测定，水银温度计的热容量过大而无法跟上流体温度的变化，即其响应特性很差。这时需要采用时间常数较小的感温元件，直径很小的热电偶（如 $d=0.05$ mm）就是常见的用于动态测量的感温元件。请读者分析采用小直径热电偶能减小时间常数的原因。

本章小结

本章主要介绍了导热的基本理论和一些典型的导热问题的计算方法。在基本理论部分，介绍了与温度有关的几个基本概念和导热基本定律——傅里叶定律，傅里叶定律是分析导热问题的理论基础。然后主要介绍了几个最简单的导热问题——平壁和圆筒壁的一维稳态导热，以及准零维的非稳态导热。

学习本章要达到以下要求：

(1) 傅里叶导热定律是导热的重要定律，因此要熟悉它的物理意义、数学表达式及应用。

(2) 导热系数反映了物质的导热性能，是物质固有的物理属性之一。对同种物质而言，固体的导热系数最大，液体的次之，气体的最小。对工程中常用物质导热系数的大小有数量级的概念，这是学习的基本要求和重点。

(3) 能够根据傅里叶定律求解简单情形下的一维稳态导热问题，掌握平壁和圆筒壁一维稳态导热热流量的计算方法；能够利用热阻分析法计算多层平壁或多层圆筒壁的一维稳态导热问题。

(4) 大多数情况下可以采用温度的线性函数描述导热系数的变化，掌握变导热系数情况下一维稳态导热的处理方法：计算热流量时，只要取导热系数的算术平均值，代入常物性条件下热流量的计算公式即可。

(5) 当 Bi_V 数很小时，可以忽略物体内部的导热热阻，这样的物体称为集总热容系统。这是最简单的非稳态导热问题，其特点是温度场与空间坐标无关，而仅随时间变化。掌握利用集总参数法分析恒定环境温度中物体的非稳态计算及其使用条件，同时要了解时间常数的物理意义及对非稳态导热的影响。

思考题

1. 试写出傅里叶导热定律的一维形式，并说明其中各个符号的意义。

2. 导热系数单位中的摄氏度℃若换为绝对温度K，试问其数值是否发生变化？为什么？

3. 为什么导电性能好的金属导热性能也好？

4. 冬天，新建的居民楼刚住进时比住了很久的旧楼房感觉更冷，为什么？

5. 在寒冷的北方地区，建房用砖采用实心砖好还是多孔的空心砖好？为什么？

6. 冬天，经过白天太阳晒过的棉被，晚上盖起来感到很暖和，并且经过拍打以后效果更加明显。试解释原因。

7. 在如图 6-14 所示的双层平壁中，导热系数 λ_1，λ_2 为定值，假定过程为稳态，试分析图中温度分布曲线对应的 λ_1 和 λ_2 的相对大小。

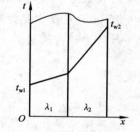

图 6-14　思考题 7 图

8. 冬天，房顶上结霜的房屋保暖性好还是不结霜的好？

9. 为什么冰箱要定期除霜？

10. 为什么有些门窗需作成双层结构？

11. 为了对蒸汽管道保温，在其外侧包以两层厚度相同的绝热材料，但导热系数不同。试问把哪一种材料包在内侧比较有利？为什么？

12. 一输送低温介质的长圆管保温层的外表面在夏季会出现霜冻，为什么？出现霜冻说明其保温效果如何？

13. 什么叫形状因子？你知道形状因子在表 6-2 中的公式是怎样得来的吗？

14. 时间常数是个固定不变的常数吗？

15. 在某厂生产的测温元件说明书上，标明该元件的时间常数为 3 s，此值可信吗？

16. 为了把冷冻室的冻肉解冻，可以把冻肉放在空气中解冻，也可以放在冷藏室里解冻。请从节能和解冻速度两个角度分析这两种解冻方法的优缺点。

17. 铁棒一端浸入冰水混合物中，另一端浸入沸水中，经过一段时间，铁棒各点温度保持恒定。试问铁棒导热是否处于稳定状态？铁棒是否处于平衡状态？

习 题

6-1 用平底锅烧开水,与水相接触的锅底温度为 110 ℃,热流密度为 42 kW/m²。使用一段时间后,锅底结了一层平均厚 3 mm 的水垢,水垢的导热系数为 1.0 W/(m·K)。假设此时与水相接触的水垢表面温度及热流密度均不变,试计算水垢与金属锅底接触面的温度。

6-2 一平面炉墙厚度为 20 mm,导热系数为 1.3 W/(m·K),两侧面的温度分别为 700 ℃ 和 50 ℃。为了使墙的散热不超过 1 500 W/m²,计划给墙加一层保温层,所使用材料的导热系数为 0.11 W/(m·K),试确定此时保温层的厚度。

6-3 炉墙由一层耐火砖和一层红砖构成,厚度均为 250 mm,导热系数分别为 0.6 W/(m·K) 和 0.4 W/(m·K),炉墙内外壁面温度分别维持 700 ℃ 和 80 ℃ 不变。

(1)试求通过炉墙的热流密度;

(2)用导热系数为 0.076 W/(m·K) 的珍珠岩混凝土保温层代替红砖层,并保持通过炉墙的热流密度及其他条件不变,试确定该保温层的厚度。

6-4 为测定某材料的导热系数,用该材料制成厚 5 mm 的大平壁,保持平壁两表面间的温差为 30 ℃,并测得通过平壁的热流密度为 6 210 W/m²,试确定该材料的导热系数。

6-5 比较法测量材料导热系数装置的示意图如图 6-15 所示。标准试件的厚度 δ_1 =15 mm,导热系数 $\lambda_1=0.15$ W/(m·K);待测试件的厚度 $\delta_2=16$ mm。试件边缘绝热良好。稳态时测得壁面温度 $t_{w1}=45$ ℃,$t_{w2}=20$ ℃,$t_{w3}=15$ ℃。忽略试件边缘的散热损失,求待测试件的导热系数 λ_2。

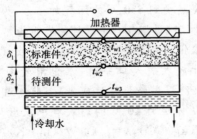

图 6-15 比较法测量材料导热系数的装置示意图

6-6 为了减少输油管道的热损失,在外径为 133 mm 的管道外敷设保温层,保温层厚度为 40 mm。管道内壁面温度大约为 80 ℃,保温材料外侧温度为 10 ℃。如果采用水泥珍珠岩制品作保温材料,水泥珍珠岩保温材料的导热系数与温度的关系式为 λ =0.065 1+0.000 105{t}℃,求每米长管道的热损失。

6-7 注蒸汽开发稠油油田时,铺设外径为 108 mm 的地面注汽管道,蒸汽管道外面敷设密度为 20 kg/m³ 的超细玻璃棉毡保温。已知蒸汽管道的外壁温度为 320 ℃,要求保温层外表面温度不超过 50 ℃,且每米长管道上的散热量小于 163 W,试确定所需的保温层厚度。

6-8 某热力管道的内、外直径分别为 150 mm 和 160 mm,管壁材料的导热系数为 45 W/(m·K)。管道外包覆两层保温材料:第一层厚度为 40 mm,导热系数为 0.1 W/(m·K);第二层厚度为 50 mm,导热系数为 0.16 W/(m·K)。热力管道内壁面温度为 200 ℃,保温层外壁面温度为 30 ℃,试求:

(1) 各层的导热热阻;

(2) 每米长蒸汽管道的散热损失;

(3) 各层间的接触面温度。

6-9 在一根外径为 100 mm 的热力管道外拟包覆两层绝热材料,一种材料的导热系数为 0.06 W/(m·K),另一种为 0.12 W/(m·K),两种材料的厚度都取为 70 mm。假设在这两种做法中绝热层内、外表面的总温差保持不变,试比较把导热系数小的材料紧贴管壁和把导热系数大的材料紧贴管壁这两种方法对保温效果的影响。这种影响对于平壁情形是否存在?

6-10 热电偶的热接点可以近似地看作球形,其直径 $d=0.5$ mm,密度 $\rho=8500$ kg/m³,比热容 $c=400$ J/(kg·K)。热电偶的初始温度为 25 ℃,突然将其放入 120 ℃ 的气流中,热电偶表面与气流间的对流传热系数为 90 W/(m²·K),试求热电偶的过余温度达到初始过余温度 1% 时所需的时间。

6-11 一种火焰报警器采用低熔点的金属丝作为传感元件,其原理是当金属丝受火焰或高温烟气作用而熔断时,报警系统即被触发。若该金属丝的熔点为 500 ℃,其导热系数为 210 W/(m·K),密度为 7200 kg/m³,比热为 420 J/(kg·℃)。正常情况下金属丝的温度为 25 ℃,当突然受到 650 ℃ 的烟气加热后,为保证在 30 s 内发生报警信号,问金属丝直径最大为多少?(设烟气与金属丝的表面传热系数为 24 W/(m²·K))

6-12 一根体温计的水银泡长为 10 mm,直径为 5 mm。将它放入病人口中之前,水银泡维持 18 ℃。体温计放入病人口中时,水银泡表面的当量表面传热系数 $h=95$ W/(m²·K)。如果要求测温误差不超过 0.2 ℃,求体温计放入病人口中后,至少需要多长时间才能将体温计从体温为 40 ℃ 的病人口中取出?(水银泡的当量物性值为 $\rho=9000$ kg/m³,$c=430$ J/(kg·℃),$\lambda=8.14$ W/(m·K))

6-13 果园里的桔子可理想化为直径为 50 mm 的球,其初始温度为 10 ℃,由于寒流到来,气温突然下降到 −5 ℃,果园主人为防桔子在 0 ℃ 时结冰,拟突击采收。若在 2 h 内摘完,估算是否会蒙受损失?(假设桔子的物性参数可近似取为水的物性 $\lambda=0.574$ W/(m·K),$\rho=999.7$ kg/m³,$c=4.191$ kJ/(kg·K),对流传热系数可按 5.0 W/(m²·K) 估算)

第7章 对流传热

流体流过固体壁面时,流体与壁面间的热量传递过程称为对流传热。对流传热量用牛顿冷却公式 $\Phi = hA\Delta t$ 计算。牛顿冷却公式只是对流传热系数 h 的一个定义式,它没有揭示出表面对流传热系数与影响它的相关物理量之间的内在联系,也没有给出相应的计算方法,而这正是对流传热要研究的主要任务。

7.1 概　述

7.1.1 牛顿冷却公式

流体中,温度不同的各部分之间发生相对位移时所引起的热量传递现象,称为热对流。热对流仅发生在流体中,由于流体内部温度不均匀,不可避免地会产生导热,因而热对流必然伴有导热现象。

流动着的流体与它所接触的固体表面之间由于温度不同而引起的热量传递过程,称为表面对流传热,简称对流传热。对流传热是工程中最为常见的热量传递过程,如人体表面的散热过程,房间暖气片的散热过程,热力管道中的热水、高温原油等与管内表面的热量传递过程等。如图 7-1 所示,当温度为 t_f 的流体流过温度为 $t_w(t_w \neq t_f)$、面积为 A 的固体壁面时,对流传热的热流量为

$$\Phi = hA\Delta t \tag{7-1}$$

式(7-1)就是牛顿(Newton)冷却公式。工程上 Φ 取为正值,因此 $\Delta t = |t_w - t_f|$,式中的比例系数 h 称为表面对流传热系数,简称对流传热系数,单位是 $W/(m^2 \cdot K)$ 或 $W/(m^2 \cdot \text{℃})$。

对流传热系数 h 的大小与对流传热过程的许多因素有关,它不仅取决于流体的物性以及传热表面的形状、大小与布置,而且还与流速有密切关系。研究对流传热的基本任务,就是揭示出在各种不同情况下影响对流传热的各种因素及内在机理,确定计算对流传热系数的具体表达式。

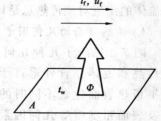

图 7-1　流体与固体壁面的对流传热

7.1.2 影响对流传热的主要因素

对流传热是流体的导热和热对流两种基本方式共同作用的结果，因此影响对流传热的因素不外乎是流体本身的热物理性质及影响流动的因素。

1. 流体的热物理性质

由于对流传热是导热和流动着的流体微团携带热量的综合作用，因此对流传热系数与反映流体导热能力的导热系数 λ、反映流体携带热量能力的密度 ρ 及比热容 c 有关。此外，流体的动力黏度 η（或运动黏度 $\upsilon = \dfrac{\eta}{\rho}$）的变化影响速度的变化，从而影响对流传热系数的大小。

相同条件下，液体的对流传热系数一般要高于气体的，而液体中水的对流传热系数一般都高于油类的。水的导热系数为 0.599 W/(m·K)，空气的仅为 $0.025\ 9$ W/(m·K)，因此，在同等条件下，水的对流传热系数远高于空气的，这也是夏天呆在水里比在空气中凉爽、工程中在可能的情况下通常以水作为冷却工质的原因。

2. 流动的起因

按照流体流动起因的不同，对流传热可分为强制对流传热和自然对流传热。在强制对流传热中，流体的流动是由泵、风机或其他压差作用引起的，如供热管道中热水的流动，输油管道中热油的流动等。自然对流传热是由于冷、热各部分的密度不同而引起的流体流动，如暖气片表面附近空气受热向上流动等。

一般来说，自然对流的流速较低，因此自然对流传热通常要比强制对流传热弱，对流传热系数要小。例如，空气自然对流传热系数为 $1 \sim 10$ W/(m²·K)，而强制对流传热系数通常在 $10 \sim 100$ W/(m²·K) 的范围内。

3. 流动的状态

流体的流动有层流和湍流之分。层流时，流速缓慢，流体微团沿着主流方向做有规则的分层流动，在宏观上，层与层之间互不混合，因此垂直于流动方向上的热量传递主要靠分子扩散（即导热）。湍流时，流体内存在强烈的脉动和旋涡，使各部分流体之间迅速混合，此时热量的传递除了分子扩散外，主要靠流体宏观的湍流脉动。因此，同种流体的湍流对流传热总是比层流对流传热强烈，对流传热系数大。

4. 传热壁面的几何因素

图 7-2 描绘了几种几何条件下的流动。图 7-2（a）表示流体在管内流动时的对流传热和流体在管外垂直于轴向流动时的对流传热。图 7-2（b）则表示自然对流中平板热表面位置不同时的传热情况。显然，传热表面的几何形状、尺寸、相对位置及表面粗糙度等几何因素可影响流体的流动状态、速度分布、温度分布，从而影响对流传热系数。

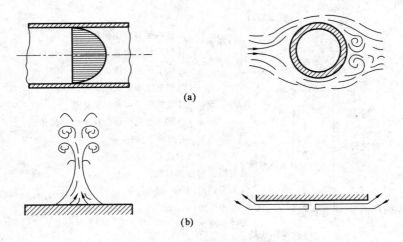

图 7-2 传热壁面对对流传热的影响

5. 流体有无相变

在没有相变的对流传热中,流体和壁面交换的热量主要来自流体的显热;而有相变时,流体吸收或放出汽化潜热。一般情况下,同一种流体的汽化潜热远大于其显热。因此,有相变时的对流传热系数比无相变时的要大。

其他影响因素还有流体介质的构成,主要指流体的相态组成,如气液两相流体等。例如,石油工程中的油气、油气水等属多相流动和对流传热问题,其对流传热复杂,只能借助于实验进行专门的研究,目前还没有通用的计算方法和公式。

综上所述,影响对流传热的因素很多,不同情况的对流传热系数 h 的计算式往往不同。因此,只有对各种情况分门别类地进行分析和实验,才能获得各种情况下 h 的计算公式。

7.1.3 对流传热的分类

由上述讨论可见,影响对流传热的因素很多,为了获得适用于工程计算的对流传热系数的计算公式,有必要按其主要影响因素分别进行研究。

图 7-3 给出了目前常见的对流传热的分类方法。按流体有无相变,将对流传热分为无相变对流传热和有相变对流传热;按流体流动的起因,将无相变对流传热分为强制对流传热、自然对流传热和混合对流传热;按传热面的几何特征,单相流体强制对流传热可分为内部流动(有界流动)对流传热和外部流动(无界流动)对流传热,自然对流传热分为大空间自然对流传热和有限空间自然对流传热等。其中的每一类都可以按流体流动的状态,分为层流、湍流等,为了表达的简洁,图 7-3 中未示出这种差别,而且本书只讨论稳态的对流传热问题。

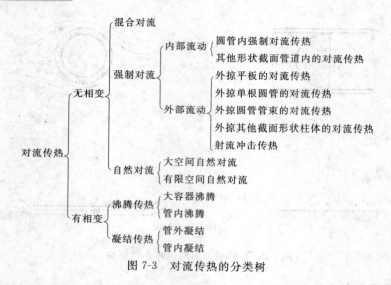

图 7-3　对流传热的分类树

　　目前,研究对流传热问题的主要方法有分析解法、数值解法、实验研究法和比拟法。通过实验获得对流传热系数的计算式是目前工程计算的主要依据,本书着重介绍实验研究法得到的经验关联式的选取和应用。

　　例题 7-1　冬季供暖时,测得室内暖气片表面温度 $t_w = 50\ ℃$,室内空气温度 $t_f = 20\ ℃$,暖气片表面与空气之间的自然对流传热系数 $h = 5\ W/(m^2 \cdot K)$;试求散热面积 $A = 4\ m^2$ 的暖气片的自然对流散热量。该暖气片相当于多大功率的电暖气?

　　解:

　　根据牛顿冷却公式,暖气片和室内空气之间的自然对流散热量为

$$\Phi = hA(t_w - t_f) = 5 \times 4 \times (50 - 20) = 600\ W$$

即相当于功率为 0.6 kW 的电暖气。

7.2　边界层

　　对流传热过程与流体流动密切相关,下面以流体平行外掠平板(在垂直于纸面方向上视为无限长)的强制对流传热为例,分析流体的流动和换热规律。

7.2.1　流动边界层

　　图 7-4 是流体外掠平板流动的示意图,黏性流体以均匀的来流速度 u_∞ 流过平板上方。黏性流体流过静止的固体壁面时,紧贴壁面的流体速度滞止为零。随着离开壁面距离的增加,流体的速度逐渐增大,在壁面附近形成速度有明显变化的流体薄层。普朗特将固体壁面附近速度发生剧烈变化的流体薄层称为流动边界层,又称为速度边界层,如图 7-4 所示。

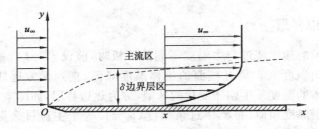

图 7-4 外掠平板时的流动边界层

通常规定流体速度达到主流速度的 99% 的位置至壁面的距离为速度边界层的厚度，记作 δ。随着流体沿平板流动距离 x 的增加，边界层的厚度从平板前端开始逐渐增加。但当雷诺数 Re 较大时，边界层厚度 δ 和壁面长度 l 相比是个非常小的量。例如，20 ℃的空气外掠平板流动，当气流来流速度为 10 m/s 时，距离平板前缘 200 mm 处，边界层厚度大约只有 2.6 mm。

根据流场的这一特点，普朗特将整个流场分为两个区域：紧贴壁面的边界层区和边界层外的主流区。在厚度极薄的边界层内，流体速度由零增加到接近主流速度，速度梯度大。根据牛顿内摩擦定律，黏性力也很大。而主流区的速度梯度几乎为零，可以忽略流体黏性的影响，将流体视为无黏的理想流体。

流体纵掠平板时，流动边界层逐渐形成和发展的过程如图 7-5 所示。在板的前缘，边界层厚度为 0，随着 x 的增加，边界层逐渐增厚，但在某一距离 x_c 之前，边界层内的流体做有秩序的分层流动，各层互不干扰，层与层之间没有宏观的流体微团的掺混，这时的边界层称为层流边界层。随着边界层厚度的增加，边界层内的流动变得不稳定，流动朝着湍流过渡，最终发展到旺盛湍流。此时流体质点在沿 x 方向流动的同时，又附加湍乱的不规则的垂直于 x 方向的脉动，故称为湍流边界层。在湍流边界层内，紧贴壁面的极薄层内，流体的流动状态仍保持层流，称为层流底层。沿壁面法线方向经过一段称为缓冲层的过渡区后，流动进入湍流核心区。

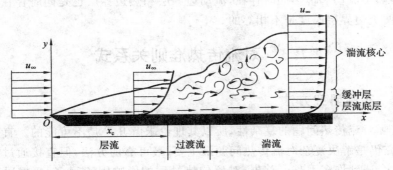

图 7-5 流体外掠平板时边界层内的流态变化

7.2.2　热边界层

当流体以均匀的速度流过与之温度不同的平板时,假设 $t_w > t_\infty$,紧贴壁面的流体温度必然等于壁面温度 t_w。离开壁面的流体温度降低,直到无穷远处流体的温度为 t_∞。壁面附近流体的温度发生剧烈变化的区域,称为热边界层,如图 7-6 所示。

和流动边界层厚度相似,将流体过余温度($t_w - t$)等于主流过余温度($t_w - t_\infty$)的 99% 的位置至壁面的距离定义为热边界层厚度,记作 δ_t。热边界层厚度 δ_t 和壁面长度 l 相比很小(液态金属除外)。随着流体沿平板流动距离 x 的增加,壁面和流体间的传热效应将沿壁面法线方向逐渐向流体内部发展,使热边界层厚度沿流动方向不断地增加。

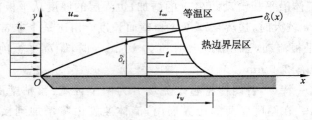

图 7-6　热边界层

利用热边界层的概念,可以将流体的温度场划分为两个区域:热边界层区和等温区。流体的温度变化主要在热边界层区,热边界层以外几乎可以看作温度不变的等温区,这样只需要研究热边界层区内的热量传递就可以了。热量传递的阻力(即热阻)只存在于热边界层区内。

热边界层内流体的流动状态决定了边界层内的热量传递方式。若热边界层内流体为分层有序的层流流动,则沿壁面法线方向的热量传递更多地依靠分子扩散运动的热传导。若边界层内的流动为湍流,则湍流核心区沿壁面法线方向的热量传递更多地依赖流体微团的掺混作用;而在层流底层内仍然是导热机理起作用。层流底层的热阻决定了湍流边界层的热阻。

对流传热中流动和传热同时存在,流动边界层和热边界层也是同时存在的。一般情况下,这两类边界层厚度是不相等的。

7.3　对流传热准则关系式

7.3.1　实验研究方法

由于实际对流传热问题的复杂性,所以其理论求解几乎是不可能的。直到目前为止,实验研究仍是解决复杂对流传热问题最主要、最可靠的方法,但直接通过实验研究对流传热也会遇到许多困难。首先,对流传热过程的影响因素很多,要想通过实验找出每个因素的影响规律,就必须进行多次实验,实验次数多得以致无法实现。例如,假设某个对流传热的平均对流传热系数受到 6 个因素的影响,按常规的实验方法,实验时每个因素各变化 10 次,其余 5 个因素保持不变,这样共需进行 10^6 次实验,如此大的实验工作量很难进行。其次,即使能够完成实验,处理和整理如此庞大的实验数据也是困难的。而且,实际工程中发生对流传热的物体可能过于庞大或者尚处于研制开发阶段,这样就无法在实物上开展实验研究。

因此,这种直接通过实验确定对流传热系数的方法是不可行的。相似原理可以帮助人们解决这种困难。首先,运用相似原理可以将影响对流传热的各个物理量组合成无量纲的综合量。作为新的变量,这种综合量不仅能反映所包含的物理量的单独影响,而且能反映它们之间的内在联系和综合影响,其数目也大大减少。这样就将研究众多物理量之间的函数关系转变为研究少数几个无量纲综合量之间的函数关系,大大简化了实验研究工作。这种无量纲的综合量就是特征数,也称为准则数。

以准则数作为新变量,在相似原理的指导下安排实验、整理实验数据,得到对流传热准则数实验关联式。如流体外掠等温平板层流流动时,整个平板平均对流传热系数的准则数方程为

$$Nu = 0.664 Re^{1/2} Pr^{1/3} \qquad (7-2)$$

这种实验关联式是目前工程计算的主要来源和依据,后面将系统地介绍几个典型的对流传热的实验研究结果。

7.3.2 相似准则数

式(7-2)准则数方程中的 Nu,Re 和 Pr,都是对流传热中常用到的无量纲相似准则数。

努塞尔数 $Nu = hl_c/\lambda$,含有待求量 h,是对流传热问题的待定准则数;雷诺数 $Re = ul_c/\nu$,在准则数方程中,Re 数反映了流动状态对对流传热的影响;普朗特数 $Pr = \dfrac{\nu\rho c}{\lambda}$,是由流体的物性参数构成的物性准则。在自然对流传热中,影响 Nu 的是 Gr 和 Pr。格拉晓夫数 $Gr = g\alpha_V \Delta t l_c^3/\nu^2$,其中 α_V 为流体的体积膨胀系数,对于理想气体,$\alpha_V = 1/T$。

准则数实验关联式中的准则数包含几何尺寸、流体速度及相关物性参数。物性通常与温度有关,而对流传热中流体温度又不断地发生变化。因此,在计算准则数时,必须按照准则数规定的方式选取。下面简要介绍这些参数的常用取法。

1. 特征尺寸

准则数中包含的几何尺度 l_c 称为特征长度,也称为定性尺寸。在对流传热中通常取对流动和对流传热有显著影响的几何尺寸作为特征长度。例如,流体外掠平板时取板长,管内对流传热时取管内径,流体横掠单管或管束时取管外径。当流体在非圆形通道内进行对流传热时,取当量直径作为特征尺寸,定义为:

$$d_e = \frac{4A}{P} \qquad (7-3)$$

式中，d_e 为当量直径，m；A 为槽道的流动截面积，m^2；P 为流体润湿的流道周长，即湿周，m。

2. 特征速度

Re 数中的速度称为特征速度。流动类型不同，特征速度的取法不同。流体外掠平板、横掠单管时取来流速度，管内对流传热时取截面平均速度等。

3. 特征温度

用以确定准则数中物性参数的温度称为特征温度，又称定性温度。常用的特征温度有以下几种：

（1）流体温度 t_f。在流体纵掠平板的流动中，特征温度可取主流温度；管内对流传热取流体进、出口的平均温度作为特征温度，即

$$t_f = \frac{1}{2}(t_f' + t_f'') \tag{7-4}$$

式中，t_f' 和 t_f'' 分别为管进、出口截面上流体的平均温度。

（2）热边界层的平均温度 t_m，即

$$t_m = (t_w + t_f)/2$$

式中，t_w 和 t_f 分别表示壁面和流体主流温度。

（3）传热壁面温度 t_w。在某些对流传热实验关联式中，作为某种修正，以 t_w 为定性温度确定个别物性。

通常用相似准则数的下标表示所选用的特征温度："w"表示壁面温度，"m"表示热边界层平均温度，"f"表示流体温度等。如 Re_f 表示按流体温度 t_f 查得的物性计算得到的雷诺数。

由于实验条件或实验手段的限制，准则数实验关联式通常都有一定的适用范围。应用准则数实验关联式时，特别注意不能任意地将其推广到实验参数的范围以外。

一般来说，对流传热实验关联式的误差，或称为不确定度，常常可达 ±20%，甚至 ±25%。对于一般的工程计算，这样的不确定度是可以接受的。当需要做相当精确的计算时，可以设法选用使用范围较窄、针对所需情形整理得到的专门关联式。

7.4 内部强制对流传热

通过实验得到的准则数实验关联式是工程上计算对流传热系数的主要依据和来源。圆形管道是各类工程中广泛使用的流体输送通道，本节介绍内部流动，即流体在圆管以及非圆形截面通道内的换热规律。

7.4.1 管内流动与换热分析

当流体从大空间进入一根圆管时，流动边界层从零开始增厚直到汇合于管子中心线。类似地，当流体与管壁之间因温度不同而有热交换时，管壁上的热边界层也从零

开始增厚直到汇合于管子中心线。当热边界层汇合于管子中心线时称换热已经充分发展,此后热边界层厚度保持不变,$\delta_t = d/2$。从管子入口到充分发展段之间的区域称为入口段。

入口段的热边界层较薄,热阻小,局部对流传热系数较大。随热边界层的增厚,热阻增大,局部对流传热系数逐渐下降。直到换热充分发展时,由于边界层厚度不变,因而局部对流传热系数维持常数,不再变化。图7-7给出了层流对流传热系数 h_x 沿管长变化的大致情况。

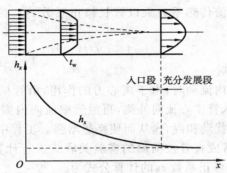

图 7-7 管内层流对流传热系数 h_x 沿管长的变化

管内流动的临界雷诺数为 2 100～2 300。通常认为,当 $Re \leqslant 2\,300$ 时为层流流动;当 $Re \geqslant 10^4$ 时为旺盛湍流;当 $2\,300 < Re < 10^4$ 时为过渡流状态。流体在管内流动状态不同,对流传热的机理不同,对流传热系数就存在着显著的差异。现有的管内强制对流传热实验关联式通常是按流态分别给出的。因此,在计算对流传热系数时首先必须计算出 Re 数,判断流态,然后根据流态选择合适的实验关联式进行计算。

7.4.2 湍流对流传热关联式

湍流是工程中最为常见的流动状态,湍流的热阻主要集中在层流底层,由于层流底层厚度极薄,所以其换热强度远远超过层流。下面介绍几个工程中常用的实验关联式。

1. 迪特斯-波尔特(Dittus-Boelter)公式

迪特斯-波尔特公式是管内湍流对流传热应用时间最长、应用最普遍的关联式,其形式为

$$Nu_f = 0.023 Re_f^{0.8} Pr_f^n \tag{7-5}$$

式中,流体被加热时,$n = 0.4$;流体被冷却时,$n = 0.3$。它的实验验证范围为

$$Re_f = 10^4 \sim 1.2 \times 10^5, Pr_f = 0.7 \sim 120, l/d \geqslant 60 \text{ 的直长管}$$

迪特斯-波尔特公式适用于流体和管壁具有中等温差的场合:对气体,温差应在 50 ℃以内;对水,不应超出 20～30 ℃;而对油类,仅限于 10 ℃以内。特征长度一般取管内径 d,对于非圆管,采用当量直径作为特征尺寸。取管截面的平均速度 u_m 作为特

征速度。定性温度一般都取进出口截面流体平均温度的算术平均值 t_f,它以准则数的角码"f"为标志,而带有角码"w"的参数则表示它是按管壁温度确定的。

迪特斯-波尔特公式因其形式简单而得到广泛的应用,但在工程应用中它的一些限制条件往往得不到满足,这时需要对其进行修正。

(1)管子长度的影响。

入口段由于热边界层较薄,对流传热系数比充分发展段的高,因此当选用长管的实验关联式计算短管的对流传热系数时,必须考虑入口段效应的影响。通常的修正方法是将由长管得到的对流传热系数乘以管长修正系数 c_l。对工业管道中常见的尖角入口,可采用下式计算 c_l

$$c_l = 1 + (d/l)^{0.7}$$

(2)弯管效应的影响。

当流体在弯曲管道内流动时,由于离心力的作用,沿管横截面会产生垂直于主流方向的二次环流:流体从管中心流向外侧,再沿管壁流向内侧,如图7-8所示。二次环流加强了管内边界层的扰动和混合,从而使换热增强。工程中计算弯曲管道的对流传热系数时,通常先将其看成直管按前面的实验关联式进行计算,然后将所得结果乘以弯管修正系数 c_R。弯管修正系数 c_R 的计算公式为

对于气体 $$c_R = 1 + 1.77\frac{d}{R}$$

对于液体 $$c_R = 1 + 10.3(d/R)^3$$

式中,R 为弯管的曲率半径。

(3)温度变化对流体物性的影响。

当壁面与流体间的温差较大时,流体物性特别是黏度将明显改变,这使得流体在截面上的速度分布与等温流动时有所差异,如图7-9所示。

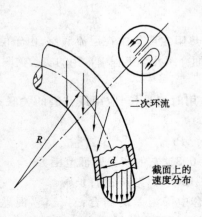

图 7-8 弯管的二次环流

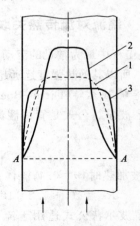

图 7-9 管内层流时的速度分布

以液体加热为例,当管道内液体被加热时,壁面附近液体的温度要高于管中心部

分的液体温度。液体温度的升高使黏度下降,壁面附近液体流速加快、管中心部分液体流速则相对减小,形成如图 7-9 中曲线 3 所示的速度分布。它与等温流动时的速度分布曲线 1 有明显的差别。冷却液体时的速度分布与加热时相反,形成曲线 2 所示的速度分布。为了补偿热流方向不同对传热系数的影响,当温差较大时,用温度修正系数 c_t 进行修正。温度修正系数 c_t 的计算公式如下

液体被加热 $\qquad\qquad\qquad c_t = \left(\dfrac{\eta_f}{\eta_w}\right)^{0.11}$

液体被冷却 $\qquad\qquad\qquad c_t = \left(\dfrac{\eta_f}{\eta_w}\right)^{0.25}$

气体被加热 $\qquad\qquad\qquad c_t = \left(\dfrac{T_f}{T_w}\right)^{0.55}$

气体被冷却 $\qquad\qquad\qquad c_t = 1$

2. 希德-泰特(Sieder-Tate)公式

石油工程中许多流体如稠油、高含蜡原油等的黏度很大、Pr 数很高,超出了迪特斯-波尔特公式的适用范围,此时可采用希德-泰特公式进行计算。希德-泰特公式为

$$Nu_f = 0.027Re_f^{0.8} Pr_f^{1/3} (\eta_f/\eta_w)^{0.14} \tag{7-6}$$

公式的实验验证范围为

$$l/d \geqslant 60, Pr_f = 0.7 \sim 16\ 700, Re_f > 10^4$$

3. 格尼林斯基(Gnielinski)公式

格尼林斯基公式为

$$Nu_f = \frac{(f/8)(Re_f - 1\ 000)Pr_f}{1 + 12.7\sqrt{f/8}(Pr_f^{2/3} - 1)}\left[1 + \left(\frac{d}{l}\right)^{2/3}\right]c_t \tag{7-7}$$

式中的 c_t 对不同状态的流体具有不同的形式

对气体 $\qquad\qquad c_t = (T_f/T_w)^{0.45}, \quad T_f/T_w = 0.5 \sim 1.5$

对液体 $\qquad\qquad c_t = (Pr_f/Pr_w)^{0.11}, \quad Pr_f/Pr_w = 0.5 \sim 20$

式中,f 为管内湍流流动的摩擦系数,粗糙管的 f 值可由流体力学中的莫迪图查出。对于光滑管

$$f = (1.82\lg Re - 1.64)^{-2} \tag{7-8}$$

格尼林斯基公式的实验验证范围为

$$Re_f = 2\ 300 \sim 10^6, Pr_f = 0.6 \sim 10^5$$

格尼林斯基公式是迄今为止计算准确度最高的实验关联式,在所依据的 800 多个实验点中,90% 的数据与关联式的最大偏差在 ±20% 以内,大部分在 ±10% 以内,同时公式已经考虑了温差和管长修正。若采用当量直径,它也可用于非圆形截面通道的计算。

7.4.3　层流对流传热关联式

可采用希德和泰特给出的实验关联式计算恒壁温条件下的层流对流传热系数。

计算公式如下

$$Nu_f = 1.86 \left(Re_f Pr_f \frac{d}{l} \right)^{1/3} \left(\frac{\eta_f}{\eta_w} \right)^{0.14} \tag{7-9}$$

公式的实验验证范围为

$$0.48 < Pr_f < 16\ 700, 0.004\ 4 < \eta_f / \eta_w < 9.75, \left(Re_f Pr_f \frac{d}{l} \right)^{1/3} \left(\frac{\eta_f}{\eta_w} \right)^{0.14} \geqslant 2$$

上式除 η_w 按壁温取值外,其他参数均以流体平均温度 t_f 作为定性温度。公式中已经考虑了入口效应和热流方向对传热系数 h 的影响。

对在 $2\ 300 < Re_f < 10^4$ 的过渡流区,管内流动为过渡流状态,流动是不稳定的,这增加了换热计算上的困难,令人满意的实验关联式不多,可以采用豪森(Hausen)整理和推荐的用于过渡流对流传热的计算公式。

7.4.4 湍流对流传热的强化

若将式(7-5)展开,可以得到各因素对湍流对流传热系数影响的定量关系,并从中得到如何有效地强化传热的启示。当流体被加热时,各因素与对流传热系数的定量关系表示如下

$$h = f(u^{0.8}, d^{-0.2}, \lambda^{0.6}, \rho^{0.8}, c_p^{0.4}, \eta^{-0.4}) \tag{7-10}$$

式(7-10)表明,在选定了流体之后,由于 h 与 $u^{0.8}$ 成正比,与 $d^{0.2}$ 成反比,因此可以采用提高流速、减小管径的方法增大对流传热系数,但提高流速的效果更好。由式(7-10)也可以分析出流体类型对对流传热系数的影响,如在其他条件相同时,为什么水的冷却效果要好于空气的。

例题 7-2 一直管内径 $d = 20$ mm,长 $l = 5$ m,水在管内流速为 2 m/s,水流经过此壁温均匀的直管时,其温度从 $t'_f = 25$ ℃加热到 $t''_f = 35$ ℃,求对流传热系数。

解:

由于给出了水在管内的流动速度,因此该问题是水在管内的强制对流传热问题。首先查取物性计算 Re 数以判断流态,然后选择恰当的公式进行计算。

(1)确定定性温度,查取物性参数。

定性温度取流体的进、出口温度的平均温度为

$$t_f = \frac{1}{2}(t'_f + t''_f) = \frac{1}{2} \times (25 + 35) = 30 \text{ ℃}$$

以 30 ℃查得水的物性参数为:$\nu_f = 0.805 \times 10^{-6}$ m^2/s,$\lambda_f = 0.618$ W/(m·K),$Pr_f = 5.42$,$\rho_f = 995.7$ kg/m^3,$c_{pf} = 4\ 174$ J/(kg·K)。

(2)计算 Re_f 数,判断流态。

$$Re_f = \frac{ud}{\nu_f} = \frac{2 \times 0.02}{0.805 \times 10^{-6}} = 4.97 \times 10^4 > 10^4$$

因此,流动处于旺盛湍流区。

(3) 选择实验关联式,计算对流传热系数。

选用迪特斯-波尔特公式进行计算。由于 $l/d=5/0.02=250>60$,且为直长管,因此不必进行管长修正。假设管壁和流体间温差不大,则

$$Nu_f=0.023Re_f^{0.8}Pr_f^{0.4}=0.023\times(4.97\times10^4)^{0.8}\times5.42^{0.4}=258.5$$

$$h=Nu_f\frac{\lambda_f}{d}=258.5\times\frac{0.618}{0.02}=7\,988\ \text{W/(m}^2\cdot\text{K)}$$

(4) 校核温差是否满足要求。

被加热水的质量流量为

$$q_m=\frac{\pi}{4}d^2\rho u=\frac{\pi}{4}\times0.02^2\times995.7\times2=0.625\,6\ \text{kg/s}$$

水吸收的热流量为

$$\Phi=q_m c_{pf}(t_f''-t_f')=0.625\,6\times4\,174\times(35-25)=2.61\times10^4\ \text{W}$$

根据热平衡,此热量等于壁面对水的对流传热量,即

$$\Phi=hA\Delta t_m$$

$$\Delta t_m=\frac{\Phi}{hA}=\frac{2.61\times10^4}{7\,988\times\pi\times0.02\times5}=10.4\ ℃$$

管壁和流体间的温差:$t_w-t_f=10.4\ ℃<20\ ℃$,为小温差,在公式的适用范围内,故求得的 $h=7\,988\ \text{W/(m}^2\cdot\text{K)}$ 有效。

讨论:

在壁温未知时,可以先假设传热处于小温差范围内,待计算得出对流传热系数后,再推算平均壁温,并校核假定条件是否成立。

例题 7-3 90 ℃的 14 号润滑油以 0.3 m/s 的速度流过内径为 25 mm、内壁面平均温度为 40 ℃的圆管,试计算将润滑油冷却到 70 ℃时所需的管长。

解:

本题属于流体在管内的强制对流传热问题,计算管长的关键是确定管内强制对流传热系数。

(1) 确定定性温度,查取物性参数。

定性温度取润滑油进、出口的平均温度

$$t_f=\frac{1}{2}(t_f''+t_f')=\frac{1}{2}\times(90+70)=80\ ℃$$

以此温度查得润滑油的相关物性参数为:$\rho_f=857.5\ \text{kg/m}^3$,$c_{pf}=2.194\ \text{kJ/(kg}\cdot\text{K)}$,$\lambda_f=0.143\,1\ \text{W/(m}\cdot\text{K)}$,$Pr_f=323$,$\nu_f=24.6\times10^{-6}\ \text{m}^2/\text{s}$;以壁温 $t_w=40\ ℃$ 查得润滑油物性参数为:$\rho_w=880.7\ \text{kg/m}^3$,$\nu_w=124.2\times10^{-6}\ \text{m}^2/\text{s}$。

(2) 计算 Re 数,判断流态。

润滑油在管内流动的 Re 数为

$$Re_f=\frac{ud}{\nu_f}=\frac{0.3\times0.025}{24.6\times10^{-6}}=304.88<2\,200$$

因此,流动状态为层流。

(3) 选择实验关联式,计算对流传热系数。

选用希德-泰特公式(式 7-9)进行计算,其中 $Pr_f = 323 < 16\ 700$

$$\frac{\eta_f}{\eta_w} = \frac{\rho_f \nu_f}{\rho_w \nu_w} = \frac{857.54 \times 24.6 \times 10^{-6}}{880.7 \times 124.2 \times 10^{-6}} = 0.192\ 9$$

均满足公式的适用条件,假设管长也满足条件,则

$$\frac{h \times 0.025}{0.143\ 1} = 1.86 \times \left(304.88 \times 323 \times \frac{0.025}{l}\right)^{1/3} \times 0.192\ 9^{0.14}$$

解得

$$hl^{1/3} = 114.18 \tag{a}$$

(4) 根据热平衡计算管长。

润滑油的质量流量为

$$q_m = \frac{\pi}{4} d^2 \rho_f u = \frac{\pi}{4} \times 0.025^2 \times 857.5 \times 0.3 = 0.126\ 3\ \text{kg/s}$$

根据热平衡,润滑油在管内失去的热量等于它与管壁的对流传热量,即

$$q_m c_{pf}(t''_f - t'_f) = h\pi dl \Delta t$$

$$0.126\ 3 \times 2.194 \times 10^3 \times (90 - 70) = h \times \pi \times 0.025 \times l \times (80 - 40)$$

解得

$$hl = 1\ 764.98 \tag{b}$$

由(a),(b)联立解得

$$l = 60.77\ \text{m}, \quad h = 29.04\ \text{W/(m}^2 \cdot \text{K)}$$

(5) 校核管长。

$$\left(Re_f Pr_f \frac{d}{l}\right)^{1/3} \left(\frac{\eta_f}{\eta_w}\right)^{0.14} = \left(304.88 \times 323 \times \frac{0.025}{60.77}\right)^{1/3} \times 0.192\ 9^{0.14} = 2.73 \geqslant 2$$

管长满足公式的适用条件,故上述计算结果有效。

讨论:

在对流传热的计算中,试算法是经常使用的,管内强制对流传热计算需采用试算法的情形包括:

(1) 管长未知。此时可先按长管计算,求出对流传热系数 h',然后根据热平衡算出管长。若 $l/d > 60$,则计算有效;否则,求得 c_l,$h = c_l h'$。一般试算一次即可。

(2) 管内壁温度未知。先按 $c_t = 1$ 求出 h',然后根据热平衡求出管内壁的平均温度,计算 c_t,则 $h = c_t h'$。一般试算一次即可。

(3) 出口温度未知。根据能量平衡,为计算出口温度,必须知道管壁和流体间的对流传热量,于是计算的关键是确定管内强制对流传热的对流传热系数,但定性温度无法事先确定,因此需要采用试算法。

7.5 外部强制对流传热

在外部流动中,换热壁面上的流动边界层和热边界层能够自由地发展,不会受到临近壁面的限制。如风吹过热力管道等的对流传热,属于流体外掠物体时的强制对流传热。

当流体横向掠过单管时,如图 7-10 所示,流体接触管面后从上、下两侧面绕过,并在管壁上形成边界层,此时边界层也有层流和湍流两种。在圆柱的前半部分,由于流动截面积的缩小,流体的速度逐渐增加,压力逐渐降低。在圆柱的后半部分,由于流动面积的增加,流速减小而压力逐渐增加,流体克服压力的增加向前流动。靠近壁面处流体的流速较低,当其动能不足以克服压力的增加以保持向前流动时,就会产生反方向的流动,形成旋涡,使边界层分离,即发生脱体现象。当 $Re<10$ 时,不会出现脱体;而当 $Re>10$ 时,流体在流动过程中就会发生脱体。由于边界层脱体形成的漩涡加强了扰动,有利于对流传热,使得 h 增加。

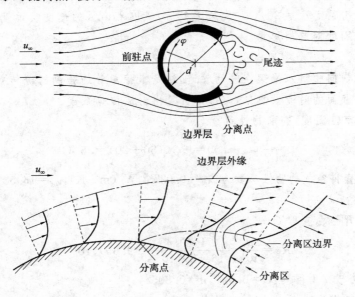

图 7-10 流体横掠单管边界层的分离

流体横掠圆管的平均对流传热系数常采用如下的分段幂次关联式进行计算

$$Nu_m = CRe_m^n Pr_m^{1/3} \qquad (7\text{-}11)$$

式中,定性温度采用边界层膜温度 $t_m = (t_w + t_\infty)/2$;特征尺寸取管外径;特征速度取来流速度。式中的常数 C 和 n 可由表 7-1 查取。

表 7-1　横掠单管关联式(7-11)中的常数 C 和 n

Re_m	C	n
0.4~4	0.989	0.330
4~40	0.911	0.385
40~4 000	0.683	0.466
4 000~40 000	0.193	0.618
40 000~400 000	0.027	0.805

邱吉尔(S. W. Churchill)和伯恩斯坦(M. Bernstein)提出了一个在较宽范围内使用的综合计算关联式,即

$$Nu_m = 0.3 + \frac{0.62Re_m^{1/2}Pr_m^{1/3}}{[1+(0.4/Pr_m)^{2/3}]^{0.25}}\left[1+\left(\frac{Re_m}{282\ 000}\right)^{5/8}\right]^{0.8} \tag{7-12}$$

公式的适用范围为 $Re_m Pr_m > 0.2$,以边界层膜温度作为定性温度。

例题 7-4　一水平放置的架空输油管道,保温层外径 $d_0 = 400$ mm,壁温 $t_w = 50\ ℃$,周围空气温度 $t_\infty = 20\ ℃$。大风天气时,风以 4 m/s 的速度吹过管道表面,计算输油管道外壁面的对流散热量。

解:

假设大风横向吹过水平架空输油管道,这是横掠单管的强制对流传热问题。要计算输油管道外壁面的对流散热量,关键是计算出对流传热系数。

(1)确定定性温度,查取物性参数。

$$t_m = \frac{1}{2}(t_w + t_\infty) = \frac{1}{2} \times (50+20) = 35\ ℃$$

按此温度查得空气的物性参数为:$\lambda_m = 0.027\ 2$ W/(m·K),$\nu_m = 16.58 \times 10^{-6}$ m²/s,$Pr_m = 0.7$。

(2)计算 Re 数,查取 C,n。

$$Re = \frac{ud_0}{\nu_m} = \frac{4 \times 0.4}{16.58 \times 10^{-6}} = 9.65 \times 10^4$$

根据 Re 查表 7-1 得到:$C = 0.027, n = 0.805$。

(3)选择实验关联式,计算对流传热系数。

$$Nu_m = 0.027Re^{0.805}Pr^{1/3}$$
$$= 0.027 \times (9.65 \times 10^4)^{0.805} \times 0.7^{1/3} = 246.76$$

$$\frac{h \times 0.4}{0.027\ 2} = 246.76$$

解得

$$h = 16.8\ \text{W/(m}^2 \cdot \text{K)}$$

单位管长的对流传热量 q_l 为

$$q_l = h\pi d_0(t_w - t_\infty) = 16.8 \times \pi \times 0.4 \times (50 - 20) = 633.02 \text{ W/m}$$

7.6 自然对流传热

重力场中的自然对流传热,其产生的原因是由于固体壁面与流体间存在温差,使流体内部温度场不均匀,导致密度场不均匀,于是在重力场作用下产生浮升力而使流体流动,引起热量交换。如大气层的环流、无风环境中人体的散热、热力管道的散热、家用电冰箱背面的冷凝器、采暖散热器的散热等都是自然对流传热。自然对流传热安全、不消耗动力,所以经济,而且无噪声。

7.6.1 边界层的形成和发展

图 7-11 是流体受垂直壁面加热时的自然对流情况。紧靠壁面的流体因受热而密度减小,与远处流体形成密度差,流体密度差产生浮升力,在浮升力的驱动下,流体向上浮起。在上浮过程中,紧靠壁面的流体还不断地从壁面吸取热量,温度继续升高,其邻近的流体受它影响,温度也升高并向上浮起,这样向上运动的流体层愈来愈厚。在壁面的下端,流体呈层流状态,其上为过渡流状态,再上为湍流状态。

图 7-12 是水平热圆柱周围空气的自然对流传热。由图可见,不论圆柱的直径多大,边界层总是从圆柱底部 A 点开始对称地沿管壁向上发展,但管径大小对边界层发展的影响显然是不同的。

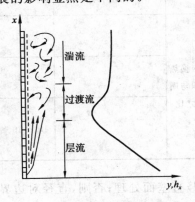

图 7-11 流体受垂直壁面加热
时的自然对流边界层

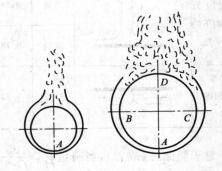

图 7-12 水平圆柱周围空气的自然对流

7.6.2 大空间自然对流传热关联式

流体自然对流传热时,如果边界层的发展不因空间限制而受到干扰,则该自然对流传热称为大空间的自然对流,否则称为有限空间自然对流。有限空间内的自然对流传热除与流体的性质、两壁间的温差有关外,还与冷热表面的形状、尺寸和相对位置有关,流动和换热情况较为复杂。

当壁温 t_w 恒定时,工程上常采用麦克亚当(McAdams)推荐的实验关联式计算各种大空间自然对流传热的对流传热系数,即

$$Nu_m = C(Gr_m Pr_m)^n \qquad (7-13)$$

下角码"m"表示定性温度采用热边界层的平均温度 $t_m = (t_w + t_\infty)/2$。公式中的系数 C 和指数 n 的值以及定型尺寸、使用范围等列于表 7-2。

表 7-2 式(7-13)中的 C 和 n 的值

壁面形状及位置	流动情况示意图	流动状态	C	n	特性长度	适用范围	
						Gr_m	$Gr_m \cdot Pr_m$
垂直平壁或垂直圆柱		层流	0.59	$\frac{1}{4}$	高度 H	$1.43\times10^4 \sim 3\times10^9$	
		过渡流	0.029 2	0.39		$3\times10^9 \sim 2\times10^{10}$	
		湍流	0.10	$\frac{1}{3}$		$>2\times10^{10}$	
水平圆柱		层流	0.48	$\frac{1}{4}$	外直径 d	$1.43\times10^4 \sim 5.76\times10^8$	
		过渡流	0.016 5	0.42		$5.76\times10^8 \sim 4.65\times10^9$	
		湍流	0.11	$\frac{1}{3}$		$>4.65\times10^9$	
热面朝上及冷面朝下的水平壁		层流	0.54	$\frac{1}{4}$	平板换热面积与周长之比		$10^4 \sim 10^7$
		湍流	0.15	$\frac{1}{3}$			$10^7 \sim 10^{11}$
热面朝下及冷面朝上的水平壁		层流	0.27	$\frac{1}{4}$			$10^5 \sim 10^{10}$

对于竖圆柱(或管),当满足 $\dfrac{d}{H} \geqslant \dfrac{35}{Gr^{1/4}}$ 时,可以按竖直壁面处理;否则,直径对边界层的影响不可忽略,它将使换热加强,这时无论对层流还是湍流,式(7-13)中的常数 C 的值都取为 0.686,n 的值与竖直壁面的情况相同。

对于竖平壁和水平圆柱的自然对流传热,邱吉尔(Churchill)等提出了下面一些经验公式,这些公式形式虽然复杂,但其优点是对于壁温恒定和热流密度恒定两种情况都可应用,适用范围广而且准确度也较高。

竖平壁
$$Nu_m = \left\{ 0.825 + \frac{0.387Ra_m^{1/6}}{[1+(0.492/Pr_m)^{9/16}]^{8/27}} \right\}^2 \qquad (7\text{-}14)$$

式中,$Ra_m = Gr_m Pr_m$,公式适用范围为 $10^{-1} < Ra_m < 10^{12}$。

水平圆柱
$$Nu_m = \left\{ 0.60 + \frac{0.387Ra_m^{1/6}}{[1+(0.599/Pr_m)^{9/16}]^{8/27}} \right\}^2 \qquad (7\text{-}15)$$

公式的定性尺寸为管外径 d,适用范围为 $Ra_m \leqslant 10^{12}$。

例题 7-5 一水平放置的架空输油管道,保温层外径 $d_0 = 400$ mm,壁温 $t_w = 50$ ℃,周围空气温度 $t_\infty = 20$ ℃,试计算输油管道外壁面的对流散热量。

解:

因为是无风天气,所以这是一个恒壁温的水平管道自然对流传热问题,定性温度为
$$t_m = \frac{1}{2}(t_w + t_\infty) = \frac{1}{2} \times (50 + 20) = 35 \ ℃$$

按此温度查得空气的物性参数为
$$\lambda_m = 0.027\ 2 \ \text{W/(m·K)}, \quad \nu_m = 16.58 \times 10^{-6} \ \text{m}^2/\text{s}, \quad Pr_m = 0.7$$

将空气看作理想气体,则有
$$\alpha_V = \frac{1}{T_m} = \frac{1}{273 + 35} = 3.25 \times 10^{-3} \ \text{K}^{-1}$$

$$Gr_m = \frac{g\alpha_V \Delta t d^3}{\nu_m^2} = \frac{9.8 \times 3.25 \times 10^{-3} \times (50-20) \times 0.4^3}{(16.58 \times 10^{-6})^2} = 2.224\ 5 \times 10^8$$

根据 Gr_m 查表 7-2 得到 $C=0.48$,$n=1/4$,于是
$$Nu_m = 0.48 \times (Gr_m Pr_m)^{1/4} = 0.48 \times (2.224\ 5 \times 10^8 \times 0.7)^{1/4} = 53.62$$

$$h = Nu_m \frac{\lambda_m}{d} = 53.62 \times \frac{0.027\ 2}{0.4} = 3.65 \ \text{W/(m}^2 \cdot \text{K)}$$

输油管道单位管长的对流传热量 q_l 为
$$q_l = h\pi d_0(t_w - t_\infty) = 3.65 \times \pi \times 0.4 \times (50-20) = 137.53 \ \text{W/m}$$

讨论:

从本题计算结果可以看出,和强制对流相比,自然对流的对流传热系数一般要小得多。

本章小结

本章首先从总体上定性地分析了影响对流传热过程的诸多因素和研究方法,然后主要介绍了管内强制对流、横掠单管以及自然对流传热三种典型的无相变对流传热问题。本章所介绍的实验关联式是进行对流传热工程计算的主要依据。

学习本章要达到以下要求：

（1）理解流动边界层和热边界层的概念，了解纵掠平板、管内强制对流传热、流体横掠单管时边界层的形成和发展及其对对流传热系数的影响，了解各种修正系数的必要性和计算方法。

（2）熟练掌握 Re，Pr，Gr 和 Nu 准则数的计算，并判断流态，会根据流态选用合理的准则关联式计算对流传热系数，计算时注意公式的使用条件和范围。

思考题

1．什么是速度边界层？什么是热边界层？

2．在流体外掠平板的层流流动中，热边界层是否越来越厚？其局部对流传热系数值是否越来越小？为什么？

3．Nu 数与 Bi_V 数中导热系数的区别是什么？

4．管内强制对流传热时短管修正系数 $c_l \geqslant 1$，弯管修正系数 $c_R \geqslant 1$，为什么？

5．流体具有密度差时是否一定会形成自然对流？

6．什么是大空间自然对流传热？什么是有限空间自然对流传热？

7．为什么在计算机主机箱中的 CPU 处理器上和电源旁要加风扇？

8．从传热的角度出发，冬天用的采暖器（如暖气片）和夏季用的空调器放在室内什么高度位置合适？

9．家用吊扇常安装在天花板上，若从传热的角度分析，这种安装方法合理吗？为什么？

10．在同样的气温时，为何刮风天气比无风天气感到更冷？

11．冬天，将手伸到室温下的水中时会感到很凉，但手在同一温度下的空气中时并没有这样冷的感觉，为什么？

12．冬天，在相同的室外温度条件下，由于骑摩托车比步行感到更冷些而一般要戴皮手套和护膝。请分析为什么骑摩托车会更冷。

13．对于图 7-13 所示的两种水平夹层，试分析冷、热表面间热量交换的方式有何不同？如果要通过实验来测定夹层中流体的导热系数，应采用哪一种布置方式？

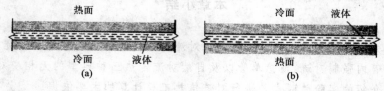

图 7-13　思考题 13 图

14. 一个内部发热的圆球悬挂于室内,对于图 7-14 所示的三种情况,试分析:

(1) 圆球表面热量散失的方式;

(2) 圆球表面与空气之间的热交换方式。

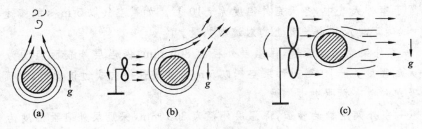

图 7-14 思考题 14 图

习 题

7-1 在测定空气横掠单根圆管的对流传热实验中,得到如下数据:管壁平均温度 $t_w=60\ ℃$,空气温度 $t_f=20\ ℃$,管子外径 $d=14\ mm$,加热段长 $L=80\ mm$,输入加热段的功率 $\varPhi=8.6\ kW$。如果全部热量通过对流传热传给空气,问此时对流传热系数多大?

7-2 用内径为 16 mm、长为 2.5 m 的不锈钢管进行管内对流传热实验。实验时直接对不锈钢管通以直流电加热,电压为 5 V,电流为 900 A,水的进口温度为 20 ℃,流速为 0.5 m/s,管外用保温材料保温,忽略热损失,试求管内的对流传热系数及对流传热温差。

7-3 被加热的原油在管道中输送。已知管道内径 $d=0.6\ m$,原油平均流速为 1.2 m/s,在原油的平均温度下,原油的物性参数为 $\rho=900\ kg/m^3$,$c_p=1.885\ kJ/(kg \cdot K)$,$\lambda=0.174\ W/(m \cdot K)$,忽略 Pr_f 与 Pr_w 的差别,求原油与管内壁面之间的对流传热系数。

7-4 平均温度为 40 ℃ 的 14 号润滑油,流过壁温为 80 ℃、长为 1.5 m、内径为 25 mm 的直管,流量为 800 kg/h,试计算油与壁面间的平均对流传热系数及对流传热量。

7-5 水在内径为 76 mm 的直管内流动,流速为 1.5 m/s,水从 20 ℃ 被加热到 80 ℃,管壁平均温度为 100 ℃,试求管内对流传热系数。

7-6 空气以 2.5 m/s 的速度在内径为 22 mm、长为 2.5 m 的管内流动,空气的平均温度为 39 ℃,管壁温度为 58 ℃,试求管内的对流传热系数。

7-7 一套管式换热器,内管外径 $d_1=12\ mm$,外管内径 $d_2=16\ mm$,管长为

400 mm,在内外管之间的环形通道内水的流速 $u=2.4$ m/s,平均温度 $t_f=73$ ℃,内管壁温 $t_w=96$ ℃,试求内管外表面处的对流传热系数。

7-8 一未包绝热材料的蒸汽管道用来输送 150 ℃的水蒸气。管道外径为 500 mm,置于室外大气中,冬天室外温度为—10 ℃。如果空气以 5 m/s 的流速横向吹过该管道,试确定单位管道长度上的对流散热量。

7-9 一室外架空输油管道,保温层外径为 800 mm,保温层外表面温度为 60 ℃,冬天室外大气温度为—10 ℃。如果空气以 5 m/s 的流速横向吹过该管道,试确定对流传热系数及单位管长的散热量。

7-10 一室外架空输油管道,保温层外径为 800 mm,保温层外表面温度为 60 ℃,冬天室外大气温度为—10 ℃,试确定自然对流传热系数及单位管长的散热量。

7-11 假设把人体简化为直径为 30 cm、高 1.70 m 的等温竖圆柱,其表面温度比人体体内正常温度低 2 ℃,试计算该模型位于静止空气中时的自然对流散热量,并与人体平均每天摄入的热量(5 440 kJ)相比较。(圆柱两端面的散热可不予考虑,人体正常体温按 37 ℃计算,环境温度为 20 ℃)

7-12 相同条件下,同一个人静止站立和平躺两种状态,设站立和躺卧两种状态下换热面积相同,导热忽略不计,则哪一状态感觉更冷?(提示:把人体简化为某一尺寸的等温圆柱,通过计算说明对流散热量的大小)

第8章　辐射传热

热辐射及辐射传热是自然界中普遍存在的现象,在日常生活和工程领域内有着广泛的应用背景。和导热与对流不同,物体之间的辐射传热不需要接触,也不需要中间媒质。学习辐射传热的目的是掌握物体的辐射特性以及物体间辐射传热的计算。本章按照从简单到复杂、从理想物体到实际物体的思路展开相关内容。首先介绍关于辐射的基本概念,然后介绍理想辐射体——黑体的辐射特性,最后介绍实际物体的辐射特性及实际物体间辐射传热的计算方法。

8.1　热辐射的基本概念

8.1.1　热辐射

辐射是物体通过电磁波传递能量的现象。由于热的原因而产生的电磁波辐射称为热辐射。热辐射的电磁波是由物体内部微观粒子的热运动状态改变所激发出来的。只要温度高于"绝对零度"即 0 K,物体就能不断地向外界发出热辐射;同时,物体也不断地吸收周围物体投射到它表面上的热辐射。辐射传热就是指物体之间相互辐射和吸收的总效果。

电磁波以波长或频率来识别,各种电磁波的波长粗略地表示在图 8-1 上。温度约为 5 800 K 的太阳辐射的能量主要集中在 0.2～2 μm 的波段范围内,其中大部分能量集中在 0.38～0.76 μm 的可见光区段内。理论上,热辐射中的电磁波波长应包括整个波谱范围,但实际上,包括太阳辐射在内,热辐射的波长主要位于 0.1～100 μm 的波长

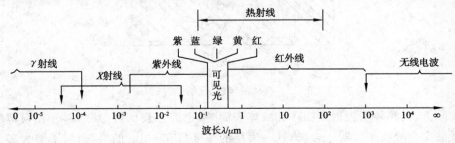

图 8-1　电磁波波谱

范围内。此区段内的电磁波称为热射线,它包括部分紫外线、全部可见光和红外线。而在工程温度范围内(一般在 2 000 K 以下),热辐射的能量主要集中在 $0.38 \sim 100\ \mu m$ 的波段范围内,且大部分能量都集中在 $0.76 \sim 20\ \mu m$ 的红外线区段,其余波长的电磁波所具有的能量很微弱,因此,物体在工程温度范围内发射的热辐射常称为常温辐射或红外辐射。本书主要讨论红外辐射。由于波长不同,红外辐射和可见光在某些情况下表现出不同的特性,要注意它们之间的联系和区别。

8.1.2 吸收、反射与透射

当热辐射能投射到物体表面上时,和可见光一样,也会发生吸收、反射和透过现象。如图 8-2 所示,在外界投射到物体表面上的总能量 G 中,一部分能量 G_α 被物体吸收,一部分能量 G_ρ 被物体反射,其余部分 G_τ 透过物体。根据能量守恒得

$$G_\alpha + G_\rho + G_\tau = G$$

或

$$\frac{G_\alpha}{G} + \frac{G_\rho}{G} + \frac{G_\tau}{G} = 1$$

其中,各能量的百分数 $\alpha = \dfrac{G_\alpha}{G}$,$\rho = \dfrac{G_\rho}{G}$ 和 $\tau = \dfrac{G_\tau}{G}$ 分别称为该物体的吸收比、反射比和透射比,于是有

$$\alpha + \rho + \tau = 1 \tag{8-1}$$

α,ρ 和 τ 习惯上分别称为吸收率、反射率和透射率,表示物体吸收、反射和透过辐射能的能力。

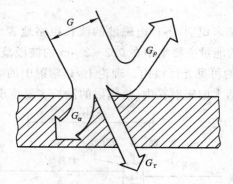

图 8-2 物体的吸收、反射和穿透

实际上,当热辐射投射到固体和液体表面时,一部分被反射,其余部分在很薄的表层内就被完全吸收了。对于金属,这一表层的厚度只有 $1\ \mu m$ 的量级;对于绝大多数非金属材料,这一表层的厚度也小于 $1\ mm$。因此,可以认为热射线不能穿透固体和液

体,即 $\tau=0$,$\alpha+\rho=1$。由此可见,吸收能力大的固体和液体,其反射能力就小。由于固体和液体对投射辐射的吸收和反射几乎都在表面进行,因此物体表面状况对其吸收和反射特性影响很大。

气体对热辐射几乎没有反射能力,即 $\rho=0$,$\alpha+\tau=1$。在工业温度范围内,单原子气体以及分子结构对称的双原子气体,如氢气、氧气、氮气等,$\alpha\approx0$,因而 $\tau=1$,这样的气体称为非参与性气体。但有一些气体,如 CO,NO 等分子结构不对称的双原子气体,以及 NO_2,CO_2,SO_2,SO_3,H_2O 等多原子气体,却具有一定的辐射和吸收能力。本章后面所讨论的物体表面间的辐射传热是假设表面间充满的是非参与性气体或真空,即其中的气体不参与辐射传热。

8.1.3 理想辐射体

自然界中不同物体的吸收比 α、反射比 ρ 和透射比 τ 差别很大。把吸收比 $\alpha=1$ 的物体称为黑体(black body),把反射比 $\rho=1$ 的漫反射物体称为白体,把透射比 $\tau=1$ 的物体称为透明体。显然,黑体、白体和透明体都是理想的辐射体,自然界中并不存在。但有一些物质十分接近理想辐射体。例如,煤烟、炭黑、黑油漆、粗糙钢板等对热射线的吸收都在 $0.9\sim0.95$ 之间,十分接近黑体;纯净的空气对热射线基本不吸收,也不产生辐射,可视为透明体。

这里说的黑体、白体与日常生活中所说的黑色物体、白色物体不同,颜色只是对可见光而言,而可见光在热辐射的波长范围内只占很小部分,所以不能凭物体颜色的黑白来判断它对热辐射吸收比的大小。例如,对太阳辐射而言,雪是良好的反射体,但它因几乎可以全部吸收投射到其表面上的红外辐射而非常接近黑体;白布和黑布对可见光的吸收比相差很大,但对红外线的吸收比基本相同。

这些理想辐射体中,黑体最为重要,它在热辐射分析中有着特殊的重要性,引入黑体的意义在于为实际物体辐射规律的研究和分析提供参照。黑体的热辐射性质和辐射传热规律简单,在黑体辐射研究的基础上,通过将实际物体与黑体进行比较,找出其差别并进行修正即可研究实际物体的辐射规律,这样就大大降低了问题研究的难度。

8.1.4 辐射力

单位时间内,单位面积的物体表面向其上半球空间发射的全部波长的辐射能的总和,称为该物体表面的辐射力,用符号 E 表示,单位为 W/m^2。它表征了物体发射辐射能能力的大小。

单位时间内,单位面积的物体表面向其上半球空间发射的某一波长的辐射能,称为光谱辐射力,用符号 E_λ 表示,单位为 $W/(m^2 \cdot \mu m)$ 或 W/m^3。光谱辐射力习惯上也称为单色辐射力。光谱辐射力反映了物体发射某一特定波长辐射能能力的大小。显

然,辐射力和光谱辐射力的关系为

$$E = \int_0^\infty E_\lambda \, \mathrm{d}\lambda \tag{8-2}$$

8.2 黑体辐射的基本定律

8.2.1 黑体模型

黑体是吸收比 $\alpha = 1$ 的理想物体,自然界中并不存在,但可以采用人工方法制造出十分接近于黑体的模型,称为人工黑体,如图 8-3 所示。

选用吸收比较大的材料制造一个带有小孔的空腔,在空腔壁面温度均匀的条件下,空腔上的小孔就具有黑体的性质,这种带有小孔的温度均匀的空腔就是一个黑体模型。当辐射能经小孔射入空腔后,在空腔内将经历多次吸收和反射。每经历一次吸收,辐射能就按内壁吸收比的份额被减弱一次,最终通过小孔离开的能量近乎等于零,可以认为通过小孔进入空腔的能量几乎被全部吸收。小孔面积占空腔内壁总面积的份额越小,能够从小孔逸出的辐射能就越少,小孔就越接近黑体。计算表明,当小孔面积小于内壁面积的 0.6%,且内壁吸收比为 0.6 时,小孔的吸收比可大于 0.996。

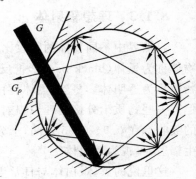

图 8-3 人工黑体模型

8.2.2 斯忒藩-波尔兹曼定律

黑体辐射力与温度的关系,由斯忒藩在 1879 年通过实验得到,其后玻尔兹曼在 1884 年通过热力学理论予以证实,因此称为斯忒藩-波尔兹曼定律,即

$$E_b = \sigma T^4 \tag{8-3}$$

式中,σ 为斯忒藩-玻尔兹曼常数,取为 5.67×10^{-8} W/(m² · K⁴)。下角标"b"表示黑体的相关参数。

斯忒藩-波尔兹曼定律表明,黑体辐射力只与其热力学温度有关,而且成四次方关系,故又称四次方定律。为了便于工程计算,通常将式(8-3)改写成

$$E_b = C_0 \left(\frac{T}{100} \right)^4 \tag{8-4}$$

式中,$C_0 = 5.67$ W/(m² · K⁴)。

8.2.3 维恩位移定律

不同温度下黑体的光谱辐射力随波长的变化曲线,称为黑体辐射曲线,如图 8-4 所示。从图中可以看出黑体辐射具有如下特点:

(1) 温度愈高,同一波长下的光谱辐射力愈大。

(2) 在一定的温度下,黑体的光谱辐射力随波长连续变化,并在某一波长下具有最大值。

(3) 随着温度的升高,光谱辐射力取得最大值的波长 λ_{max} 愈来愈小,即在 λ 坐标中的位置向短波方向移动。

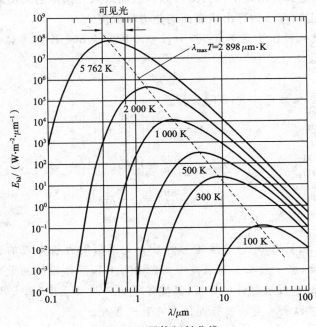

图 8-4 黑体辐射曲线

维恩(Wien)在 1896 年用经典热力学方法确定了黑体最大光谱辐射力所对应的波长 λ_{max} 与温度 T 之间的关系,即

$$\lambda_{max} T = 2\ 898\ \mu m \cdot K \tag{8-5}$$

式(8-5)称为维恩位移定律,如图 8-4 中的虚线所示。

维恩位移定律表明黑体的最大光谱辐射力所对应的波长与其温度成反比。对温度为 800 K 的黑体,$\lambda_{max} \approx 3.62\ \mu m$,处于红外区域,此区域的可见光所占比例极小,因此人的眼睛觉察不到这种辐射。随着温度升高,λ_{max} 将向短波方向移动,黑体在短波区域内的辐射能所占的比例会增加,表面颜色也会随之发生变化,从暗红色、黄色变为亮白色(表 8-1)。对温度约为 5 800 K 的太阳辐射，λ_{max}（约为 0.5 μm）大致处于可见光谱区的中心，可见光区域的能量约占 43%，因而其亮度很高。

表 8-1　表面发光颜色与其对应的温度

辐射表面颜色	表面温度/K	辐射表面颜色	表面温度/K
暗红色	800	黄 色	1 500
深红色	1 000	白 色	1 600
樱桃红色	1 200	白 炽	1 800 以上
橙 色	1 400		

反过来，如果能够利用光学仪器测得黑体表面最大光谱辐射力所对应的波长 λ_{max}，则利用维恩位移定律可以估算出该表面的热力学温度。

例题 8-1　试分别计算温度为 300 K，2 000 K 和 5 800 K 的黑体最大光谱辐射力所对应的波长 λ_{max}。

解：

直接应用维恩位移定律式(8-5)计算。

$T = 300$ K 时，$\qquad \lambda_{max} = \dfrac{2\ 898}{300} = 9.66\ \mu m$

$T = 2\ 000$ K 时，$\qquad \lambda_{max} = \dfrac{2\ 898}{2\ 000} = 1.45\ \mu m$

$T = 5\ 800$ K 时，$\qquad \lambda_{max} = \dfrac{2\ 898}{5\ 800} = 0.5\ \mu m$

讨论：

计算表明，常温下(300 K)黑体辐射的最大光谱辐射力所对应的波长位于 10 μm 左右的红外线区段；在一般工业高温范围内(2 000 K)，黑体辐射的最大光谱辐射力对应的波长 1.45 μm 也位于红外线区段；温度等于太阳表面温度（约 5 800 K）的黑体辐射的最大光谱辐射力所对应的波长则位于可见光区段。

8.3　实际物体的辐射特性

实际物体的辐射特性与黑体有很大的区别，下面介绍实际物体的发射和吸收特性以及二者之间的关系。

8.3.1　实际物体的发射特性

图 8-5 为同温度下黑体和某实际物体的光谱辐射力随波长的变化曲线。图上曲线下的面积分别表示各自的辐射力。可见，黑体不仅吸收本领最大，而且与其他实际物体相比，相同温度下，其辐射力 E_b 也是最大的。

一切实际物体的辐射力都小于相同温度下黑体的辐射力,把实际物体的辐射力 E 与同温度下黑体的辐射力 E_b 之比值,称为该物体的发射率(习惯上称为黑度),用符号 ε 表示,即

$$\varepsilon = \frac{E}{E_b} \tag{8-6}$$

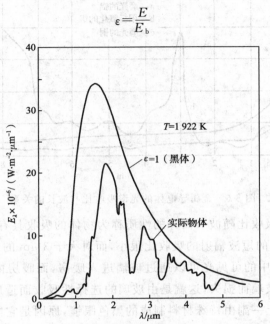

图 8-5　同温度下黑体和实际物体的光谱辐射力示意图

发射率反映了物体辐射力接近黑体辐射力的程度。由于同温度下的黑体具有最大的辐射力,因而 ε 总是小于 1。一般物体的发射率数值在 0～1 之间,具体由实验测定。物体表面的发射率取决于物体的种类、表面状况和表面温度,只与物体本身有关,而与外界条件无关。附录 18 列出了部分材料在给定温度下的发射率,更多资料可查阅相关手册。

式(8-6)的重要性在于它给出了实际物体辐射力的计算方法。若已知实际物体表面的发射率,则实际物体的辐射力为

$$E = \varepsilon E_b = \varepsilon \sigma T^4 \tag{8-7}$$

8.3.2　实际物体的吸收特性

黑体的吸收率 $\alpha = 1$,无论辐射能来自何处或波长如何,只要落到黑体表面上则都能被它全部吸收。实际物体则不然,物体本身的状况如物体的种类、表面温度和表面状况都影响物体表面的吸收率。此外,物体的吸收率还与外界投入辐射的波长有关。图 8-6 给出了几种典型的导电体在室温下的光谱吸收比随波长的变化关系。从图中可

以看出,材料不同,光谱吸收比随波长的变化规律不同;波长不同,同一种材料的光谱吸收比不同。

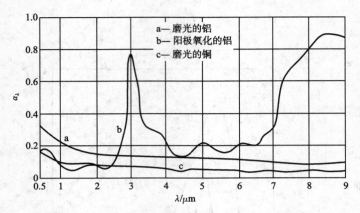

图 8-6　金属导电体的光谱吸收比与波长的关系

　　将物体的光谱吸收比随波长而异的性质称为物体的吸收具有选择性。例如,玻璃对波长小于 $2.2\ \mu m$ 的短波辐射的吸收比很小,而对大于 $3\ \mu m$ 的长波辐射的吸收比很大。这样,白天太阳中的可见光可以通过玻璃进入暖房,而暖房内常温物体发出的长波辐射却难以通过玻璃而损失,这就是由玻璃的选择性吸收而造成的温室效应。焊接工人在工作时要戴上一副由特殊材料制成的黑色眼镜,原因是它能吸收对人体有害的紫外线。自然界中五彩斑斓的色彩也缘于物体对可见光中不同波长热射线的选择性吸收与辐射。若物体能几乎全部吸收各种可见光,则呈现黑色;如果几乎均匀吸收各色可见光并均匀反射各色可见光,则呈现灰色;如果只反射了一种可见光而几乎吸收了其他可见光,则它就呈现被反射的这种射线的颜色。

8.3.3　灰体

　　实际物体的吸收特性是相当复杂的,它除了与物体自身的因素有关外,还与投入辐射的波长有关,这给辐射传热的分析和计算带来了极大的不便。为了解决这一特性对辐射传热计算所带来的困难,提出一种新的理想体——灰体。

　　将光谱吸收比与波长无关的物体称为灰体。对一定温度下的灰体,有

$$\alpha = \alpha_\lambda = 常数 \tag{8-8}$$

　　式(8-8)表明,物体的光谱吸收比 α_λ 与波长没有关系,不管辐射来自何方、分布如何,吸收比均为同一个常数。此时,物体的吸收比只取决于自身表面的情况。

　　既然灰体是一种理想的辐射体,那么在什么情况下可以将实际物体当作灰体处理呢?对工程计算而言,只要在所研究的波长范围内物体的光谱吸收比基本上与波长无

关,则灰体的假设即可成立。研究表明,在一般辐射传热计算所涉及的工业高温范围(≤2 000 K)内,辐射能主要集中在红外波段内,而在这一波段范围内大多数工程材料的光谱吸收比随波长的变化不大,可近似为常数,因而可以看作是灰体。

大多数物体对可见光的吸收表现出强烈的选择性。当研究物体表面对太阳的吸收时,一般不能把物体作为灰体。例如,白纸对太阳辐射的吸收比仅为 0.27,而对红外辐射的吸收却高达 0.95。

8.3.4 基尔霍夫定律

发射和吸收辐射能是物体的重要辐射特性,那么物体的发射和吸收之间是否存在着一定的内在联系呢?黑体的发射率和吸收比是相等的。那么实际物体的发射率和吸收比之间是否也存在着这样的关系呢?

1860 年,基尔霍夫(G. R. Kirchhoff)揭示了物体吸收辐射能的能力与发射辐射能的能力之间的关系,称为基尔霍夫定律。

发射和反射均与方向无关的灰体表面,称为漫灰表面。对于漫灰表面,基尔霍夫定律表达式为

$$\alpha(T) = \varepsilon(T) \tag{8-9}$$

式(8-9)表明,对漫灰表面,吸收比总是等于相同温度下该灰体的发射率。在实际物体的辐射传热计算中,只要物体可以简化为灰体,则其吸收比就等于同温度下的发射率。

8.4 角系数

两个表面之间的辐射传热量与两个表面之间的相对位置有很大关系。图 8-7(a)中两表面无限接近,相互间的辐射传热量很大;图 8-7(b)中两表面位于同一平面上,相互间的辐射传热量为零。由此看出,两个表面的相对位置不同时,一个表面发出而落到另一个表面上的辐射能的百分数发生改变,从而影响到辐射传热量。

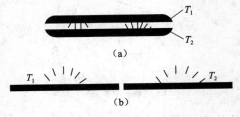

图 8-7 表面相对位置的影响

8.4.1 角系数的定义

两个任意放置的表面,任一表面发出的辐射能中只有一部分落到另一表面上,其余的则落到表面以外的空间中。把离开表面 1 的辐射能中落到表面 2 上的百分数,记作 $X_{1,2}$,称为表面 1 对表面 2 的角系数。同理可定义表面 2 对表面 1 的角系数 $X_{2,1}$。角系数是几何量,仅与表面的形状、大小和相对位置有关。

8.4.2 角系数的性质

1. 互换性

可以推导证明,对于辐射传热的两个物体,有下述关系

$$A_1 X_{1,2} = A_2 X_{2,1} \qquad (8\text{-}10)$$

式(8-10)所表示的关系称为角系数的互换性,也称为相对性。这样,如果知道其中的一个角系数,由互换性可以很方便地求得另一个角系数。

2. 完整性

对于由 n 个表面组成的封闭系统(图8-8),根据能量守恒原理,从任一表面发射出去的辐射能必全部落到封闭系统的各表面上。例如,对于表面1有

$$X_{1,1} + X_{1,2} + X_{1,3} + \cdots + X_{1,n} = \sum_{i=1}^{n} X_{1,i} = 1 \qquad (8\text{-}11)$$

式(8-11)所表示的关系称为角系数的完整性。当表面1为非凹表面时,$X_{1,1} = 0$;当表面1为图中虚线所示的凹表面时,则 $X_{1,1}$ 不为零。

3. 可加性

如图8-9所示,表面2由 $2a$ 和 $2b$ 组合而成。由于从表面1发出并落到表面2上的总能量等于落到表面2各部分上的辐射能之和,于是有

$$A_1 E_{b1} X_{1,2} = A_1 E_{b1} X_{1,2a} + A_1 E_{b1} X_{1,2b}$$

故有

$$X_{1,2} = X_{1,2a} + X_{1,2b} \qquad (8\text{-}12)$$

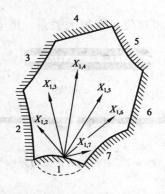

图8-8 角系数的完整性示意图

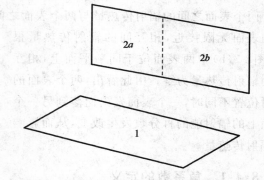

图8-9 角系数的可加性示意图

8.4.3 角系数的确定

角系数的确定方法有多种,如积分法、查图法、代数法等。由于积分过程较为复杂,积分法在工程计算中较少采用。下面分别介绍其他两种方法。

1. 查图法

对于工程上常见的典型几何结构的辐射系统,其角系数已绘制成曲线,计算时可查图求得,这便是查图法。使用查图法时需要注意实际表面的形状、位置及参数应与图中对应一致。图 8-10 和 8-11 给出了两种典型情况,有关角系数更多的线图可查阅相关文献。

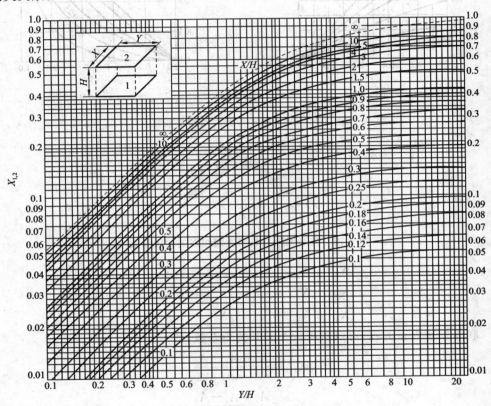

图 8-10 平行长方形表面间的角系数

2. 代数法

根据角系数的定义及性质,通过代数运算确定角系数的方法称为代数法。下面举例说明如何利用代数法确定角系数。

如图 8-12 所示,由三个非凹表面 A_1,A_2,A_3 组成的封闭系统,假设在垂直于纸面的方向上为无限长,忽略端部效应。根据角系数的完整性和互换性,可以导出如下方程

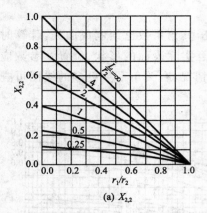

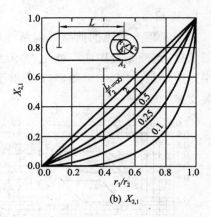

(a) $X_{2,2}$ (b) $X_{2,1}$

图 8-11　两同轴平行圆筒间的角系数

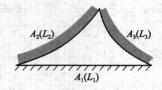

图 8-12　三个无限长非凹表面组成的封闭系统

$$X_{1,2}+X_{1,3}=1, \quad A_1 X_{1,2}=A_2 X_{2,1}$$
$$X_{2,1}+X_{2,3}=1, \quad A_2 X_{2,3}=A_3 X_{3,2}$$
$$X_{3,1}+X_{3,2}=1, \quad A_3 X_{3,1}=A_1 X_{1,3}$$

联立上述六个方程,可以解得六个未知的角系数,如

$$X_{1,2}=\frac{A_1+A_2-A_3}{2A_1}$$

$$X_{1,3}=\frac{A_1+A_3-A_2}{2A_1}$$

$$X_{2,3}=\frac{A_2+A_3-A_1}{2A_2}$$

其他三个角系数可仿此写出。由于在垂直于纸面方向上三个表面的长度相同,因此可以用表面的断面长度来代替式中的面积。若三个表面的断面长度分别为 L_1,L_2 和 L_3,则 $X_{1,2}$ 又可写为

$$X_{1,2}=\frac{L_1+L_2-L_3}{2L_1}$$

　　例题 8-2　利用代数法求图 8-13 中的角系数 $X_{1,2}$ 及 $X_{2,1}$。图 8-13(a) 中凸表面 1 被另一个凹表面 2 所包围,如一个小球置于另一个球壳之中、长同心套筒。图 8-13(b)

是两块平行放置且相距较近的无限大平板，A_1 和 A_2 相等，此时可以忽略端部的辐射能损失。

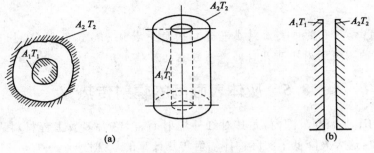

图 8-13　例题 8-2 图

解：

图 8-13(a) 中，一个小球置于另一个球壳之中或长同心套筒，都是凸表面 1 与凹表面 2 构成的封闭系统，由于角系数 $X_{1,1}=0$，表面 1 发射的辐射能只能全部落到表面 2 上，因而 $X_{1,2}=1$，根据角系数的相对性，有

$$A_1 X_{1,2}=A_2 X_{2,1}$$

很容易求出

$$X_{2,1}=\frac{A_1}{A_2}X_{1,2}=\frac{A_1}{A_2}$$

图 8-13(b) 中，两块距离很近的大平板，垂直于纸面方向足够长，如果忽略通过边缘缝隙与其他物体的辐射传热，则任一表面发射的辐射能只能全部落到另一表面上，因而有

$$X_{1,2}=X_{2,1}=1$$

例题 8-3　如图 8-14 所示，一块金属板上钻了一个直径 $d=0.01$ m 的小孔，求小孔内表面对小孔开口的角系数。

解：

设小孔的内表面为 1，小孔的开口（取平面）为 2，1 和 2 两个表面组成一个封系统。

小孔的内表面积 A_1 为

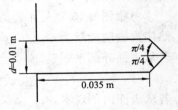

图 8-14　例题 8-3 附图

$$A_1=\pi\times0.01\times0.035+\frac{\pi}{2}\times0.01\times0.005\times\cot\frac{\pi}{4}=1.18\times10^{-3}\ \text{m}^2$$

小孔的开口面积 A_2 为

$$A_2=\frac{\pi}{4}\times0.01^2=7.85\times10^{-5}\ \text{m}^2$$

小孔开口为非凹表面，所以小孔开口对内表面的角系数 $X_{2,1}=1.0$。根据角系数

的相对性 $A_1 X_{1,2} = A_2 X_{2,1}$，小孔的内表面对小孔开口的角系数为

$$X_{1,2} = \frac{A_2}{A_1} X_{2,1} = \frac{7.85 \times 10^{-5}}{1.18 \times 10^{-3}} \times 1.0 = 0.066\ 5$$

讨论:

由计算可知，小孔的内表面对小孔开口的角系数 0.066 5 很小，且小孔的内表面 A_1 越大，小孔的内表面对小孔开口的角系数 $X_{1,2}$ 就越小。

8.5 灰体表面间的辐射传热

在一般的工业温度范围内，尤其对红外辐射而言，绝大多数工程材料表面都可近似为漫灰表面，这大大降低了实际物体辐射传热计算的复杂性。

8.5.1 表面辐射热阻

如图 8-15 所示，设有一黑度为 ε 的灰体表面，周围的物体对该灰体表面的投射辐射为 G，被灰体吸收了 αG，其余部分 ρG 被反射出去了。从表面外部来观察，离开该灰体表面的总辐射能，既包括表面自身发射的辐射能 E，也包括投入辐射 G 中被表面反射的那部分能量，称为表面的有效辐射，记为 J，单位为 W/m^2。有效辐射是在灰体表面外用辐射探测仪能测量到的能量。

根据有效辐射的定义，有

$$J = E + \rho G \tag{8-13}$$

将 $E = \varepsilon E_b$，$\rho = 1 - \alpha$，$\alpha = \varepsilon$ 代入上式，得到

$$J = \varepsilon E_b + (1 - \varepsilon)G \tag{8-14}$$

对 $\varepsilon = 1$ 的黑体，$J = E_b$，即黑体的有效辐射就是其本身的辐射。

考察图 8-15 中灰体表面的能量收支情况。设灰体表面在单位时间内通过辐射传热净失去的能量为 Φ，它应该等于灰体表面在单位时间内支出和收入的辐射能差额。若从表面外部来观察，有

$$\Phi = (J - G)A \tag{8-15}$$

若从表面内部观察，有

$$\Phi = (E - \alpha G)A = (\varepsilon E_b - \varepsilon G)A \tag{8-16}$$

联立式（8-15）和（8-16），消去 G 后，可以整理得到表面的净辐射能 Φ 为

$$\Phi = \frac{E_b - J}{\dfrac{1 - \varepsilon}{\varepsilon A}} \tag{8-17}$$

式（8-17）类似于欧姆定律，其中的表面净辐射能量 Φ 相当于电流强度，$(E_b - J)$ 相当于电势差，是驱动辐射能流的动力，$\dfrac{(1 - \varepsilon)}{\varepsilon A}$ 则表示阻力，称为辐射传热的表面热阻。

图 8-16 给出了辐射传热的表面热阻单元网络。

表面热阻 $\frac{1-\varepsilon}{\varepsilon A}$ 取决于表面的辐射特性,表面的黑度越大,表面热阻就越小。当黑度 $\varepsilon=1$ 时,表面热阻 $\frac{1-\varepsilon}{\varepsilon A}$ 为零,因此表面热阻 $\frac{1-\varepsilon}{\varepsilon A}$ 可理解为因发射率小于 1 而导致的对辐射的阻力。

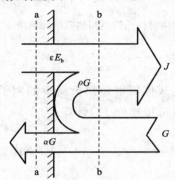

图 8-15　有效辐射示意图

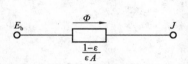

图 8-16　辐射传热的表面热阻单元网络

8.5.2　空间辐射热阻

如图 8-17 所示的两个任意放置的灰体表面,面积分别为 A_1 和 A_2,温度分别是 T_1 和 T_2,黑度分别是 ε_1 和 ε_2。离开灰体表面的辐射能是有效辐射 J,根据角系数的定义,离开表面 1 并落到表面 2 的辐射能为

$$\Phi_{1\to2}=J_1 A_1 X_{1,2}$$

离开表面 2 并落到表面 1 的辐射能为

$$\Phi_{2\to1}=J_2 A_2 X_{2,1}$$

这两个灰体的辐射传热量为

$$\Phi_{1,2}=J_1 A_1 X_{1,2}-J_2 A_2 X_{2,1}$$

根据角系数的相对性,得到

$$\Phi_{1,2}=A_1 X_{1,2}(J_1-J_2)=A_2 X_{2,1}(J_1-J_2)$$

或

$$\Phi_{1,2}=\frac{J_1-J_2}{\dfrac{1}{A_1 X_{1,2}}}=\frac{J_1-J_2}{\dfrac{1}{A_2 X_{2,1}}} \tag{8-18}$$

式中,(J_1-J_2) 称为两个表面间的有效辐射势差,$\dfrac{1}{A_1 X_{1,2}}$ 和 $\dfrac{1}{A_2 X_{2,1}}$ 称为辐射传热的空间热阻。

式(8-18)所代表的网络如图 8-18 所示,称为辐射传热的空间热阻单元网络。

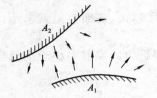

图 8-17　两个任意放置的表面

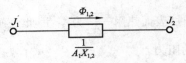

图 8-18　辐射传热的空间热阻单元网络

8.5.3　两表面组成的封闭系统的辐射传热

由两个灰体表面组成的封闭系统的辐射传热,是灰体辐射传热最简单的例子,可抽象为如图 8-19 所示的情形,二者之间的辐射传热量可按式(8-18)计算,为

$$\Phi_{1,2} = \frac{J_1 - J_2}{\dfrac{1}{A_1 X_{1,2}}}$$

根据式(8-17),表面 1 和表面 2 净失去的辐射能量分别为

$$\Phi_1 = \frac{E_{b1} - J_1}{\dfrac{1 - \varepsilon_1}{\varepsilon_1 A_1}}$$

$$\Phi_2 = \frac{E_{b2} - J_2}{\dfrac{1 - \varepsilon_2}{\varepsilon_2 A_2}}$$

在只有两个表面进行辐射传热的情况下,根据能量守恒原理,能量 $\Phi_{1,2}$,Φ_1,Φ_2 在数量上是相等的,即

$$\Phi_1 = \Phi_{1,2} = -\Phi_2$$

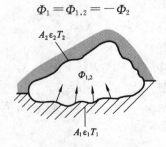

图 8-19　两个灰体组成的封闭辐射传热系统

联立上述 4 式,消去 J_1,J_2 可得

$$\Phi_{1,2} = \frac{E_{b1} - E_{b2}}{\dfrac{1 - \varepsilon_1}{\varepsilon_1 A} + \dfrac{1}{A_1 X_{1,2}} + \dfrac{1 - \varepsilon_2}{\varepsilon_2 A_2}} \tag{8-19}$$

式(8-19)便是计算由两个灰表面构成的封闭系统辐射传热的基本公式。

式(8-19)表明,当两个灰体表面相互辐射传热时,由于它们不是黑体表面,各自存在一个表面热阻。两个表面之间相互辐射传热,又存在着空间热阻。热量由一个灰体表面经过其表面热阻、空间热阻到达另一物体表面后,又经过该表面的表面热阻才被其吸收,所以三个热阻之间是串联的关系。由此可以得到如图 8-20 所示的辐射传热网络图。利用辐射传热网络图可以很方便地写出式(8-19),其中 E_{b1} 和 E_{b2} 相当于电源电动势,J_1 和 J_2 相当于节点的电势。这种将辐射热阻比拟成等效电阻从而通过等效网络图来求解辐射传热问题的方法称为辐射传热的网络法。

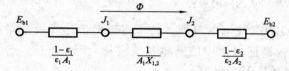

图 8-20　两灰体表面组成封闭系统的辐射网络图

在一些特殊情况下,式(8-19)还可以进一步简化

(1) 当两表面为黑体时,$\varepsilon_1 = \varepsilon_2 = 1$,两表面热阻为零,可得

$$\Phi_{b1,2} = \frac{E_{b1} - E_{b2}}{\dfrac{1}{A_1 X_{1,2}}} = \frac{E_{b1} - E_{b2}}{\dfrac{1}{A_2 X_{2,1}}} \tag{8-20}$$

(2) 若表面 1 为非凹表面并被表面 2 所包围,且 $A_1 \ll A_2$,如大空间内的小物体的辐射散热、气体容器内的测温热电偶等都属于这种情况。此时 $A_1/A_2 \to 0$,$X_{1,2} = 1$,式(8-19)可简化为

$$\Phi_{1,2} = \varepsilon_1 A_1 (E_{b1} - E_{b2}) = \varepsilon_1 A_1 C_0 \left[\left(\frac{T_1}{100} \right)^4 - \left(\frac{T_2}{100} \right)^4 \right] \tag{8-21}$$

*8.5.4　多表面系统的辐射传热

在多表面系统中,一个表面的净辐射能量是它与其余各表面的辐射传热量之和。下面以三个表面构成的封闭辐射传热系统为例,说明网络法分析辐射传热问题的主要步骤。

如图 8-21 所示,在由三个灰体表面组成的封闭系统中,表面温度分别为 T_1,T_2,T_3,面积分别为 A_1,A_2 和 A_3,表面发射率分别为 ε_1,ε_2 和 ε_3。

(1) 画出等效的网络图。画图时应注意:① 每个表面的电源电动势 E_b 和节点电势 J 之间都有一个表面热阻;② 每两个表面的节点电势之间都有一个空间辐射热阻。这样可以得到图 8-22 所示的等效网络图。

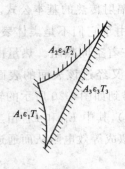 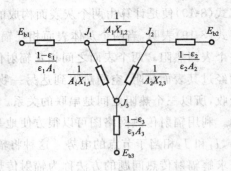

图 8-21 三表面组成的封闭系统   图 8-22 三表面封闭系统的等效网络图

（2）列出各节点的有效辐射方程。如果将辐射传热等效网络图看成是直流电路图，图中共三个节点，根据电学中的基尔霍夫定律，流入每个节点的电流的代数和为零，则三个节点的有效辐射方程为

$$J_1 \text{ 节点} \qquad \frac{E_{b1}-J_1}{\frac{1-\varepsilon_1}{\varepsilon_1 A_1}} + \frac{J_2-J_1}{\frac{1}{A_1 X_{1,2}}} + \frac{J_3-J_1}{\frac{1}{A_1 X_{1,3}}} = 0$$

$$J_2 \text{ 节点} \qquad \frac{E_{b2}-J_2}{\frac{1-\varepsilon_2}{\varepsilon_2 A_2}} + \frac{J_1-J_2}{\frac{1}{A_1 X_{1,2}}} + \frac{J_3-J_2}{\frac{1}{A_2 X_{2,3}}} = 0 \qquad (8\text{-}22)$$

$$J_3 \text{ 节点} \qquad \frac{E_{b3}-J_3}{\frac{1-\varepsilon_3}{\varepsilon_3 A_3}} + \frac{J_1-J_3}{\frac{1}{A_1 X_{1,3}}} + \frac{J_2-J_3}{\frac{1}{A_2 X_{2,3}}} = 0$$

（3）求解上述代数方程组，解得各节点的有效辐射 J_1，J_2 和 J_3。

（4）根据问题的需要求出表面的净辐射能量或表面间的辐射传热量，或完成其他计算。

网络图法的基本思想是借助于两种基本的辐射热阻单元网络，画出辐射传热系统的等效网络图，利用电路理论求解辐射传热问题。这种方法直观、清楚，特别适合于多表面间辐射传热的计算。

在辐射传热的封闭系统中，若有黑体存在，则黑体的表面热阻为零，其有效辐射等于其辐射力，式(8-22)中的方程数将有所减少。若有绝热面存在，则该面的净辐射传热量 $\Phi=0$，可直接按直流电路中的串并联电路求解。

例题 8-4 在例题 8-3 中，假设金属板的温度为 450 K，周围环境的温度为 290 K，当小孔和周围环境均可看成黑体时，求小孔内表面向周围环境的辐射传热量。

解：

小孔内表面向周围环境的辐射传热量，就是小孔内表面与小孔开口的辐射传热量。小孔内表面 1 与小孔开口 2 两个表面组成一个封闭系统，当小孔和周围环境均可

看成黑体时两表面热阻为零,因而有

$$\Phi_{1,2} = \frac{E_{b1} - E_{b2}}{\dfrac{1}{A_1 X_{1,2}}} = \frac{5.67 \times \left[\left(\dfrac{450}{100}\right)^4 - \left(\dfrac{290}{100}\right)^4\right]}{\dfrac{1}{1.18 \times 10^{-3} \times 0.066\ 5}} = 0.151\ \text{W}$$

例题 8-5 一室外架空输送蒸汽的管道,管道外径为 89 mm,长为 10 m,管道外表面发射率为 0.82,管道外表面温度为 57 ℃,环境温度为 27 ℃,求管道每小时向环境的辐射热损失。如果蒸汽管道未经保温,管道外表面温度为 227 ℃,求管道每小时向环境的辐射热损失(假设管径和表面发射率不变)。

解:

蒸汽管道向周围环境的辐射散热,可简化为非凹表面被面积很大的凹表面包围时的辐射传热,可直接应用公式(8-21)计算管道的散热损失。

(1) 管道保温时,

$$\Phi = 0.82 \times \pi \times 0.089 \times 10 \times 5.67 \times \left[\left(\frac{57+273}{100}\right)^4 - \left(\frac{27+273}{100}\right)^4\right]$$

$$= 488.44\ \text{W}$$

管道每小时的散热量为

$$Q = 488.44 \times 3\ 600 = 1\ 758.38\ \text{kJ}$$

(2) 管道未保温时,

$$\Phi' = 0.82 \times \pi \times 0.089 \times 10 \times 5.67 \times \left[\left(\frac{227+273}{100}\right)^4 - \left(\frac{27+273}{100}\right)^4\right]$$

$$= 7\ 068.31\ \text{W}$$

管道每小时的散热量为

$$Q' = 7\ 068.31 \times 3\ 600 = 25\ 445.9\ \text{kJ}$$

$$Q'/Q = 25\ 445.9/1\ 758.38 = 14.47\ \text{倍}$$

讨论:

由于辐射与绝对温度的四次方成正比,因此管道未保温时因表面温度的增加而使热损失急剧增加。本题中未保温时的热损失是保温管道的 14.47 倍。

8.6 遮热板及其应用

工程上有时需要削弱两个表面间的辐射传热,如果辐射表面的尺度、温度及黑度都无法改变,则在辐射表面之间放置黑度很小的薄板,可使辐射传热量减少,这种薄板称为遮热板。下面以两块距离很近的大平板间的辐射传热为例来说明遮热板的工作原理。

如图 8-23 所示,当没有遮热板时,板 1 和板 2 间的辐射热阻为两个表面热阻和一个空间热阻,设 $T_1 > T_2$,两板之间的辐射传量为

$$\Phi_{1,2} = \frac{E_{b1} - E_{b2}}{\dfrac{1-\varepsilon_1}{\varepsilon_1 A_1} + \dfrac{1}{A_1 X_{1,2}} + \dfrac{1-\varepsilon_2}{\varepsilon_2 A_2}} \tag{8-23}$$

在两板之间插入板 3，设其两侧的发射率均为 ε_3，且板很薄，忽略其导热热阻。在稳态条件下，板 1 和板 3 之间的辐射传热量必然等于板 3 和板 2 的传热量，也就是表面 1 和 2 之间的辐射传热量，即 $\Phi'_{1,2} = \Phi_{1,3} = \Phi_{3,2}$，也就是

$$\Phi'_{1,2} = \frac{E_{b1} - E_{b3}}{\dfrac{1-\varepsilon_1}{A_1 \varepsilon_1} + \dfrac{1}{A_1 X_{1,3}} + \dfrac{1-\varepsilon_3}{A_3 \varepsilon_3}} = \frac{E_{b3} - E_{b2}}{\dfrac{1-\varepsilon_3}{A_3 \varepsilon_3} + \dfrac{1}{A_3 X_{3,2}} + \dfrac{1-\varepsilon_2}{A_2 \varepsilon_2}}$$

上式可改写为

$$\Phi'_{1,2} = \frac{E_{b1} - E_{b2}}{\dfrac{1-\varepsilon_1}{A_1 \varepsilon_1} + \dfrac{1}{A_1 X_{1,3}} + \dfrac{1-\varepsilon_3}{A_3 \varepsilon_3} + \dfrac{1-\varepsilon_3}{A_3 \varepsilon_3} + \dfrac{1}{A_3 X_{3,2}} + \dfrac{1-\varepsilon_2}{A_2 \varepsilon_2}} \tag{8-24}$$

显然 $\Phi_{1,2} > \Phi'_{1,2}$。加入遮热板后，增加了两个表面热阻和一个空间热阻，因此总热阻增加，两板间的辐射传热量减少。

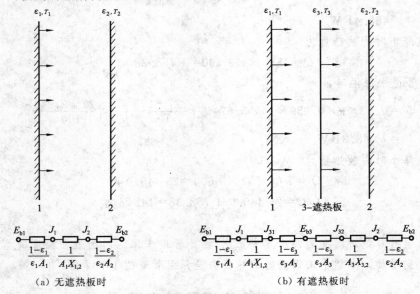

（a）无遮热板时　　　　　　　　　　（b）有遮热板时

图 8-23　两块大平板间有无遮热板的辐射传热

通过辐射传热量的计算公式和辐射传热网络图，可以清楚地看出遮热板的工作原理：在辐射势差不变的情况下，插入遮热板极大地增加了辐射传热过程的总热阻，并且其遮热效果主要来自遮热板两侧的表面热阻。只要表面的发射率足够低，该项热阻就非常大，遮热效果十分显著。

为了定量分析遮热板的遮热效果，取表面 1 和 2 以及遮热板两侧的发射率均相

同,即 $\varepsilon_1 = \varepsilon_2 = \varepsilon_3 = \varepsilon$,且 $A_1 = A_2 = A_3 = A$,$X_{1,2} = X_{1,3} = X_{3,2} = 1$,则比较式(8-23)和式(8-24),可得

$$\Phi'_{1,2} = \frac{1}{2}\Phi_{1,2}$$

这说明,在各表面发射率相同的情况下,插入一块遮热板可使辐射传热量减少一半。不难证明,插入 n 块与原来表面发射率相同的遮热板时,可将传热量减少到原来的 $1/(n+1)$。尽管插入的遮热板越多,遮热效果越好,但每一块遮热板所起的作用随板数的增多而减少,因此实际应用时除考虑遮热效果外,尚需考虑经济上的因素。

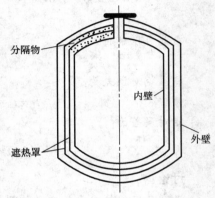

遮热板在工程上的应用非常广泛,如储存液氮、液氧的容器就采用多层遮热板并抽真空的方法进行保温,如图 8-24 所示。这里的遮热板是用塑料薄膜制成的,两面涂以反射比很大的金属箔层,箔层厚为 $0.01 \sim 0.05$ mm,箔间嵌以质轻且导热系数小的材料作为分隔层,隔热层中抽真空。测试表明,当冷面(容器内壁)温度为 $20 \sim 80$ K,热面(容器外壁)温度为 300 K 时,在垂直于遮热板方向上的当量导热系数可低达 $(5 \sim 10) \times 10^{-5}$ W/(m·K)。在石油工程中,为了采用注蒸汽的方法开发深层、超深层中的稠油、超稠油,提高注汽开发的效果,常规的隔热油管已经不

图 8-24 多层遮热板保温容器示意图

能满足需要,通常采用类似于低温保温容器的多层遮热板技术并抽真空制成高真空隔热油管,其当量导热系数可达到 0.003 W/(m·K),大大提高了注汽开发的效果。

例题 8-6 用裸露热电偶测量管道内高温气体的温度,如图 8-25 所示。热电偶的指示温度 $t_1 = 700$ ℃,管道内壁面温度 $t_2 = 550$ ℃,热电偶端点和管道壁面的发射率均为 0.8,气体和热电偶端点之间的对流传热系数 $h = 40$ W/(m²·K)。忽略热电偶线的导热,试确定由于热电偶端点和管道壁面之间的辐射传热所引起的测温误差及气体的真实温度。

解:

如图 8-25 所示,热电偶被置于高温气体的通道中,热接点的温度为 t_1,气流温度为 t_f,通道内壁温度为 t_2。由于通道的散热损失,通道壁面温度一般小于高温气流的温度,因此热接点的热量传递有三种方式:热接点与流道壁面间的辐射传热、热接点与高温气流的对流传热(假设气体本身没有辐射与吸收能力)和热接点通过连线的导热。其中,由于热电偶连线细长,所以可忽略其导热热阻。

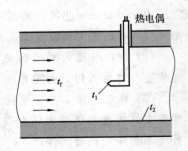

图 8-25 裸露热电偶测温

面积极小的热电偶与面积很大的管壁间的辐射传热量可按公式(8-21)计算

$$\Phi_r = \varepsilon_1 A_1 \sigma (T_1^4 - T_2^4)$$

热电偶与气体之间的对流传热量为

$$\Phi_c = hA_1(t_f - t_1)$$

根据能量平衡,热电偶读数稳定后,热电偶接点向流道的辐射传热量应等于高温气体对热电偶的对流传热量,即

$$\varepsilon_1 A_1 \sigma (T_1^4 - T_2^4) = hA_1(t_f - t_1)$$

$$0.8 \times 5.67 \times 10^{-8} \times [(700 + 273)^4 - (550 + 273)^4]$$
$$= 40 \times (t_f - 700)$$

由此可以解得

$$t_f = 1\ 196\ ℃$$

测温绝对误差为

$$t_f - t_1 = 1\ 196 - 700 = 496\ ℃$$

相对误差为

$$\frac{|t_f - t_1|}{t_f} \times 100\% = \frac{1\ 196 - 700}{1\ 196} \times 100\% = 41\%$$

讨论:

温度是工程技术上最常见的测量参数之一。常用玻璃温度计、热电偶来测量气体或者液体的温度。分析表明:测温元件(玻璃温度计的水银泡、热电偶的热接点)的温度并不等于所接触的流体温度。根据能量平衡可以分析出,如果测量的是高温流体,则高温流体的温度 t_f 最高,热电偶温度 t_1 次之,壁温 t_2 最低,即 $t_f > t_1 > t_2$;如果测量的是低温流体,则有 $t_f < t_1 < t_2$。

本题中测温的绝对误差达 496 ℃,相对误差达 41%,这样大的误差显然是不能接受的。根据测温的能量平衡表达式可以得到测温的绝对误差为

$$t_f - t_1 = \frac{\varepsilon_1}{h} \sigma (T_1^4 - T_2^4)$$

由此可以分析出减少测温误差所能采取的措施包括:

(1) 减小热电偶接点的发射率 ε_1;

(2) 增加气流的对流传热系数 h,这可采用一种抽气装置使热接点附近的局部流速增大以提高 h;

(3) 降低热接点与管壁间的温差或辐射传热量,通常是在热接点和管壁之间加装遮热罩,如图 8-26 所示,可使测量误差明显下降;

(4) 管道外敷设保温层以提高 T_2。

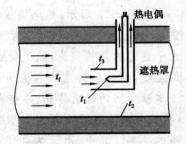

图 8-26 抽气遮热罩的热电偶测温

8.7　辐射传热系数

很多情况下,辐射和对流是同时存在的。如室内的供暖管道、暖气片、室外热力管道、人体表面等的散热过程等,这些固体表面在以对流的方式和空气进行对流传热的同时,又和周围环境进行着辐射传热。工程中为了计算方便,通常采用牛顿冷却公式的形式表示辐射传热量,即

$$\varPhi_r = h_r A(t_w - t_f) \tag{8-25}$$

式中,h_r 称为辐射传热表面传热系数,习惯上也称为辐射传热系数。

于是一个表面的总换热量 $\varPhi$ 可以方便地表示为

$$\varPhi = \varPhi_c + \varPhi_r = (h_c + h_r) A(t_w - t_f) = h_t A(t_w - t_f) \tag{8-26}$$

式中,下标"c"表示对流传热;h_t 为包含对流传热和辐射传热在内的总表面传热系数。

为避免和下一章的总传热系数相混淆,可称 h_t 为复合传热表面传热系数。辐射传热系数 h_r 的计算式为

$$h_r = \frac{\varPhi_r}{A(t_w - t_f)} \tag{8-27}$$

实际计算中是否必须考虑辐射传热,应视具体情况而定。若固体壁面与液体发生对流传热,通常认为液体对红外辐射是不透明的,故 $h_r = 0$;若气体与固体壁面进行强制对流传热,并且温差不大,此时可忽略辐射,认为 $h_t \approx h_c$;若气体和壁面进行自然对流传热,或温差较大,则必须考虑辐射传热。

例题 8-7　一根水平放置的输油管道,保温层外径 $d = 583 \text{ mm}$,其外表面实测平均温度 $t_w = 48\ ℃$,空气温度 $t_f = 23\ ℃$,空气与管道外表面间自然对流传热系数 $h = 3.5 \text{ W}/(\text{m}^2 \cdot \text{K})$,保温层外表面的发射率 $\varepsilon = 0.9$。试计算每米长度管道的总散热量。

解:

输油管道暴露于空气之中,管道的散热途径有两种方式:与空气的自然对流传热和与周围环境间的辐射传热。

每米管长的自然对流散热量按牛顿冷却公式计算,即

$$\begin{aligned}
\varPhi_c &= hA(t_w - t_f) = h \cdot \pi d l \cdot (t_w - t_f) \\
&= 3.5 \times \pi \times 0.583 \times 1 \times (48 - 23) \\
&= 160.2 \text{ W}
\end{aligned}$$

假设管道周围其他固体表面温度等于空气温度,则每米长度管道外表面与管道周围物体之间的辐射传热量为

$$\begin{aligned}
\varPhi_r &= \varepsilon A \sigma (T_w^4 - T_s^4) \\
&= \varepsilon \cdot \pi d l \cdot \sigma (T_w^4 - T_s^4)
\end{aligned}$$

$$=0.9\times\pi\times0.583\times1\times5.67\times10^{-8}\times[(48+273)^4-(23+273)^4]$$
$$=235.2\ W$$

于是每米长管道的总散热量为

$$\Phi=\Phi_c+\Phi_r=160.2+235.2=395.4\ W$$

讨论：

虽然蒸汽管道的表面温度不高，但计算结果表明，自然对流散热量与辐射散热量具有相同的数量级，必须同时予以考虑。

本章小结

辐射传热是一种工程领域和科学研究中普遍存在的复杂物理现象。对于实际物体的辐射传热，由于其辐射和吸收特性随波长变化，所以工程上的辐射传热计算比较困难。考虑到一般工程范围内温度不超过 2 000 K，主要能量的波长在红外线范围内，所以在此情况下大多数材料可近似作为漫射灰体处理，这给工程上的辐射传热计算带来很大的方便。本章主要介绍漫射灰体间的辐射传热，以及与此有关的黑体辐射规律、角系数。

学习本章要达到以下要求：

（1）了解热辐射与导热和对流传热两种热量传递方式的差异；掌握黑体、灰体、漫射体、发射率（黑度）、吸收比、辐射力和有效辐射等概念；了解将实际物体作为漫灰体处理的条件和意义。

（2）掌握热辐射的基本定律，重点是斯忒藩-波尔兹曼定律和基尔霍夫定律。

（3）计算两个表面间的辐射传热量时必须首先确定角系数，因此要理解角系数的互换性、完整性和可加性，并能利用角系数的定义和性质通过代数分析法或图线法确定角系数。

（4）理解辐射传热网络的表面热阻和空间热阻；掌握辐射网络图法求解步骤，并能计算两个灰体表面或黑体表面组成的封闭系统的辐射传热；掌握遮热板的原理及其应用。

思考题

1. 什么叫黑体、灰体和白体？它们分别与黑色物体、灰色物体和白色物体有什么区别？引入黑体和灰体的概念对工程辐射传热计算有何意义？

2. 我们看到的常温物体均呈现某一颜色，试解释这一现象。

3. 焊接工人在焊工件时为什么要戴上一副黑色眼镜？

4. 夏天,在阳光下以穿浅色的衣服为好,而在钢铁厂的高温车间内,工人有的穿白色的工作服,有的却穿深色的工作服,为什么?

5. 从减少冷藏车冷量损失出发,试分析冷藏车外壳油漆颜色深一点好还是浅一点好,为什么?

6. 图 8-27 是普通玻璃的光谱透射比与波长的关系,试据此解释玻璃房的"温室效应"。

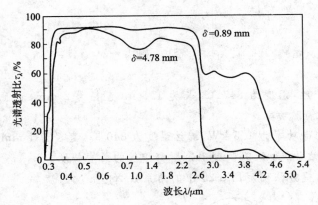

图 8-27 思考题 6 图

7. 基尔霍夫定律表明:善于吸收的物体必善于辐射。太阳能集热器的表面涂以某种涂层,使表面吸收太阳能的能力比本身辐射的能力大若干倍,这是否与基尔霍夫定律相矛盾?

8. 什么是表面的自身辐射、投入辐射及有效辐射?

9. 什么是辐射表面热阻?什么是辐射空间热阻?

10. 什么是遮热板?遮热板为什么可以减少辐射传热?根据自己的切身经历举出几个应用遮热板的例子。

11. 在两块平行平板之间加上一块极薄的 $\varepsilon=1$ 的平板,试问能否起到遮热作用?为什么?

12. 保温瓶的夹层玻璃表面为什么要镀一层反射比很高的材料?

13. 热水瓶瓶胆剖面示意图如图 8-28 所示。瓶胆的两层玻璃之间抽成真空,内胆外壁及外胆内壁涂了发射率很低(约 0.05)的银。试分析热水瓶具有保温作用的原因。如果不小心破坏了瓶胆上抽气口处的密封,会影响保温效果吗?

14. 用测温元件测量管道内流体的温度,其读数一般不

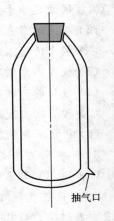

图 8-28 热水瓶瓶胆剖面图

反映流体的真实温度,试分析其原因,并分析指示温度 T、气流温度 T_f 和管壁温度 T_w 之间的大小,按照从大到小的顺序排列。

15. 在深秋朗朗无风的夜晚,草地上披上一身白霜,可是气象台的天气预报却说最低温度为 4 ℃,试解释这种现象。但在同样的气温下,在阴天或有风的夜晚,草地却不会出现白霜,为什么?

16. 在冬季,即使室内玻璃窗关得非常严密,如果站在窗户边,仍会感到有冷风吹来,这是为什么?

习　题

8-1　一电炉丝,温度为 847 ℃,长为 1.5 m,直径为 2 mm,表面发射率为 0.95。试计算电炉丝的辐射功率。

8-2　电炉的电功率为 1.5 kW,炉丝温度为 840 ℃,直径为 1 mm,电炉的效率(辐射功率与电功率之比)为 0.96。试确定所需炉丝的最短长度。

8-3　试用简捷方法确定图 8-29 中的角系数 $X_{1,2}$。

(a) 半球内表面与底面　　(b) 半球内表面与1/2底面　　(c) 球与无限大平面　　(d) 正方盒内表面与内切球面

图 8-29　习题 8-3 图

8-4　两块平行放置的平板的表面发射率均为 0.8,温度分别为 $t_1 = 527$ ℃,$t_2 = 27$ ℃,板间距远小于板的宽度与高度。试计算:

(1) 板 1 的自身辐射;

(2) 板 1 的投入辐射;

(3) 板 1 的反射辐射;

(4) 板 1 的有效辐射;

(5) 板 2 的有效辐射;

(6) 板 1,2 间的辐射传热量。

8-5　有两块平行放置的大平板,板间距远小于板的长度和宽度,温度分别为 400 ℃和 50 ℃,表面发射率均为 0.8。试计算两块平板间单位面积的辐射传热量。

8-6　设热水瓶的瓶胆可以看作直径为 10 cm、高为 26 cm 的圆柱体,夹层抽真空,其表面发射率为 0.05。夹层两壁温可近似地取为 100 ℃和 20 ℃。试估算沸水刚冲入水瓶后初始时刻水温的平均下降速率。

8-7 外径为 100 mm 的钢管横穿过室温为 27 ℃ 的大房间,管外壁温度为 100 ℃,表面发射率为 0.85。试确定单位管长上的热损失。

8-8 一根水平放置的外径为 89 mm 的架空输油管道,其表面发射率为 0.85。输油时管道表面温度为 70 ℃,环境空气的平均温度为 20 ℃。试计算该输油管道每米管长的散热量。

8-9 同一个人,夏天与冬天站立在室温同为 25 ℃ 的房间内,站立的人体与空气间的自然对流传热系数取为 3 W/(m² · K),人体衣着和皮肤的表面温度取为 30 ℃,表面发射率为 0.9。夏天室内墙面温度取为 28 ℃,冬天取为 10 ℃,计算人体与环境间的换热量。(提示:可将人体简化为具有一定直径、一定高度的圆柱体)。

8-10 在两块无限大平板间加入遮热板 3,在一定的温度 T_1 和 T_2 下,推导加入遮热板后 1,2 两表面间的辐射传热减少到原来的多少。(取 $\varepsilon_1 = \varepsilon_2 = 0.8$,$\varepsilon_3 = 0.02$)

8-11 两个同心圆筒壁的温度分别是 $t_1 = -200$ ℃ 和 $t_2 = 20$ ℃,直径分别为 10 cm 和 15 cm,发射率均为 0.8。试计算单位长度上两圆筒壁表面间的辐射传热量。为削弱辐射传热,可在其间同心地插入一个遮热罩,直径为 12 cm,遮热罩两表面的发射率均为 0.05。画出此时辐射传热的网络图,并计算套筒壁间的辐射传热量。

8-12 用裸露的热电偶测定圆管中气流的温度,热电偶的指示值为 170 ℃,热电偶接点表面的发射率为 0.8。测得管壁温度为 90 ℃,气流与热接点的对流传热系数为 50 W/(m² · ℃)。试确定气流的真实温度及测温误差。

8-13 一个电烙铁,端部面积为 0.001 5 m²,发射率为 0.8。电烙铁置于空气温度为 25 ℃ 的房间内(房间墙壁温度近似为 25 ℃)。烙铁端部与空气间的对流传热系数为 12 W/(m² · ℃)。当加于烙铁端部的功率为 20 W 时,试计算达到稳态时烙铁端部的表面温度。

8-14 在秋天朗朗的夜空,天空有效辐射温度可取 -80 ℃,空气与聚集在树叶上的露水间的对流传热系数为 15 W/(m² · K)。为防止霜冻,则空气的最低温度应为多少?(忽略露水的蒸发作用,忽略树叶与地面的导热)

第9章　传热过程与换热器

前面几章分别介绍了导热、对流传热和辐射传热的基本规律和工程计算方法。在实际工程中,如锅炉、热力管道散热、各种换热器等的传热过程往往由这三种热量传递方式组成。本章将介绍工程中常见的几种传热过程。换热器是实现冷、热流体热量交换的设备,本章还将介绍一些工业上常见的换热器,以及换热器的传热计算方法。

9.1　传热过程

室内、外温度不同时,室内、外空气通过墙壁进行热量交换。在许多工业换热设备中,进行热量交换的冷、热流体也常分别处于固体壁面的两侧。这种热量由高温流体经过固体壁面传递给另一侧低温流体的过程,称为总传热过程,简称传热过程。传热过程的传热量由如下的传热方程式计算

$$\Phi = kA(t_{f1} - t_{f2}) \tag{9-1}$$

式中,t_{f1} 和 t_{f2} 分别是高温流体和低温流体的温度,℃;A 为传热面积,m²;k 为总传热系数,简称传热系数,单位是 W/(m²·K) 或 W/(m²·℃)。

工程上流体温度往往是已知的或可测的,所以用传热过程方程式计算传热量比较方便。由于传热系数是与具体传热过程有关的过程量,因此研究传热过程的目的是确定传热系数,进而计算传热量。

9.1.1　平壁的传热过程

当平壁两侧分别与温度不同的流体接触时,便会发生热量由高温流体通过平壁传向低温流体的过程,即通过平壁的传热过程。工程中的许多问题均可简化为通过平壁的传热过程,如冬天室内的热量通过房间的墙壁和窗户散失到环境中的过程、夏天室外热量传入室内的过程、热量由室外通过墙壁进入冷库内的过程、大型油罐通过罐壁的散热过程等。

图 9-1 给出了通过平壁传热过程的示意图。图中面积为 A、厚为 δ 的大平壁左侧与温度为 t_{f1} 的高温流体接触,表面传热系数为 h_1,右侧与温度为 t_{f2} 的低温流体接触,表面

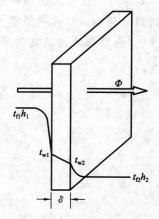

图 9-1　通过平壁的传热过程

传热系数为 h_2。要确定的是平壁传热过程的传热量和传热系数 k。

在平壁的传热过程中,高温流体以对流传热(还可能有辐射传热)的方式将热量传给平壁左侧,在平壁内部以导热的方式将热量由左侧传向右侧,在平壁右侧又以对流传热(还可能有辐射传热)的方式将热量传给低温流体。稳态时各环节的热流量 Φ 相等,写出各环节传递的热量,然后联立求解,消去未知的 t_{w1} 和 t_{w2} 即可得到平壁传热过程中的传热量。

利用热阻的概念分析通过平壁的传热过程更为方便。显然,通过平壁的传热过程是由三个热量传递环节构成的,各环节之间是串联关系,热阻分析图如图 9-2 所示。

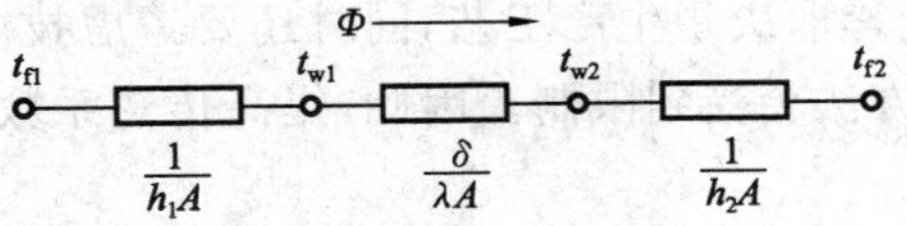

图 9-2　平壁传热过程的热阻分析图

利用热阻串联原理可以很容易地得到平壁的传热量,即

$$\Phi = \frac{t_{f1} - t_{f2}}{\dfrac{1}{h_1 A} + \dfrac{\delta}{\lambda A} + \dfrac{1}{h_2 A}} \tag{9-2}$$

得到了平壁的传热量,利用热流量相等的原则,可求得平壁两侧的温度。

在对平壁采取了保温、防护等措施后便构成了多层平壁。多层平壁传热过程的分析方法与单层平壁的相同,只是平壁的导热热阻应等于各层平壁导热热阻之和。当由 n 种不同材料组成的多层平壁两侧分别与温度为 t_{f1} 和 t_{f2} 的流体接触时,其传热量的计算公式为

$$\Phi = \frac{t_{f1} - t_{f2}}{\dfrac{1}{h_1 A} + \displaystyle\sum_{i=1}^{n} \dfrac{\delta_i}{\lambda_i A} + \dfrac{1}{h_2 A}} \tag{9-3}$$

利用热流量相等的原则,可求得各层壁面的温度。

通过平壁传热过程的传热量也可由传热方程式(9-1)计算。但由于传热系数 k 是过程量,与具体传热过程有关,计算时无法事先得到,因此首先应计算传热系数。为此将式(9-1)和式(9-2)进行比较,可得单层平壁的传热系数为

$$k = \frac{1}{\dfrac{1}{h_1} + \dfrac{\delta}{\lambda} + \dfrac{1}{h_2}} \tag{9-4}$$

通过多层平壁的传热系数为

$$k = \frac{1}{\dfrac{1}{h_1} + \displaystyle\sum_{i=1}^{n} \dfrac{\delta_i}{\lambda_i} + \dfrac{1}{h_2}} \tag{9-5}$$

可见,传热系数 k 的大小除了与壁面的物性和厚度有关外,还与平壁两侧的表面传热系数 h_1 和 h_2 有关。若表面同时存在对流和辐射,则 h_1 和 h_2 应理解为对流传热系数和辐射传热系数之和。

为了减小工程中换热设备的体积和质量,通常需要对换热设备采取强化传热的措施,以提高换热设备的传热量。根据传热方程式,可以采取的措施有:

（1）提高冷、热流体间的温差;

（2）提高传热系数;

（3）增加传热面积。

通常,流体温度的选择取决于生产工艺,同时还要考虑技术上和经济上的合理性,所以提高流体间温差的方法会受到限制。因此,提高传热系数或增加传热面积就成为常用的强化传热的方法。

固体壁面一般是由金属材料制成,导热系数很大,导热热阻很小。在不考虑壁面两侧污垢热阻的情况下,式（9-4）可以简化为

$$k=\left(\frac{1}{h_1}+\frac{\delta}{\lambda}+\frac{1}{h_2}\right)^{-1}\approx\left(\frac{1}{h_1}+\frac{1}{h_2}\right)^{-1}$$

理论上,增加 h_1 和 h_2 均可使传热系数增大。但数学上可以证明,当表面传热系数 h_1 和 h_2 相差较大时,传热系数 k 取决于较小的表面传热系数,因此,只有增大较小的表面传热系数,才能显著提高传热系数 k 的值。可见,在壁面两侧的表面传热系数相差较大的情况下,应设法提高较小的表面传热系数,才能达到强化传热的效果。但如果壁面两侧的表面传热系数相差不大,而又需要采取强化措施,则需在壁面两侧同时采取措施。

有时,当表面传热系数无法提高时,增加传热面积也是一种有效途径,其原理是通过增加面积来降低表面热阻。工程中常用的措施是在壁面上敷设肋片,即表面的肋化。在忽略壁面导热热阻的情况下,由于传热过程的总热阻取决于两侧对流热阻中较大的热阻,因此对热阻最大侧的表面进行肋化,强化传热效果最好。

9.1.2 圆筒壁的传热过程

工程中最为常见的是热、冷流体通过管壁进行热量交换。图 9-3 所示的裸露在空气中的热水管道的散热过程可表示为。

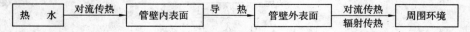

如图 9-3 所示,温度为 t_{f1} 的高温流体在内径为 d_i、外径为 d_o、长为 l 的管内流动,温度为 t_{f2} 的低温流体在管外流动,管壁材料的导热系数为 λ,内、外壁面温度分别为 t_{wi} 和 t_{wo},热、冷流体与管内、外壁面的表面传热系数分别为 h_i 和 h_o。

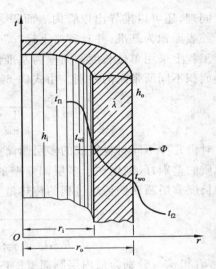

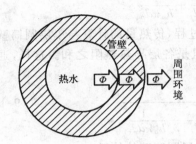

图 9-3 热水管道的传热过程

与平壁的传热过程相似,圆筒壁的传热过程也由三个热量传递环节构成,即管内流体与管内表面的对流传热、管内壁面到管外壁面间的导热、管外壁面与管外流体的对流传热和辐射传热,三个环节间是串联关系。稳态时各环节的热流量 Φ 相等,写出各环节传递的热量,然后联立求解,消去未知的 t_{wi} 和 t_{wo},可得到通过圆筒壁传热过程中传热量。

通过热阻分析法来推导传热系数更为简便,单层圆筒壁传热过程的总热阻是由三个环节的热阻串联而成,热阻分析图如图 9-4 所示。

$$\Phi \longrightarrow$$

图 9-4 圆筒壁传热过程的热阻分析图

根据图 9-4,由热阻串联的原理可直接写出传热量表达式

$$\Phi = \frac{t_{f1} - t_{f2}}{\frac{1}{h_i \pi d_i l} + \frac{1}{2\pi \lambda l}\ln\frac{d_o}{d_i} + \frac{1}{h_o \pi d_o l}} \tag{9-6}$$

与平壁传热面积处处相等不同,不同半径处圆筒壁的传热面积是不相等的,因此以不同面积为基准得到的传热系数表达式是不同的。以管外表面积 A_o 为基准的传热方程式为

$$\Phi = k_o A_o (t_{f1} - t_{f2}) = k_o \pi d_o l(t_{f1} - t_{f2}) \tag{9-7}$$

对比(9-6)和(9-7)可以得到以管外表面积为基准的传热系数 k_o 的计算式为

$$k_o = \left(\frac{1}{h_i}\frac{d_o}{d_i} + \frac{d_o}{2\lambda}\ln\frac{d_o}{d_i} + \frac{1}{h_o}\right)^{-1} \tag{9-8}$$

同理,还可以推导出以管内表面积 A_i 为基准的传热系数 k_i。习惯上,工程计算是以管外表面积为基准,并且省略下标"o"。

工程上采用单位长度圆筒壁为基准计算更为方便,这时可以不必考虑不同半径处传热面积不同所带来的差别。由式(9-6)得到单位长度圆筒壁的传热量 q_l 为

$$q_l = \frac{\Phi}{l} = \frac{t_{f1} - t_{f2}}{\dfrac{1}{h_i \pi d_i} + \dfrac{1}{2\pi\lambda}\ln\dfrac{d_o}{d_i} + \dfrac{1}{h_o \pi d_o}} \qquad (9\text{-}9)$$

对由几种不同材料组成的多层圆筒壁的传热过程,传热量的计算与单层圆筒壁没有本质的差别,区别仅在于多层圆筒壁的导热热阻是各层导热热阻之和。这样,通过单位长度 n 层圆筒壁传热过程的传热量为

$$q_l = \frac{t_{f1} - t_{f2}}{\dfrac{1}{h_i \pi d_1} + \sum_{j=1}^{n}\dfrac{1}{2\pi\lambda_j}\ln\dfrac{d_{j+1}}{d_j} + \dfrac{1}{h_o \pi d_{n+1}}} \qquad (9\text{-}10)$$

式中,d_1 和 d_{n+1} 分别为最内层圆筒壁的内径和最外层圆筒壁的外径。

例题 9-1 一双层玻璃窗,宽 1.1 m,高 1.2 m,内、外层玻璃的厚度均为 3 mm,导热系数为 1.05 W/(m·K);中间的空气层厚 5 mm,设空气隙只起导热作用,导热系数为 2.60×10^{-2} W/(m·K)。室内空气温度为 20 ℃,表面传热系数为 15 W/(m²·K);室外空气温度为 −10 ℃,表面传热系数为 20 W/(m²·K)。试计算通过双层玻璃窗的散热量,并与单层玻璃窗比较。(假定两种情况下室内外空气温度及表面传热系数相同)

解：

通过双层玻璃的热量传递过程如图 9-5 所示。

(1) 双层玻璃。在双层玻璃中间的空气层只起导热作用的情况下,导热包括内层玻璃的导热、空气层的导热、外层玻璃的导热。室内热空气与室外冷空气之间的整个传热过程是由 5 个环节串联组成,总热阻等于 5 个串联环节分热阻之和,这时的传热量为

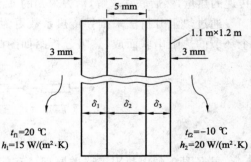

图 9-5 例题 9-1 示意图

$$\Phi_1 = \frac{t_{f1} - t_{f2}}{\sum R} = \frac{t_{f1} - t_{f2}}{\dfrac{1}{h_1 A} + \dfrac{\delta_1}{\lambda_1 A} + \dfrac{\delta_2}{\lambda_2 A} + \dfrac{\delta_3}{\lambda_3 A} + \dfrac{1}{h_2 A}}$$

$$= 1.1 \times 1.2 \times \frac{20 - (-10)}{\dfrac{1}{15} + \dfrac{3 \times 10^{-3}}{1.05} + \dfrac{5 \times 10^{-3}}{0.026} + \dfrac{3 \times 10^{-3}}{1.05} + \dfrac{1}{20}}$$

$$= 125.8 \text{ W}$$

（2）单层玻璃。通过单层玻璃的传热过程为 3 个环节组成，传热量为

$$
\begin{aligned}
\varPhi_2 &= \frac{t_{f1}-t_{f2}}{\dfrac{1}{h_1 A}+\dfrac{\delta_1}{\lambda_1 A}+\dfrac{1}{h_2 A}} \\
&= 1.1\times1.2\times\frac{20-(-10)}{\dfrac{1}{15}+\dfrac{3\times10^{-3}}{1.05}+\dfrac{1}{20}} \\
&= 331.3\ \text{W}
\end{aligned}
$$

通过单层和双层玻璃的传热量之比为

$$
\frac{\varPhi_2}{\varPhi_1}=\frac{331.3}{125.8}=2.63
$$

显然，单层玻璃窗的散热量是双层玻璃窗的 2.63 倍。因此，为了提高保暖效果，北方的窗户通常采用双层玻璃。

例题 9-2 蒸汽管道外径 $d_2=80\ \text{mm}$，壁厚为 $3\ \text{mm}$，钢材的导热系数 $\lambda=46.2\ \text{W/(m·K)}$，管内蒸汽温度 $t_{f1}=150\ ℃$，周围空气温度 $t_{f2}=20\ ℃$，外表面与环境间表面传热系数 $h_2=7.6\ \text{W/(m}^2\text{·K)}$，蒸汽对管内壁的表面传热系数 $h_1=116\ \text{W/(m}^2\text{·K)}$。求每米管长的散热损失。

解：

管内蒸汽的热量通过管壁传给管外空气，这是通过圆筒壁的传热过程，整个过程由 3 个串联环节组成，有 3 个串联热阻。单位管长传热量为

$$
\begin{aligned}
q_l &= \frac{t_{f1}-t_{f2}}{\dfrac{1}{h_1\pi d_1}+\dfrac{1}{2\pi\lambda}\ln\dfrac{d_2}{d_1}+\dfrac{1}{h_2\pi d_2}} \\
&= \frac{150-20}{\dfrac{1}{116\times\pi\times(0.08-2\times0.003)}+\dfrac{1}{2\times\pi\times46.2}\times\ln\dfrac{80}{80-2\times3}+\dfrac{1}{7.6\times\pi\times0.08}} \\
&= 231.62\ \text{W/m}
\end{aligned}
$$

讨论：

（1）本例题采用的是热阻分析法，概念清晰，只要能正确地画出热阻分析图，根据热阻串联原理就可以很方便地计算出传热量（即散热损失），所以建议采用热阻分析法分析传热过程。

（2）还可以应用传热方程式计算散热损失，但应首先计算传热系数，因此需要准确掌握不同传热过程传热系数的计算方法。

例题 9-3 蒸汽管道的外径为 $80\ \text{mm}$，壁厚为 $3\ \text{mm}$，外侧包有厚 $\delta_s=40\ \text{mm}$ 的水泥珍珠岩保温层，其导热系数 $\lambda=0.065\ 1+0.000\ 105\{t\}_℃$。管内蒸汽温度 $t_{f1}=150\ ℃$，环境温度 $t_{f2}=20\ ℃$，保温层外表面对环境的表面传热系数 $h_2=7.6\ \text{W/(m}^2\text{·K)}$，管内蒸汽的对流传热系数 $h_1=116\ \text{W/(m}^2\text{·K)}$，钢管导热系数 $\lambda=46.2\ \text{W/(m·K)}$。求每米管

长的热损失。

解：

本题与例 9-2 的不同之处是管道外侧包有保温层，而且水泥珍珠岩保温层的导热系数 λ 与温度有关。但由于本题中保温层内、外表面温度均未知，无法事先确定保温层的导热系数，因此需要采用试算法。

由于管内蒸汽强制对流的对流热阻和钢管管壁的导热热阻很小，因此认为保温层内表面温度等于蒸汽温度，只需假设保温层外表面温度即可。

蒸汽管道内径和保温层外径分别为

$$d_1 = d_2 - 2\delta = 80 - 2 \times 3 = 74 \text{ mm}$$
$$d_3 = d_2 + 2\delta_s = 80 + 2 \times 40 = 160 \text{ mm}$$

假设保温层外表面温度为 39 ℃。按保温层内外表面平均温度计算的导热系数为

$$\lambda_m = 0.065\ 1 + 0.000\ 105 \times \frac{1}{2} \times (150 + 39) = 0.075 \text{ W/(m·K)}$$

这样，单位管长传热量为

$$q_l = \frac{t_{f1} - t_{f2}}{\frac{1}{h_1 \pi d_1} + \frac{1}{2\pi\lambda}\ln\frac{d_2}{d_1} + \frac{1}{2\pi\lambda_m}\ln\frac{d_3}{d_2} + \frac{1}{h_2 \pi d_3}}$$

$$= \frac{150 - 20}{\frac{1}{116 \times \pi \times 0.074} + \frac{1}{2 \times \pi \times 46.2}\ln\frac{80}{74} + \frac{1}{2 \times \pi \times 0.075}\ln\frac{160}{80} + \frac{1}{7.6 \times \pi \times 0.16}}$$

$$= 73.4 \text{ W/m}$$

根据传热量计算保温层内、外表面的温度。根据能量守恒有

$$q_l = \frac{t_{f1} - t_{si}}{\frac{1}{h_1 \pi d_1} + \frac{1}{2\pi\lambda} \times \ln\frac{d_2}{d_1}} = \frac{t_{so} - t_{f2}}{\frac{1}{h_2 \pi d_3}}$$

其中 t_{si} 和 t_{so} 分别为保温层内、外表面温度，代入数据解得

$$t_{si} = 147.3 \text{ ℃}, \quad t_{so} = 39.2 \text{ ℃}$$

保温层外表面温度和假设温度的绝对误差为 39.2 − 39.0 = 0.2 ℃，误差较小，满足精度要求，因此以上计算结果有效。

讨论：

（1）对于输送水或压力较高的水蒸气的保温管道，管内介质的对流传热热阻一般比保温层的热阻要小得多。本题中管内介质的对流传热热阻（0.037 1 m·K·W^{-1}）与保温层导热热阻（1.470 9 m·K·W^{-1}）相比来说很小，因而可取管壁温度等于管内介质的平均温度，这种做法对于工程传热问题的简化分析特别有用。

（2）由于导热系数是温度的函数，因此需要采用试算法进行求解。

9.2 换热器简介

在工程中,将某种流体的热量以一定的传热方式传递给其他流体,以满足工艺要求的设备或装置称为热交换器,简称换热器。在换热器中,至少有两种温度不同的流体参与传热:一种是高温流体,放出热量;另一种是低温流体,吸收热量。

换热器在工业生产中的应用极为普遍,广泛应用于动力、冶金、化工、炼油、建筑、机械制造、食品、医药和航空航天等各工业部门。它不但是一种通用设备,而且在某些工业企业中占有很重要的地位。例如,在石油化工厂中,换热器的投资要占建厂投资的 1/5 左右,它的重量占工艺设备总重的 40%。在一些大中型炼油企业中,各种换热器的数量可达到 300~500 台,甚至更多。在石油工程中换热器也得到了广泛的应用,如井口处加热原油的加热炉实质上就是一台换热器。在油田地面工程中,需要利用换热器达到原油集输、脱水和外输等工艺对温度的要求。

9.2.1 换热器的分类

为了满足各种不同换热场合的需要,目前已开发出了多种换热器。可以按不同指标对换热器进行分类。按照工作原理可将换热器分为混合式、蓄热式及间壁式三大类。

混合式换热器是冷、热流体通过直接接触、互相混合而实现热量交换,换热效率高。它一般用于冷、热流体都是同一种物质(如冷水和热水、水和水蒸气等)的情况。在工程实际中,绝大多数情况下的冷、热流体不能相互混合,所以混合式换热器在应用上受到限制。

蓄热式换热器又称为回热式换热器,其工作特点是冷、热两种流体交替地流过同一换热面(蓄热体),并尽量避免相互混合。当热流体流过时,换热面吸收并积蓄热流体放出的热量;当冷流体流过时,换热面又将热量释放给冷流体。蓄热式换热器是通过换热面这种交替式的吸、放热过程实现冷、热流体间的热量交换。

间壁式换热器又称为表面式换热器。在这类换热器中,冷、热流体由壁面隔开,热量由热流体通过固体壁面传给冷流体。间壁式换热器的应用最为广泛,因此下面将作重点介绍。

9.2.2 间壁式换热器的分类

间壁式换热器的型式很多,按其结构可分为套管式换热器、管壳式换热器和高效间壁式换热器等。

1. 套管式换热器

这是最简单的间壁式换热器,它由两根同心圆管组成,一种流体在内管流动,一种流体在内外管间的环形通道内流动,如图 9-6 所示。根据两种流体的流动方向不同可分为顺流布置和逆流布置。由于它的传热系数较小,所以仅适用于传热量不大或流体流量较小或压力较高的情形。根据需要有时要将几个套管式换热器串联起来使用,如图 9-6(c)所示。

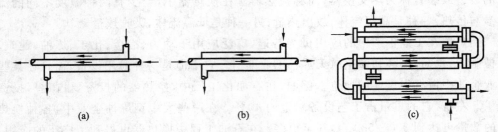

图 9-6　套管式换热器

2. 管壳式换热器

这是间壁式换热器的主要型式。图 9-7 给出了简单管壳式换热器的结构示意图。管壳式换热器包括管束、外壳、管板、封头、折流板和隔板等基本部件。管束是管壳式换热器的传热面,管子的两端固定在管板上,管束和管板一起封装在外壳内,外壳两端装有封头以构成封闭空间。热量传递时,一种流体由封头进入并在管内流动,并由封头流出,称为管侧。另一种流体从外壳上的连接管进入换热器,在外壳和管束间流动,称为壳侧。为了改善管壳式换热器的换热效果,通常在外壳内装有折流挡板以改变壳侧流体流过管束的方式,在封头内安装隔板可以提高管程流体的流速。

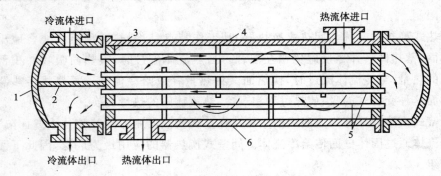

图 9-7　管壳式换热器的基本结构

1—封头;2—隔板;3—管板;4—挡板;5—管子;6—外壳

流体从换热器一端流至另一端的流动路程称为流程,管侧流程称为管程,壳侧流程称为壳程。可以用"壳程数-管程数"表示管壳式换热器的型式,如图 9-7 为 1-2 型换热器,它表示该换热器是 1 个壳程、2 个管程。在封头中加装必要数量的隔板可以得到 4,6,8 等多管程结构。将几个壳程串联起来可以得到多壳程结构。

管壳式换热器有结构简单、造价低廉、选材范围广、清洗方便、适应性强、耐高温高压等诸多优点,因而得到广泛的应用。

3. 高效间壁式换热器

普通管壳式换热器的缺点是传热系数小、体积庞大。对换热器来说,首先要求它有高的传热效率——高效性,同时也应具有较小的体积——紧凑性。所谓紧凑性是指换热器单位体积内所包含的传热面积的大小,单位为 m^2/m^3。一般来说,紧凑性大于 $700\ m^2/m^3$ 的换热器即可称为紧凑式换热器。换热器的高效性和紧凑性对某些传热性能较差的流体之间的换热,如气-气换热,尤为必要。

目前,工程中普遍应用的高效间壁式换热器有螺旋板式换热器、板式换热器、板翅式换热器、翅片管式换热器、热管换热器等。关于这些换热器的原理和结构特点,可参阅相关文献和专著。

间壁式换热器按照冷热流体的流动方式又可分为顺流、逆流和复杂流换热器等。两种流体平行流动且流动方向相同的称为顺流换热器;两种流体平行流动但流动方向相反的称为逆流式换热器;其他流动方式均称为复杂流换热器,实际换热器均属于这一类。图 9-8 给出了换热器内的流动方式。

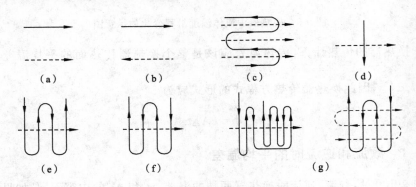

图 9-8　流体在换热器内的流动方式

9.3　换热器的传热平均温差

换热器中冷、热流体间的热量传递是典型的传热过程,传热方程式为

$$\Phi = kA(t_{f1} - t_{f2})$$

式中,$t_{f1} - t_{f2}$ 为传热温差。在换热器中,热流体失去热量,温度要降低;冷流体得到热量,温度将升高。

若以下角标"1"表示热流体,"2"表示冷流体,上角标"′"表示流体的进口温度,"″"表示流体的出口温度,则 t_1' 和 t_1'' 表示热流体的进、出口温度,t_2' 和 t_2'' 表示冷流体的进、出口温度。图 9-9 是顺流和逆流时换热器中流体温度的沿程变化,可见冷、热流体的温度沿流向不断变化,冷、热流体间的传热温差沿流程(A)也发生变化。

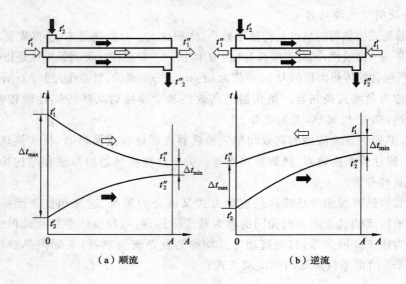

图 9-9　换热器中流体温度沿程变化的示意图

对于换热器的传热计算,传热温差应该是整个换热器传热面的平均温差,即 Δt_{m} $= \dfrac{1}{A}\displaystyle\int_{0}^{A}\Delta t_{x}\mathrm{d}A_{x}$,因此换热器传热方程式的形式应为

$$\Phi = kA\Delta t_{\mathrm{m}} \tag{9-11}$$

9.3.1　顺流和逆流时的平均温差

由图 9-9 可见,顺流、逆流时换热器两端的温差 $\Delta t'$ 和 $\Delta t''$ 的内容不同,如果用 Δt_{max} 和 Δt_{min} 分别表示 $\Delta t'$ 和 $\Delta t''$ 之中的大者和小者,则分析表明,无论是顺流还是逆流,都可以统一用如下的公式计算换热器的平均温差

$$\Delta t_{\mathrm{m}} = \frac{\Delta t_{\mathrm{max}} - \Delta t_{\mathrm{min}}}{\ln \dfrac{\Delta t_{\mathrm{max}}}{\Delta t_{\mathrm{min}}}} \tag{9-12}$$

因为上式中出现对数,所以由上式计算的温差称为对数平均温差(log mean temperature difference,简写为 LMTD)。

工程上,当换热器两端的温差相差不大时,为了简化计算可以采用算术平均温差

$$\Delta t_{\mathrm{m}} = \frac{\Delta t_{\mathrm{max}} + \Delta t_{\mathrm{min}}}{2} \tag{9-13}$$

在 $\Delta t_{max}/\Delta t_{min} \leqslant 2$ 时,这种简化的误差小于 4%,能够满足工程计算的要求。

在各种流动型式中,顺流和逆流是两种最简单的流动情况。在冷、热流体进、出口温度相同的情况下,逆流的平均温差最大,顺流的平均温差最小。从图 9-9 可以看出,顺流时冷流体的出口温度 t_2'' 总是低于热流体的出口温度 t_1'',而逆流时 t_2'' 却可以大于 t_1'',因此从强化传热的角度出发,换热器应尽量布置成逆流。但逆流的缺点是热流体和冷流体的最高温度和最低温度分别集中在换热器的两端,使换热器的温度分布及热应力分布极不均匀,不利于换热器的安全运行,尤其对于高温换热器来说,这种情况应该避免。

9.3.2 其他复杂布置时的平均温差

对于其他流动型式,可以看作介于顺流和逆流之间,其平均温差可以采用下式计算

$$\Delta t_m = \psi (\Delta t_m)_{cf} \tag{9-14}$$

式中,$(\Delta t_m)_{cf}$ 是将给定的冷、热流体进出口温度布置成逆流时的对数平均温差;ψ 为小于 1 的修正系数,表示流动方式接近于逆流的程度。

ψ 值取决于流动型式和下面两个无量纲参数

$$P = \frac{t_2'' - t_2'}{t_1' - t_2'}, \quad R = \frac{t_1' - t_1''}{t_2'' - t_2'}$$

工程上为了计算方便,对于常见的流动型式,已绘制成线算图。图 9-10 和图 9-11 给出了两种情形的线算图,更多型式换热器的 ψ 值图线可查阅传热学专著和换热器设计手册。

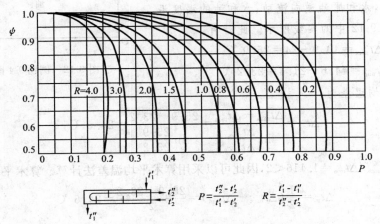

图 9-10　壳侧 2 程、管侧 4,8,12,16,… 程时的 ψ 值

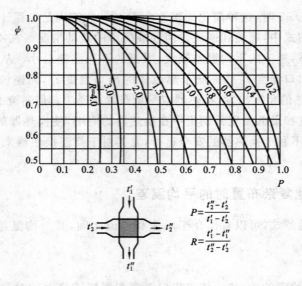

图 9-11　一次交叉流且两种流体各自都不混合时的 ψ 值

例题 9-4　用热水通过一台换热器加热原油,进行传热试验测得如下参数:热水进口温度为 49.9 ℃,出口温度为 44.6 ℃;原油从 21.4 ℃加热后升至 24 ℃,水和原油流动方向相反。计算该换热器中水和原油的平均温差。

解:

据题意,水和原油逆向流动,水和油的温度沿程变化如图 9-12 中的实线所示。此时有

$$\Delta t_{\max} = 49.9 - 24 = 25.9 \text{ ℃}$$

$$\Delta t_{\min} = 44.6 - 21.4 = 23.2 \text{ ℃}$$

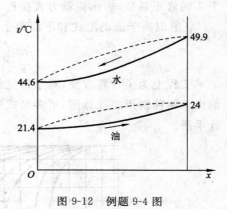

图 9-12　例题 9-4 图

对数平均温差为

$$\Delta t_{\mathrm{m}} = \frac{\Delta t_{\max} - \Delta t_{\min}}{\ln \dfrac{\Delta t_{\max}}{\Delta t_{\min}}} = \frac{25.9 - 23.2}{\ln \dfrac{25.9}{23.2}} = 24.5 \text{ ℃}$$

因为 $\Delta t_{\max} / \Delta t_{\min} = 1.116 < 2$,因此可以采用算术平均温差法计算。算术平均温差为

$$\Delta t_{\mathrm{m}} = \frac{1}{2}(\Delta t_{\max} + \Delta t_{\min}) = \frac{25.9 + 23.2}{2} = 24.6 \text{ ℃}$$

讨论:

本题中最大温差与最小温差之比小于 2,相差不大,所以用算术平均温差法计算出的数值与对数平均温差相差无几。

例题 9-5 在一台螺旋板式换热器中,热水流量为 2 000 kg/h,冷水流量为 3 007.5 kg/h;热水进口温度 $t_1'=80\ ℃$,冷水进口温度 $t_2'=25\ ℃$。若要求将冷水加热到 $t_2''=38.3\ ℃$,试求顺流和逆流时的平均温差。

解:

首先应根据热平衡关系计算出热流体的出口温度,然后按照顺流与逆流的方式布置,计算相应的对数平均温差。

根据能量平衡有

$$q_{m1}c_1(t_1'-t_1'')=q_{m2}c_2(t_2''-t_2')$$

在本题给定的温度范围内,$c_1=c_2=4\ 200\ J/(kg \cdot K)$,因而

$$\frac{2\ 000}{3\ 600}\times(80-t_1'')=\frac{3\ 007.5}{3\ 600}\times(38.3-25)$$

解得

$$t_1''=60\ ℃$$

(1) 顺流时的平均温差。

$$\Delta t_{max}=80-25=55\ ℃,\quad \Delta t_{min}=60-38.3=21.7\ ℃$$

$$\Delta t_m=\frac{\Delta t_{max}-\Delta t_{min}}{\ln\dfrac{\Delta t_{max}}{\Delta t_{min}}}=\frac{55-21.7}{\ln\dfrac{55}{21.7}}=35.8\ ℃$$

(2) 逆流时的平均温差。

$$\Delta t_{max}=80-38.3=41.7\ ℃,\quad \Delta t_{min}=60-25=35\ ℃$$

$$\Delta t_m=\frac{\Delta t_{max}-\Delta t_{min}}{\ln\dfrac{\Delta t_{max}}{\Delta t_{min}}}=\frac{41.7-35}{\ln\dfrac{41.7}{35}}=38.25\ ℃$$

讨论:

逆流布置时 Δt_m 比顺流时大 6.8%,也就是说,在同样的传热量和同样的传热系数下,将顺流系统改成逆流系统可减少 6.8% 的传热面积。

9.4　换热器的传热计算

若忽略换热器与环境之间的散热损失,则热流体放出的热量 Φ_1 应等于冷流体吸收的热量 Φ_2,也就是两种流体的传热量相等,因此换热器传热计算的 3 个基本公式为

$$\Phi=q_{m1}c_1(t_1'-t_1'') \tag{9-15}$$

$$\Phi=q_{m2}c_2(t_2''-t_2') \tag{9-16}$$

$$\Phi=kA\Delta t_m \tag{9-17}$$

式中,q_{m1} 和 q_{m2} 分别为两种流体的质量流量,kg/s;c_1 和 c_2 分别表示两种流体的比热容,$J/(kg \cdot K)$。

根据目的不同,换热器的传热计算可分为两种类型:设计计算和校核计算。所谓设计计算,就是根据生产任务给定的换热条件和要求,设计一台新的换热器,为此需要确定换热器的型式、结构及传热面积 A 等。而校核计算是对已有的换热器进行核算,看其能否满足一定的换热要求,一般需要计算流体的出口温度、换热量及流动阻力等。下面介绍采用对数平均温差法进行传热计算的基本内容和步骤。

9.4.1　设计计算

进行设计计算时,一般是根据生产任务的要求,在给定流体的种类、两侧流体的流量和 4 个进出口温度中的 3 个的条件下,确定换热器的型式、结构,计算传热系数 k 及换热面积 A。计算步骤如下:

(1) 根据给定的换热条件、流体性质、温度和压力范围等条件,选择换热器的类型及流动型式,初步布置换热面,计算换热面两侧对流传热系数 h_1 和 h_2 及总传热系数 k。

(2) 根据给定条件,由式(9-15)和(9-16)求出 4 个进出口温度中未知的温度,并求出换热量 Φ。

(3) 由流体的 4 个进出口温度及流动型式,计算对数平均温差 Δt_m。

(4) 由传热方程式(9-17)计算换热面积 A,并与初选方案进行比较,若不一致,则修改方案重新计算,直到二者符合要求为止。

(5) 计算换热器两侧流体的流动阻力,若阻力过大,则需改变方案重新设计。

9.4.2　校核计算

对已有或设计好的换热器进行校核时,一般已知换热器的换热面积 A、两侧流体的质量流量 q_{m1} 和 q_{m2}、流体进口温度 t_1' 和 t_2' 等 5 个参数,要求计算出两种流体的出口温度和相应的传热量。此时由于流体的出口温度未知,无法计算出对数平均温差,同时由于流体的定性温度不能确定,也无法计算换热面两侧对流传热系数及换热面的传热系数,因此采用对数平均温差进行校核计算时通常采用试算法,具体步骤如下:

(1) 先假设任一流体的出口温度 t_1''(或 t_2''),由式(9-15)和(9-16)确定出另一个出口温度,并求出传热量 Φ'。

(2) 根据流体的 4 个进出口温度求得对数平均温差 Δt_m。

(3) 根据给定的换热器结构及工作条件计算换热面两侧的对流传热系数 h_1 和 h_2,进而求得传热系数 k。

(4) 由传热方程式(9-17)求出传热量 Φ''。

(5) 比较 Φ' 和 Φ''。如果两者相差较大,则说明步骤(1)中假设的温度不符合实际,需重新假设流体出口温度,重复上述计算步骤,直到 Φ' 和 Φ'' 的偏差满足要求为止。至于两者偏差应小到何种程度,则取决于要求的计算精度,一般认为应小于 $2\% \sim 5\%$。

9.5 保温隔热技术

通过减小传热温差和增加传热过程的总热阻（即减小传热面积和传热系数）的方法可削弱传热。工程上使用最广泛的方法是在管道和设备上覆盖保温隔热材料，使其导热热阻成千上万倍地增加，进而使总热阻大大增加，从而削弱传热。这就是工程上常见的管道和设备的保温隔热。

1. 保温隔热的目的

（1）减少热损失。工业设备的热损失是相当可观的。1 个 1 000 MW 的电厂即使按国家规定的标准设计进行保温隔热，一天的散热损失也相当于损耗 120 t 标准煤。如不保温隔热，其热损失将增加数倍。

（2）保证流体温度，满足工业要求。工程上，由于工艺需要，要求热流体（或冷流体）有一定的温度，如不采用保温隔热措施，则由于输送过程中的热损失（或冷损失），流体温度将降低（或升高），从而不能满足生产和生活的需要。

（3）保证工作人员的安全。为防止工作人员被烫伤，我国规定设备和管道的外表面温度不得超过 50 ℃（环境温度为 25 ℃）。

此外，保温隔热可以保证设备的正常运行，减少环境热污染，保证可靠的工作环境。

2. 对保温隔热材料的要求

保温隔热技术包括保温隔热材料的选择、最佳保温层厚度的确定、合理的保温结构和工艺、检测技术以及保温隔热技术、经济性评价方法等。下面仅就与传热有关的方面简单介绍一下对保温隔热材料的要求。

（1）有最佳密度（或容重）。保温隔热材料处于最佳密度时其表观热导率最小，保温隔热效果最好。因此，使用时应尽量使其密度接近最佳密度。

（2）导热系数小。导热系数越小，同样厚度的保温隔热材料的保温隔热效果越好。随着科学技术的进步和发展，不断出现新型保温隔热材料，如玻璃棉、矿渣棉、岩棉、硅酸铝纤维、氧化铝纤维、微孔硅酸钙、中空微珠、聚氨酯泡沫塑料、聚苯乙烯发泡塑料等，它们的表观导热系数比传统的保温隔热材料小得多。

（3）温度稳定性好。在一定温度范围内保温隔热材料的物性值变化不大，但超过一定的温度后，其结构会发生变化，使其导热系数变大，甚至造成本身结构破坏，无法使用。因此，保温隔热材料的使用温度不能超过允许值。

（4）有一定的机械强度。机械强度低，易受破坏，而使散热增加。

（5）吸水、吸湿性小。水分会使材料的热导率大大增加。

3. 最佳厚度的确定

保温隔热层越厚，散热损失越小，但保温隔热层费用（材料费、安装费、支架投资费等)也随之增加。为了统筹兼顾,一般按全年热损失费用和保温隔热层折旧费用总和最低时的厚度来设计,此厚度称为最佳厚度或经济厚度。

4.保温结构

保温结构多种多样。以玻璃纤维管壳为例,要求管壳与管道匹配,管壳内直径太大或太小都会增加散热。管壳接缝处最好搭接,以防止由于温度升高后管壳收缩,使接缝处管道露出而增加散热。管壳要用绑带固定,防止管壳松动。对于露天管道和低温管道,为防止水和湿气侵入,外加保护层是必要的。为减少管壳对环境的辐射散热,管壳外可加铝箔或聚酯镀铝薄膜。

5.保温隔热效果

保温隔热效果的好坏,往往用保温隔热效率来判断。保温隔热效率是设备和管道保温隔热前后的散热量(或冷损失量)之差与保温隔热前散热量(或冷损失量)之比,即

$$\eta = \frac{\Phi_0 - \Phi}{\Phi_0}$$

式中,Φ_0 和 Φ 分别为保温隔热前后散热(或冷损失)的热流量,单位为 W。

对于管道,采用单位管长的散热量(或冷损失量)来计算保温隔热效率。

我国是能源消耗的大国,但是我国的热能利用率却远远低于工业发达的国家,热力设备和管道保温隔热重视不够是一个重要原因。随着我国工业生产和人民生活水平的提高,能量的消耗量越来越大,国家已对能源问题给予极大的重视,并把节约能源作为第五能源,有关部门制定了保温隔热技术的国家标准和有关文件。但是,要真正做好保温隔热工作,做好节能工作,还需有关部门和广大技术人员深入细致和坚持不懈的努力。

本章小结

在前几章的基础上,本章主要介绍了通过平壁、圆筒壁的传热过程、传热量及传热系数的计算,换热器中平均温差的计算以及换热器的传热计算(设计计算和校核计算),简述了保温隔热技术。

学习本章要达到以下要求:

(1)传热过程是高温流体通过固体壁面与低温流体间的热量传递,传热系数是衡量传热过程强弱的重要参数,因此,要理解传热过程;通过平壁和圆筒壁的传热过程是工程中最常见的传热过程,要求掌握平壁、圆筒壁的传热系数和传热量的计算方法,学会用热阻分析方法计算综合传热过程。

(2)换热器是工程中应用广泛的通用设备,要了解常见换热器的类型,掌握不同流型下对数平均温差的计算方法,掌握换热器设计计算和校核计算的方法和步骤。

思考题

1. 导热系数 λ、对流传热系数 h 及传热系数 k 的单位各是什么？哪些是物性参数？哪些与过程有关？

2. 导热系数 λ、对流传热系数 h 和传热系数 k 单位中的摄氏度 ℃ 若换为绝对温度 K，试问其数值是否发生变化？为什么？

3. 用铝制水壶烧开水时，尽管炉火很旺，但水壶仍安然无恙，而一旦壶内的水烧干则水壶很快就被烧坏。试从传热学的观点分析这一现象。

4. 用一只手握住盛有热水的杯子，另一只手用木制筷子快速搅拌热水，握杯子的手会明显地感到热，而拿筷子的手则感觉不到热。试分析其原因。

5. 在有空调的房间内，夏天和冬天的室温均控制在 20 ℃，夏天只需穿衬衫，但冬天穿衬衫会感到冷，这是为什么？

6. 在保温暖瓶中，热量由热水经过双层瓶胆传到瓶外的空气及环境中。试分析在此传热过程中包含哪些传热基本方式和过程，并判断暖瓶保温的关键在哪里。

7. 有两个外形相同的保温杯 A 与 B，注入同样温度、同样体积的热水后不久，在 A 杯的外表面就可以感到热，而 B 杯的外表面则感觉不到温度的变化。试问哪个保温杯的保温效果好？

8. 什么是单位管长热流量 q_l？q_l 与热流量 Φ 有什么关系？

9. 利用同一冰箱储存相同的物质时，问结霜时冰箱的耗电量大还是未结霜时的耗电量大？

10. 在换热器热计算中，为什么一般要用对数平均传热温差而不用算术平均温差？什么情况下可近似用算术平均温差？

11. 什么是换热器的设计计算？什么是校核计算？

习　题

9-1　有一厚度 $\delta = 400$ mm 的房屋外墙，导热系数为 $\lambda = 0.5$ W/(m·K)。冬季室内空气温度 $t_{f1} = 20$ ℃，与墙内壁面之间的对流传热系数 $h_1 = 4$ W/(m²·K)。室外空气温度 $t_{f2} = -10$ ℃，与墙外壁面之间的对流传热系数 $h_2 = 6$ W/(m²·K)。如果不考虑辐射作用，试求通过墙壁的传热系数，单位面积的传热量和内、外壁面温度。

9-2　假定人对冷热的感觉以皮肤表面的热损失大小作为衡量依据。设人体脂肪层的厚度为 3 mm，其内表面温度为 36 ℃ 且保持不变。冬季某天的气温为 -15 ℃。无风时裸露的皮肤外表层与空气的对流传热系数为 15 W/(m²·K)，当风速为 30 km/h

时,对流传热系数为 65 W/(m²·K),人体脂肪层的导热系数为 0.2 W/(m·K)。问:

(1) 在同样一15 ℃ 的气温下,无风与大风天气时人皮肤单位面积上的热损失之比是多少?

(2) 要使无风天的感觉与有风天气一15 ℃ 时的感觉一样,则无风天的气温应是多少?

9-3 一个 5 000 m³ 的原油罐,高 13 m,直径 22 m,罐内盛有 45 ℃ 的原油。原油罐外用 40 mm 厚的石棉制品作保温层,石棉制品的导热系数为 0.036 W/(m·K)。原油与罐内壁之间的对流传热系数为 6 W/(m²·K),室外刮大风时对流传热系数为 60 W/(m²·K)。计算通过原油罐散失的热量以及原油罐的传热系数。(提示:直径很大的原油罐可近似为平板)

9-4 一外直径为 50 mm、表面温度为 200 ℃ 的室外蒸汽管道,周围环境空气的温度为 15 ℃。如以 $\lambda = 0.1$ W/(m·K) 的蛭石作管道外的保温层,保温层外表面与空气间的表面传热系数 $h = 14$ W/(m²·K),试问需要多厚的保温层才能使其外表面温度不超过 50 ℃?

9-5 某室外架空输油管道,管外径 325 mm,壁厚 7 mm,用 95 mm 厚的泡沫混凝土作保温层,其导热系数 $\lambda = 0.09$ W/(m·K),外包 10 mm 厚的石棉水泥,其导热系数 $\lambda = 0.13$ W/(m·K)。管道内平均油温为 50 ℃,原油与管道内的对流传热系数为 230 W/(m²·K),保温层外表面与温度为一3 ℃ 的大气之间的表面传热系数为 16 W/(m²·K),计算该管道的总传热系数以及每米管道的散热损失。

9-6 有一台空气冷却器,空气在管外垂直流过管束,$h_o = 90$ W/(m²·K);冷却水在管内流动,$h_i = 6 000$ W/(m²·K);换热管为外径 16 mm,厚 1.5 mm 的黄铜管。问:

(1) 空气冷却器的传热系数为多少?

(2) 如果 h_o 增加 1 倍,传热系数如何变化?

(3) 如果 h_i 增加 1 倍,传热系数又如何变化?

9-7 已知 $t_1' = 300$ ℃,$t_1'' = 210$ ℃,$t_2' = 100$ ℃,$t_2'' = 200$ ℃,试计算按下列流动布置时换热器的对数平均温差:

(1) 顺流布置;

(2) 逆流布置;

(3) 1-2 型管壳式,热流体在壳侧;

(4) 1-2 型管壳式,热流体在管侧。

9-8 用一台 1-2 型管壳式换热器来冷却 11 号润滑油。冷却水在管内流动,进口温度为 20 ℃,出口温度为 50 ℃,流量为 3 kg/s;热油入口温度为 100 ℃,出口温度为 60 ℃,$k = 350$ W/(m²·K)。试计算:

(1) 油的流量;

(2) 所传递的热量;

(3) 所需的传热面积。

9-9　用套管式换热器加热高含蜡原油。热水进出口温度分别为 90 ℃和 45 ℃,热水流量是 0.7 kg/s,比热容为 4.18 kJ/(kg·℃);原油的温度为 35 ℃,加热后原油温度为 60 ℃,原油比热容为 2.56 kJ/(kg·℃),忽略换热器的热损失。问:

(1) 该换热器是顺流还是逆流?

(2) 原油产量是多少?

(3) 水和油之间的换热量是多少?

(4) 该换热器的对数平均温差是多少?

9-10　用套管换热器加热原油。管内原油质量流量为 200 kg/h,比定压热容为 2.09 kJ/(kg·K),进口温度为 20 ℃,要求原油被加热到 60 ℃。热水温度从 98 ℃降至 70 ℃,比定压热容 4.17 kJ/(kg·K)。水侧对流传热系数为 2 500 W/(m²·K),油侧对流传热系数为 1 200 W/(m²·K)。钢管的导热系数为 40 W/(m·K),钢管外径为 80 mm,壁厚为 3 mm。求需要的最小管子长度。

9-11　一台 1-2 型管壳式换热器用 30 ℃的水来冷却 120 ℃的热油,热油的比热容 $c=2\,100$ J/(kg·K),油流量为 2 kg/s;冷却水流量为 1.2 kg/s。设总传热系数 $k=27$ W/(m²·K),传热面积 $A=20$ m²,试确定水与油各自的出口温度。

附 录

附录 1　一些常用气体在 25 ℃ ,100 kPa* 时的比热容

物　质	分子式	M	R_g	ρ	c_p	c_V	$\gamma = \dfrac{c_p}{c_V}$
		10^{-3} kg/mol	J/(kg·K)	kg/m³	kJ/(kg·K)	kJ/(kg·K)	
乙炔	C_2H_2	26.038	319.3	1.05	1.669	1.380	1.231
空气	—	28.97	287	1.169	1.004	0.717	1.400
氨	NH_3	17.031	488.2	0.694	2.130	1.640	1.297
氩	Ar	39.948	208.1	1.613	0.520	0.312	1.667
正丁烷	C_4H_{10}	58.124	143.0	2.407	1.716	1.573	1.091
二氧化碳	CO_2	44.01	188.9	1.775	0.842	0.653	1.289
一氧化碳	CO	28.01	296.8	1.13	1.041	0.744	1.399
乙烷	C_2H_6	30.070	276.5	1.222	1.766	1.490	1.186
乙醇	C_2H_5OH	46.069	180.5	1.883	1.427	1.246	1.145
乙烯	C_2H_4	28.054	296.4	1.138	1.548	1.252	1.237
氦	He	4.003	2 077.1	0.161 5	5.193	3.116	1.667
氢	H_2	2.016	4 124.3	0.081 3	14.209	10.085	1.409
甲烷	CH_4	16.043	518.3	0.648	2.254	1.736	1.299
甲醇	CH_3OH	32.042	259.5	1.31	1.405	1.146	1.227
氮	N_2	28.013	296.8	1.13	1.042	0.745	1.400
正辛烷	C_8H_{18}	114.232	72.79	0.092	1.711	1.638	1.044
氧	O_2	31.999	259.8	1.292	0.922	0.622	1.393
丙烷	C_3H_8	44.094	188.6	1.808	1.679	1.490	1.126
R22	$CHClF_2$	86.469	96.16	3.54	0.658	0.562	1.171
R134a	CF_3CH_2F	102.03	81.49	4.20	0.852	0.771	1.106
二氧化硫	SO_2	64.063	129.8	2.618	0.624	0.494	1.263
水蒸气	H_2O	18.015	461.5	0.023 1	1.872	1.410	1.327

* 若饱和压力小于 100 kPa，则为饱和压力。

附录2　某些常用气体在理想气体状态下时的比定压热容与温度的关系式

$$\{c_{p0}\}_{kJ/(kg \cdot K)} = a_0 + a_1\{T\}_K + a_2\{T\}_K^2 + a_3\{T\}_K^3$$

气 体	a_0	$a_1 \times 10^3$	$a_2 \times 10^6$	$a_3 \times 10^9$	适用温度范围 K	最大误差 %
H_2	14.439	−0.950 4	1.986 1	−0.431 8	273~1 800	1.01
O_2	0.805 6	0.434 1	−0.181 0	0.027 48	273~1 800	1.09
N_2	1.031 6	−0.056 08	0.288 4	−0.102 5	273~1 800	0.59
空气	0.970 5	0.067 91	0.165 8	−0.067 88	273~1 800	0.72
CO	1.005 3	0.059 80	0.191 8	−0.079 33	273~1 800	0.89
CO_2	0.505 8	1.359 0	−0.795 5	0.169 7	273~1 800	0.65
H_2O	1.789 5	0.106 8	0.586 1	−0.199 5	273~1 500	0.52
CH_4	1.239 8	3.131 5	0.791 0	−0.686 2	273~1 500	1.33
C_2H_4	0.147 07	5.525	−2.907	0.605 3	298~1 500	0.30
C_2H_6	0.180 05	5.923	−2.307	0.289 7	298~1 500	0.70
C_3H_6	0.089 02	5.561	−2.735	0.516 4	298~1 500	0.44
C_3H_8	−0.095 70	6.946	−3.597	0.729 1	298~1 500	0.28

附录3　常用气体的平均比定压热容

$$c_p|_0^t / [kJ/(kg \cdot K)]$$

温度/℃　　气体	O_2	N_2	CO	CO_2	H_2O	SO_2	空 气
0	0.915	1.039	1.040	0.815	1.859	0.607	1.004
100	0.923	1.040	1.042	0.866	1.873	0.636	1.006
200	0.935	1.043	1.046	0.910	1.894	0.662	1.012
300	0.950	1.049	1.054	0.949	1.919	0.687	1.019
400	0.965	1.057	1.063	0.983	1.948	0.708	1.028
500	0.979	1.066	1.075	1.013	1.978	0.724	1.039
600	0.993	1.076	1.086	1.040	2.009	0.737	1.050
700	1.005	1.087	1.098	1.064	2.042	0.754	1.061
800	1.016	1.097	1.109	1.085	2.075	0.762	1.071
900	1.026	1.108	1.120	1.104	2.110	0.775	1.081
1 000	1.035	1.118	1.130	1.122	2.144	0.783	1.091
1 100	1.043	1.127	1.140	1.138	2.177	0.791	1.100
1 200	1.051	1.136	1.149	1.153	2.211	0.795	1.108
1 300	1.058	1.145	1.158	1.166	2.243	—	1.117
1 400	1.065	1.153	1.166	1.178	2.274	—	1.124
1 500	1.071	1.160	1.173	1.189	2.305	—	1.131
1 600	1.077	1.167	1.180	1.200	2.335	—	1.138
1 700	1.083	1.174	1.187	1.209	2.363	—	1.144
1 800	1.089	1.180	1.192	1.218	2.391	—	1.150
1 900	1.094	1.186	1.198	1.226	2.417	—	1.156
2 000	1.099	1.191	1.203	1.233	2.442	—	1.161
2 100	1.104	1.197	1.208	1.241	2.466	—	1.166
2 200	1.109	1.201	1.213	1.247	2.489	—	1.171
2 300	1.114	1.206	1.218	1.253	2.512	—	1.176

续表

温度/℃ ＼ 气体	O_2	N_2	CO	CO_2	H_2O	SO_2	空 气
2 400	1.118	1.210	1.222	1.259	2.533	—	1.180
2 500	1.123	1.214	1.226	1.264	2.554	—	1.184
2 600	1.127	—	—	—	2.574	—	—
2 700	1.131	—	—	—	2.594	—	—
2 800	—	—	—	—	2.612	—	—
2 900	—	—	—	—	2.630	—	—
3 000	—	—	—	—	—	—	—

附录 4　常用气体的平均比定容热容

$$c_V \big|_0^t / [\text{kJ}/(\text{kg} \cdot \text{K})]$$

温度/℃ ＼ 气体	O_2	N_2	CO	CO_2	H_2O	SO_2	空 气
0	0.655	0.742	0.743	0.626	1.398	0.477	0.716
100	0.663	0.744	0.745	0.677	1.411	0.507	0.719
200	0.675	0.747	0.749	0.721	1.432	0.532	0.724
300	0.690	0.752	0.757	0.760	1.457	0.557	0.732
400	0.705	0.760	0.767	0.794	1.486	0.578	0.741
500	0.719	0.769	0.777	0.824	1.516	0.595	0.752
600	0.733	0.779	0.789	0.851	1.547	0.607	0.762
700	0.745	0.790	0.801	0.875	1.581	0.621	0.773
800	0.756	0.801	0.812	0.896	1.614	0.632	0.784
900	0.766	0.811	0.823	0.916	1.618	0.615	0.794
1 000	0.775	0.821	0.834	0.933	1.682	0.653	0.804
1 100	0.783	0.830	0.843	0.950	1.716	0.662	0.813
1 200	0.791	0.839	0.857	0.964	1.749	0.666	0.821
1 300	0.798	0.848	0.861	0.977	1.781	—	0.829
1 400	0.805	0.856	0.869	0.989	1.813	—	0.837
1 500	0.811	0.863	0.876	1.001	1.843	—	0.844
1 600	0.817	0.870	0.883	1.011	1.873	—	0.851
1 700	0.823	0.877	0.889	1.020	1.902	—	0.857
1 800	0.829	0.883	0.896	1.029	1.929	—	0.863
1 900	0.834	0.889	0.901	1.037	1.955	—	0.869
2 000	0.839	0.894	0.906	1.045	1.980	—	0.874
2 100	0.844	0.900	0.911	1.052	2.005	—	0.879
2 200	0.849	0.905	0.916	1.058	2.028	—	0.884
2 300	0.854	0.909	0.921	1.064	2.050	—	0.889
2 400	0.858	0.914	0.925	1.070	2.072	—	0.893
2 500	0.863	0.918	0.929	1.075	2.093	—	0.897
2 600	0.868	—	—	—	2.113	—	—
2 700	0.872	—	—	—	2.132	—	—
2 800	—	—	—	—	2.151	—	—
2 900	—	—	—	—	2.168	—	—
3 000	—	—	—	—	—	—	—

附录5　空气的热力性质

T	t	h	u	s^0
K	℃	kJ/kg	kJ/kg	kJ/(kg・K)
200	−73.15	200.13	142.72	6.295 0
220	−53.15	220.18	157.03	6.390 5
240	−33.15	240.22	171.34	6.477 7
260	−13.15	260.28	185.65	6.558 0
280	6.85	280.35	199.98	6.632 3
300	26.85	300.43	214.32	6.701 6
320	46.85	320.53	228.68	6.766 5
340	66.85	340.66	243.07	6.827 5
360	86.85	360.81	257.48	6.885 1
380	106.85	381.01	271.94	6.939 7
400	126.85	401.25	286.43	6.991 6
450	176.85	452.07	322.91	7.111 3
500	226.85	503.30	359.79	7.219 3
550	276.85	555.01	397.15	7.317 8
600	326.85	607.26	435.04	7.408 7
650	376.85	660.09	473.52	7.493 3
700	426.85	713.51	512.59	7.572 5
750	476.85	767.53	552.26	7.647 0
800	526.85	822.15	592.53	7.717 5
850	576.85	877.35	633.37	7.784 4
900	626.85	933.10	674.77	7.848 2
950	676.85	989.38	716.70	7.909 0
1 000	726.85	1 046.16	759.13	7.967 3
1 200	926.85	1 277.73	933.29	8.178 3
1 400	1 126.85	1 515.18	1 113.34	8.361 2
1 600	1 326.85	1 757.19	1 297.94	8.522 8
1 800	1 526.85	2 002.78	1 486.12	8.667 4
2 000	1 726.85	2 251.28	1 677.22	8.798 3
2 200	1 926.85	2 502.20	1 870.73	8.917 9
2 400	2 126.85	2 755.17	2 066.29	9.027 9
2 600	2 326.85	3 009.91	2 263.63	9.129 9
2 800	2 526.85	3 266.21	2 462.52	9.224 8
3 000	2 726.85	3 523.87	2 662.78	9.313 7
3 200	2 926.85	3 782.75	2 864.25	9.397 2
3 400	3 126.85	4 042.71	3 066.80	9.476 2

附录6 饱和水与饱和水蒸气的热力性质(按温度排列)

温度	压力	比体积		焓		汽化潜热	熵	
		液体	蒸汽	液体	蒸汽		液体	蒸汽
t	p	v'	v''	h'	h''	r	s'	s''
℃	MPa	m³/kg	m³/kg	kJ/kg	kJ/kg	kJ/kg	kJ/(kg·K)	kJ/(kg·K)
0	0.000 611 2	0.001 000 22	206.154	−0.05	2 500.51	2 500.6	−0.000 2	9.154 4
0.01	0.000 611 7	0.001 000 21	206.012	0.00	2 500.53	2 500.5	0.000 0	9.154 1
1	0.000 657 1	0.001 000 18	192.464	4.18	2 502.35	2 498.2	0.015 3	9.127 8
2	0.000 705 9	0.001 000 13	179.787	8.39	2 504.19	2 495.8	0.030 6	9.101 4
3	0.000 758 0	0.001 000 09	168.041	12.61	2 506.03	2 493.4	0.045 9	9.075 2
4	0.000 813 5	0.001 000 08	157.151	16.82	2 507.87	2 491.1	0.061 1	9.049 3
5	0.000 872 5	0.001 000 08	147.148	21.02	2 509.71	2 488.7	0.076 3	9.023 6
6	0.000 932 5	0.001 000 10	137.670	25.22	2 511.55	2 486.3	0.091 3	8.998 2
7	0.001 001 9	0.001 000 14	128.961	29.42	2 513.39	2 484.0	0.106 3	8.973 0
8	0.001 072 8	0.001 000 19	120.868	33.62	2 515.23	2 481.6	0.121 3	8.948 0
9	0.001 148 0	0.001 000 26	131.342	37.81	2 517.06	2 479.3	0.136 2	8.923 3
10	0.001 227 9	0.001 000 34	106.341	42.00	2 518.90	2 476.9	0.151 0	8.898 8
11	0.001 312 6	0.001 000 43	99.825	46.19	2 520.74	2 474.5	0.165 8	8.874 5
12	0.001 402 2	0.001 000 54	93.756	50.38	2 522.57	2 472.5	0.180 5	8.850 4
13	0.001 497 7	0.001 000 66	88.101	54.57	2 524.41	2 469.8	0.195 2	8.826 5
14	0.001 598 5	0.001 000 80	82.828	58.76	2 526.24	2 467.5	0.209 8	8.802 9
15	0.001 705 3	0.001 000 94	77.910	62.95	2 528.07	2 465.1	0.224 3	8.779 4
16	0.001 818 3	0.001 001 10	73.320	67.13	2 529.90	2 462.8	0.238 8	8.756 2
17	0.001 937 7	0.001 001 27	69.034	71.32	2 531.72	2 460.4	0.253 3	8.733 1
18	0.002 064 0	0.001 001 45	65.029	75.50	2 533.55	2 458.1	0.267 7	8.710 2
19	0.002 197 5	0.001 001 65	61.287	79.68	2 535.37	2 455.7	0.282 0	8.687 7
20	0.002 338 5	0.001 001 85	57.786	83.86	2 537.20	2 453.3	0.296 3	8.665 2
22	0.002 644 4	0.001 002 29	51.445	92.23	2 540.84	2 448.6	0.324 7	8.621 0
24	0.002 984 6	0.001 002 76	45.884	100.59	2 544.47	2 443.9	0.353 0	8.577 4
26	0.003 362 5	0.001 003 28	40.997	108.95	2 548.10	2 439.2	0.381 0	8.534 7
28	0.003 781 4	0.001 003 83	36.694	117.32	2 551.73	2 434.4	0.408 9	8.492 7
30	0.004 245 1	0.001 004 42	32.899	125.68	2 555.35	2 429.7	0.436 6	8.451 4
35	0.005 626 3	0.001 006 05	25.222	146.59	2 564.38	2 417.8	0.505 0	8.351 1
40	0.007 381 1	0.001 007 89	19.529	167.50	2 573.36	2 405.9	0.572 3	8.255 1
45	0.009 589 7	0.001 009 93	15.263 6	188.42	2 582.30	2 393.9	0.638 6	8.163 0
50	0.012 344 6	0.001 012 16	12.036 5	209.33	2 591.19	2 381.9	0.703 8	8.074 5
55	0.015 752	0.001 014 55	9.572 3	230.24	2 600.02	2 369.8	0.768 0	7.989 6
60	0.019 933	0.001 017 13	7.674 0	251.15	2 608.79	2 357.6	0.831 2	7.908 0
65	0.025 024	0.001 019 86	6.199 2	272.08	2 617.48	2 345.4	0.893 5	7.829 5
70	0.031 178	0.001 022 76	5.044 3	293.01	2 626.10	2 333.1	0.955 0	7.754 0
75	0.038 565	0.001 025 82	4.133 0	313.96	2 634.63	2 320.7	1.015 6	7.681 2
80	0.047 376	0.001 029 03	3.4086	334.93	2 643.06	2 308.1	1.075 3	7.611 2

续表

温度	压力	比体积		焓		汽化潜热	熵	
		液体	蒸汽	液体	蒸汽		液体	蒸汽
t	p	v'	v''	h'	h''	r	s'	s''
℃	MPa	m³/kg	m³/kg	kJ/kg	kJ/kg	kJ/kg	kJ/(kg·K)	kJ/(kg·K)
85	0.057 8 18	0.001 032 40	2.828 8	355.92	2 651.40	2 295.5	1.134 3	7.543 6
90	0.070 121	0.001 035 93	2.361 6	376.94	2 659.63	2 282.7	1.192 6	7.478 3
95	0.084 533	0.001 039 61	1.982 7	397.98	2 667.73	2 269.7	1.250 1	7.415 4
100	0.101 325	0.001 043 44	1.673 6	419.06	2 675.71	2 256.6	1.306 9	7.354 5
110	0.143 243	0.001 051 56	1.210 6	461.33	2 691.26	2 229.9	1.418 6	7.238 6
120	0.198 483	0.001 060 31	0.892 19	503.76	2 706.18	2 202.4	1.527 7	7.129 7
130	0.270 018	0.001 069 68	0.668 73	546.38	2 720.39	2 174.0	1.634 6	7.027 2
140	0.361 190	0.001 079 72	0.509 00	589.21	2 733.81	2 144.6	1.739 3	6.930 0
150	0.475 71	0.001 090 46	0.392 86	632.28	2 746.35	2 114.1	1.842 0	6.838 1
160	0.617 66	0.001 101 93	0.307 09	675.62	2 757.92	2 082.3	1.942 5	6.750 2
170	0.791 47	0.001 114 20	0.242 83	719.25	2 768.42	2 049.2	2.042 0	6.666 1
180	1.001 93	0.001 127 32	0.194 03	763.22	2 777.74	2 014.5	2.139 6	6.585 2
190	1.254 17	0.001 141 36	0.156 50	807.56	2 785.80	1 978.2	2.235 8	6.507 1
200	1.553 66	0.001 156 41	0.127 32	852.34	2 792.47	1 940.1	2.330 7	6.431 2
210	1.906 17	0.001 172 58	0.104 38	897.62	2 797.65	1 900.0	2.424 5	6.357 1
220	2.317 83	0.001 190 0	0.086 157	943.46	2 801.20	1 857.7	2.517 5	6.284 6
230	2.795 05	0.001 208 82	0.071 553	989.95	2 803.00	1 813.0	2.609 6	6.213 0
240	2.344 59	0.001 229 22	0.059 743	1 037.2	2 802.88	1 765.7	2.701 3	6.142 2
250	3.973 51	0.001 251 45	0.050 112	1 085.3	2 800.66	1 715.4	2.792 6	6.071 6
260	4.689 23	0.001 275 79	0.042 195	1 134.3	2 796.14	1 661.8	2.883 7	6.000 7
270	5.499 56	0.001 302 62	0.035 637	1 184.5	2 789.05	1 604.5	2.975 1	5.929 2
280	6.412 73	0.001 332 42	0.030 165	1 236.0	2 779.08	1 543.1	3.066 8	5.856 4
290	7.437 46	0.001 365 82	0.025 565	1 289.1	2 765.81	1 476.7	3.159 4	5.781 7
300	8.583 08	0.001 403 69	0.021 669	1 344.0	2 748.71	1 404.7	3.253 3	5.704 2
310	9.859 7	0.001 447 28	0.018 343	1 401.2	2 727.01	1 325.9	3.349 0	5.622 6
320	11.278	0.001 498 44	0.015 479	1 461.2	2 699.72	1 238.5	3.447 5	5.535 6
330	12.851	0.001 560 08	0.012 987	1 524.9	2 665.30	1 140.4	3.550 0	5.440 8
340	14.593	0.001 637 28	0.010 790	1 593.7	2 621.32	1 027.6	3.658 6	5.334 5
350	16.521	0.001 740 08	0.008 812	1 670.3	2 563.39	893.0	3.777 3	5.210 4
360	18.657	0.001 894 23	0.006 958	1 761.1	2 481.68	720.6	3.915 5	5.053 6
370	21.033	0.002 214 80	0.004 982	1 891.7	2 338.79	447.1	4.112 5	4.807 6
371	21.286	0.002 279 69	0.004 735	1 911.8	2 314.11	402.3	4.142 9	4.767 4
372	21.542	0.002 365 30	0.004 451	1 936.1	2 282.99	346.9	4.179 6	4.717 3
373	21.802	0.002 496 00	0.004 087	1 968.8	2 237.98	269.2	4.229 2	4.645 8

临界参数:$p_{cr}=22.064$ MPa;$h_{cr}=2\ 085.9$ kJ/kg;$v_{cr}=0.003\ 106$ m³/kg;$s_{cr}=4.409\ 2$ kJ/(kg·K);$t_{cr}=373.99$ ℃。

附录7　饱和水与饱和水蒸气的热力性质（按压力排列）

压力	温度	比体积		焓		汽化潜热	熵	
		液体	蒸汽	液体	蒸汽		液体	蒸汽
p	t	v'	v''	h'	h''	r	s'	s''
MPa	℃	m³/kg	m³/kg	kJ/kg	kJ/kg	kJ/kg	kJ/(kg·K)	kJ/(kg·K)
0.001 0	6.949 1	0.001 000 1	129.185	29.21	2 513.29	2 484.4	0.105 6	8.973 5
0.002 0	17.540 3	0.001 001 4	67.008	73.58	2 532.71	2 459.1	0.261 1	8.722 0
0.003 0	24.114 2	0.001 002 8	45.666	101.07	2 544.68	2 443.6	0.354 6	8.575 8
0.004 0	28.953 3	0.001 004 1	34.796	121.30	2 553.45	2 432.2	0.422 1	8.472 5
0.005 0	32.879 3	0.001 005 3	28.191	137.72	2 560.55	2 422.8	0.476 1	8.393 0
0.006 0	36.166 3	0.001 006 5	23.738	151.47	2 566.48	2 415.0	0.520 8	8.328 3
0.007 0	38.996 7	0.001 007 5	20.528	163.31	2 571.56	2 408.3	0.558 9	8.273 7
0.008 0	41.507 5	0.001 008 5	18.102	173.81	2 576.06	2 402.3	0.592 4	8.226 6
0.009 0	43.790 1	0.001 009 4	16.204	183.36	2 580.15	2 396.8	0.622 6	8.185 4
0.010	45.798 8	0.001 010 3	14.673	191.76	2 583.72	2 392.0	0.649 0	8.148 1
0.015	53.970 5	0.001 014 0	10.022	225.93	2 598.21	2 372.3	0.754 8	8.006 5
0.020	60.065 0	0.001 017 2	7.649 7	251.43	2 608.90	2 357.5	0.832 0	7.906 8
0.025	64.972 6	0.001 019 8	6.204 7	271.96	2 617.43	2 345.5	0.893 2	7.829 8
0.030	69.104 1	0.001 022 2	5.229 6	289.26	2 624.56	2 335.3	0.944 0	7.767 1
0.040	75.872 0	0.001 026 4	3.993 9	317.61	2 636.10	2 318.5	1.026 0	7.668 8
0.050	81.338 8	0.001 029 9	3.240 9	340.55	2 645.31	2 304.8	1.091 2	7.592 8
0.060	85.949 6	0.001 033 1	2.732 4	359.91	2 652.97	2 293.1	1.145 4	7.531 0
0.070	89.955 6	0.001 035 9	2.365 4	376.75	2 659.55	2 282.8	1.192 1	7.478 9
0.080	93.510 7	0.001 038 5	2.087 6	391.71	2 665.33	2 273.6	1.233 0	7.433 9
0.090	96.712 1	0.001 040 9	1.869 8	405.20	2 670.48	2 265.3	1.269 6	7.394 3
0.10	99.634	0.001 043 2	1.694 3	417.52	2 675.14	2 257.6	1.302 8	7.358 9
0.12	104.810	0.001 047 3	1.428 7	439.37	2 683.26	2 243.9	1.360 9	7.297 8
0.14	109.318	0.001 051 0	1.236 8	458.44	2 690.22	2 231.8	1.411 0	7.246 2
0.16	113.326	0.001 054 4	1.091 59	475.42	2 696.29	2 220.9	1.455 5	7.201 6
0.18	116.941	0.001 057 6	0.977 67	490.76	2 701.69	2 210.9	1.494 5	7.162 3
0.20	120.240	0.001 060 5	0.885 85	504.78	2 706.53	2 201.7	1.530 3	7.127 2
0.25	127.444	0.001 067 2	0.718 79	535.47	2 716.83	2 181.4	1.607 5	7.052 8
0.30	133.556	0.001 073 2	0.605 87	561.58	2 725.26	2 163.7	1.672 1	6.992 1
0.35	138.891	0.001 078 6	0.524 27	584.45	2 732.37	2 147.9	1.727 8	6.940 7
0.40	143.642	0.001 083 5	0.462 46	604.87	2 738.49	2 133.6	1.776 9	6.896 1
0.45	147.939	0.001 088 2	0.413 96	623.38	2 743.85	2 120.5	1.821 0	6.856 7
0.50	151.867	0.001 092 5	0.374 86	640.35	2 748.59	2 108.2	1.861 0	6.821 4
0.60	158.863	0.001 100 6	0.315 63	670.67	2 756.66	2 086.0	1.931 5	6.760 0
0.70	164.983	0.001 107 9	0.272 81	697.32	2 763.29	2 066.0	1.992 5	6.707 9
0.80	170.444	0.001 114 8	0.240 37	721.20	2 768.86	2 047.7	2.046 4	6.662 5
0.90	175.389	0.001 121 2	0.214 91	742.90	2 773.59	2 030.7	2.094 8	6.622 2

压力	温度	比体积		焓		汽化潜热	熵	
		液体	蒸汽	液体	蒸汽		液体	蒸汽
p	t	v'	v''	h'	h''	r	s'	s''
MPa	℃	m³/kg	m³/kg	kJ/kg	kJ/kg	kJ/kg	kJ/(kg·K)	kJ/(kg·K)
1.00	179.916	0.001 127 2	0.194 38	762.84	2 777.67	2 014.8	2.138 8	6.585 9
1.10	184.100	0.001 133 0	0.177 47	781.35	2 781.21	1 999.9	2.179 2	6.552 9
1.20	187.995	0.001 138 5	0.163 28	798.64	2 784.29	1 985.7	2.216 6	6.522 5
1.30	191.644	0.001 143 8	0.151 20	814.89	2 786.99	1 972.1	2.251 5	6.494 4
1.40	195.078	0.001 148 9	0.140 79	830.24	2 789.37	1 959.1	2.284 1	6.468 3
1.50	198.327	0.001 153 8	0.131 72	844.82	2 791.46	1 946.6	2.314 9	6.443 7
1.60	201.410	0.001 158 6	0.123 75	858.69	2 793.29	1 934.6	2.344 0	6.420 6
1.70	204.346	1.001 163 3	0.116 68	871.96	2 794.91	1 923.0	2.371 6	6.398 8
1.80	207.151	0.001 167 9	0.110 37	884.67	2 796.33	1 911.7	2.397 9	6.378 1
1.90	209.838	0.001 172 3	0.104 707	896.88	2 797.58	1 900.7	2.423 0	6.358 3
2.00	212.417	0.001 176 7	0.099 588	908.64	2 798.66	1 890.0	2.447 1	6.339 5
2.20	217.289	0.001 185 1	0.190 700	930.97	2 800.41	1 869.4	2.492 4	6.304 1
2.40	221.829	0.001 193 3	0.083 244	951.91	2 801.67	1 849.8	2.534 4	6.271 4
2.60	226.085	0.001 201 3	0.076 898	971.67	2 802.51	1 830.8	2.573 6	6.240 9
2.80	230.096	0.001 209 0	0.071 427	990.41	2 803.01	1 812.6	2.610 5	6.212 3
3.00	233.893	0.001 216 6	0.066 662	1 008.2	2 803.19	1 794.9	2.645 4	6.185 4
3.50	242.597	0.001 234 8	0.057 054	1 049.6	2 802.51	1 752.9	2.725 0	6.123 8
4.00	250.394	0.001 252 4	0.049 771	1 087.2	2 800.53	1 713.4	2.796 2	6.068 8
5.00	263.980	0.001 286 2	0.039 439	1 154.2	2 793.64	1 639.5	2.920 1	5.972 4
6.00	275.625	0.001 319 0	0.032 440	1 213.3	2 783.82	1 570.5	3.026 6	5.888 5
7.00	285.869	0.001 351 5	0.027 371	1 266.9	2 771.72	1 504.8	3.121 0	5.812 9
8.00	295.048	0.001 384 3	0.023 520	1 316.5	2 757.70	1 441.2	3.206 6	5.743 0
9.00	303.385	0.001 417 7	0.020 485	1 363.1	2 741.92	1 378.9	3.285 4	5.677 1
10.0	311.037	0.001 452 2	0.018 026	1 407.2	2 724.46	1 317.2	3.359 1	5.613 9
11.0	318.118	0.001 488 1	0.015 987	1 449.6	2 705.34	1 255.7	3.428 7	5.552 5
12.0	324.715	0.001 526 0	0.014 263	1 490.7	2 684.50	1 193.8	3.495 2	5.492 0
13.0	330.894	0.001 566 2	0.012 780	1 530.8	2 661.80	1 131.0	3.559 4	5.431 8
14.0	336.707	0.001 609 7	0.011 486	1 570.4	2 637.07	1 066.7	3.622 0	5.371 1
15.0	342.196	0.001 657 1	0.010 340	1 609.8	2 610.01	1 000.2	3.683 6	5.309 1
16.0	347.396	0.001 709 9	0.009 311	1 649.4	2 580.21	930.8	3.745 1	5.245 0
17.0	352.334	0.001 770 1	0.008 373	1 690.0	2 547.01	857.1	3.807 3	5.177 6
18.0	357.034	0.001 840 2	0.007 503	1 732.0	2 509.45	777.4	3.871 5	5.105 1
19.0	361.514	0.001 925 8	0.006 679	1 776.9	2 465.87	688.9	3.939 5	5.025 0
20.0	365.789	0.002 037 9	0.005 870	1 827.2	2 413.05	585.9	4.015 3	4.932 2
21.0	369.868	0.002 207 3	0.005 012	1 889.2	2 341.67	452.4	4.108 8	4.812 4
22.0	373.752	0.002 704 0	0.003 684	2 013.0	2 084.02	71.0	4.296 9	4.406 6

附录8   未饱和水与过热水蒸气的热力性质

p	0.001 MPa(t_s=6.949 ℃)			0.005 MPa(t_s=32.879 ℃)		
	v'	h'	s'	v'	h'	s'
	0.001 001 m³/kg	29.21 kJ/kg	0.105 6 kJ/(kg·K)	0.001 005 3 m³/kg	137.72 kJ/kg	0.476 1 kJ/(kg·K)
	v''	h''	s''	v''	h''	s''
	129.185 m³/kg	2 513.3 kJ/kg	8.973 5 kJ/(kg·K)	28.191 m³/kg	2 560.6 kJ/kg	8.393 0 kJ/(kg·K)
t	v	h	s	v	h	s
℃	m³/kg	kJ/kg	kJ/(kg·K)	m³/kg	kJ/kg	kJ/(kg·K)
0	0.001 002	−0.05	−0.000 2	0.001 000 2	−0.05	−0.000 2
10	130.598	2 519.0	8.993 8	0.001 000 3	42.01	0.151 0
20	135.226	2 537.7	9.058 8	0.001 001 8	83.87	0.296 3
40	144.475	2 575.2	9.182 3	28.854	2 574.0	8.436 6
60	153.717	2 612.7	9.298 4	30.712	2 611.8	8.553 7
80	162.956	2 650.3	9.408 0	32.566	2 649.7	8.663 9
100	172.192	2 688.0	9.512 0	34.418	2 687.5	8.768 2
120	181.426	2 725.9	9.610 9	36.269	2 725.5	8.867 4
140	190.660	2 764.0	9.705 4	38.118	2 763.7	8.962 0
160	199.893	2 802.3	9.795 9	39.967	2 802.0	9.052 6
180	209.126	2 840.7	9.882 7	41.815	2 840.5	9.139 6
200	218.358	2 879.4	9.966 2	43.662	2 879.2	9.223 2
220	227.590	2 918.3	10.046 8	45.510	2 918.2	9.303 8
240	236.821	2 957.5	10.124 6	47.357	2 957.3	9.381 6
260	246.053	2 996.8	10.199 8	49.204	2 996.7	9.456 9
280	255.284	3 036.4	10.272 7	51.051	3 036.3	9.529 8
300	264.515	3 076.2	10.343 4	52.898	3 076.1	9.600 5
350	287.592	3 176.8	10.511 7	57.514	3 176.7	9.768 8
400	310.669	3 278.9	10.669 2	62.131	3 278.8	9.926 4
450	333.746	3 382.4	10.817 6	66.747	3 382.4	10.074 7
500	356.823	3 487.5	10.958 1	71.362	3 487.5	10.215 3
550	379.900	3 594.4	11.092 1	75.978	3 594.4	10.349 3
600	402.976	3 703.4	11.220 6	80.594	3 703.4	10.477 8

p	0.010 MPa(t_s=45.799 ℃)			0.10 MPa(t_s=99.634 ℃)		
	v'	h'	s'	v'	h'	s'
	0.001 010 3	191.76	0.649 0	0.001 043 1	417.52	1.302 8
	m³/kg	kJ/kg	kJ/(kg・K)	m³/kg	kJ/kg	kJ/(kg・K)
	v''	h''	s''	v''	h''	s''
	14.673	2 583.7	8.148 1	1.694 3	2 675.1	7.358 9
	m³/kg	kJ/kg	kJ/(kg・K)	m³/kg	kJ/kg	kJ/(kg・K)
t	v	h	s	v	h	s
℃	m³/kg	kJ/kg	kJ/(kg・K)	m³/kg	kJ/kg	kJ/(kg・K)
0	0.001 000 2	−0.04	−0.000 2	0.001 000 2	0.05	−0.000 2
10	0.001 000 3	42.01	0.151 0	0.001 000 3	42.01	0.151 0
20	0.001 001 8	83.87	0.296 3	0.001 001 8	83.96	0.296 3
40	0.001 007 9	167.51	0.572 3	0.001 007 8	167.59	0.572 3
60	15.336	2 610.8	8.231 3	0.001 017 1	251.22	0.831 2
80	16.268	2 648.9	8.342 2	0.001 029 0	334.97	1.075 3
100	17.196	2 686.9	8.447 1	1.696 1	2 675.9	7.360 9
120	18.124	2 725.1	8.546 6	1.793 1	2 716.3	7.466 5
140	19.050	2 763.3	8.641 1	1.888 9	2 756.2	7.565 4
160	19.976	2 801.7	8.732 2	1.983 8	2 795.8	7.659 0
180	20.901	2 840.2	8.819 2	2.078 3	2 835.3	7.748 2
200	21.826	2 879.0	8.902 9	2.172 3	2 874.8	7.833 4
220	22.750	2 918.0	8.983 5	2.265 9	2 914.3	7.915 2
240	23.674	2 957.1	9.061 4	2.359 4	2 953.9	7.994 0
260	24.598	2 996.5	9.136 7	2.452 7	2 993.7	8.070 1
280	25.522	3 036.2	9.209 7	2.545 8	3 033.6	8.143 6
300	26.446	3 076.0	9.280 5	2.638 8	3 073.8	8.214 8
350	28.755	3 176.6	9.448 8	2.870 9	3 174.9	8.384 0
400	31.063	3 278.7	9.606 4	3.102 7	3 277.3	8.542 2
450	33.372	3 382.3	9.745 8	3.334 2	3 381.2	8.690 9
500	35.680	3 487.4	9.895 3	3.565 6	3 486.5	8.831 7
550	37.988	3 591.3	10.029 3	3.796 8	3 593.5	8.965 9
600	40.296	3 703.4	10.157 9	4.027 9	3 702.7	9.094 6

续表

p	0.5 MPa(t_s=151.867 ℃)			1 MPa(t_s=179.916 ℃)		
	v'	h'	s'	v'	h'	s'
	0.001 092 5	640.35	1.861 0	0.001 127 2	762.84	2.138 8
	m³/kg	kJ/kg	kJ/(kg·K)	m³/kg	kJ/kg	kJ/(kg·K)
	v''	h''	s''	v''	h''	s''
	0.374 90	2 748.6	6.821 4	0.194 40	2 777.7	6.585 9
	m³/kg	kJ/kg	kJ/(kg·K)	m³/kg	kJ/kg	kJ/(kg·K)
t	v	h	s	v	h	s
℃	m³/kg	kJ/kg	kJ/(kg·K)	m³/kg	kJ/kg	kJ/(kg·K)
0	0.001 000 0	0.46	−0.000 1	0.000 999 7	0.97	−0.000 1
10	0.001 000 1	42.49	0.151 0	0.000 999 9	42.98	0.150 9
20	0.001 001 6	84.33	0.296 2	0.001 001 4	84.80	0.296 1
40	0.001 007 7	167.94	0.572 1	0.001 007 4	168.38	0.571 9
60	0.001 016 9	251.56	0.831 0	0.001 016 7	251.98	0.830 7
80	0.001 028 8	335.29	1.075 0	0.001 028 6	335.69	1.074 7
100	0.001 043 2	419.36	1.306 6	0.001 043 0	419.74	1.306 2
120	0.001 060 1	503.97	1.527 5	0.001 059 9	504.32	1.527 0
140	0.001 079 6	589.30	1.739 2	0.001 078 3	589.62	1.738 6
160	0.383 58	2 767.2	6.864 7	0.001 101 7	675.84	1.942 4
180	0.404 50	2 811.7	6.965 1	0.194 43	2 777.9	6.586 4
200	0.424 87	2 854.9	7.058 5	0.205 90	2 827.3	6.693 1
220	0.444 85	2 897.3	7.146 2	0.216 86	2 874.2	6.790 3
240	0.464 55	2 939.2	7.229 5	0.227 45	2 919.6	6.880 4
260	0.484 04	2 980.8	7.309 1	0.237 79	2 963.8	6.965 0
280	0.503 36	3 022.2	7.385 3	0.247 93	3 007.3	7.045 1
300	0.522 55	3 063.6	7.458 8	0.257 93	3 050.4	7.121 6
350	0.570 12	3 167.0	7.631 9	0.282 47	3 157.0	7.299 9
400	0.617 29	3 271.1	7.792 4	0.306 58	3 263.1	7.463 8
420	0.636 08	3 312.9	7.853 7	0.316 15	3 305.6	7.526 0
440	0.654 83	3 354.9	7.913 5	0.325 68	3 348.2	7.586 6
450	0.664 20	3 376.0	7.942 8	0.330 43	3 369.6	7.616 3
460	0.673 56	3 397.2	7.971 9	0.335 18	3 390.9	7.645 6
480	0.692 26	3 439.6	8.028 9	0.344 65	3 433.8	7.703 3
500	0.710 94	3 482.2	8.084 8	0.354 10	3 476.8	7.759 7
550	0.757 55	3 589.9	8.219 8	0.377 64	3 585.4	7.895 8
600	0.804 08	3 699.6	8.349 1	0.401 09	3 695.7	8.025 9

p	3 MPa(t_s=233.893 ℃)			5 MPa(t_s=263.980 ℃)		
	v'	h'	s'	v'	h'	s'
	0.001 216 6	1 008.2	2.645 4	0.001 286 1	1 154.2	2.920 0
	m³/kg	kJ/kg	kJ/(kg·K)	m³/kg	kJ/kg	kJ/(kg·K)
	v''	h''	s''	v''	h''	s''
	0.066 700	2 803.2	6.185 4	0.039 400	2 793.6	5.972 4
	m³/kg	kJ/kg	kJ/(kg·K)	m³/kg	kJ/kg	kJ/(kg·K)
t	v	h	s	v	h	s
℃	m³/kg	kJ/kg	kJ/(kg·K)	m³/kg	kJ/kg	kJ/(kg·K)
0	0.000 998 7	3.01	0.000 0	0.000 997 7	5.04	0.000 2
10	0.000 998 9	44.92	0.150 7	0.000 997 9	46.87	0.150 6
20	0.001 000 5	86.68	0.295 7	0.000 999 6	88.55	0.295 2
40	0.001 006 6	170.15	0.571 1	0.001 005 7	171.92	0.570 4
60	0.001 015 8	253.66	0.829 6	0.001 014 9	255.34	0.828 6
80	0.001 027 6	377.28	1.073 4	0.001 026 7	338.87	1.072 1
100	0.001 042 0	421.24	1.304 7	0.001 041 0	422.75	1.303 1
120	0.001 058 7	505.73	1.525 2	0.001 057 6	507.14	1.523 4
140	0.001 078 1	590.92	1.736 6	0.001 076 8	592.23	1.734 5
160	0.001 100 2	677.01	1.940 0	0.001 098 8	678.19	1.937 7
180	0.001 125 6	764.23	2.136 9	0.001 124 0	765.25	2.134 2
200	0.001 154 9	852.93	2.328 4	0.001 152 9	853.75	2.325 3
220	0.001 189 1	943.65	2.516 2	0.001 186 7	944.21	2.512 5
240	0.068 184	2 823.4	6.225 0	0.001 226 6	1 037.3	2.697 6
260	0.072 828	2 884.4	6.341 7	0.001 275 1	1 134.3	2.882 9
280	0.077 101	2 940.1	6.444 3	0.042 228	2 855.8	6.086 4
300	0.084 191	2 992.4	6.537 1	0.045 301	2 923.3	6.206 4
350	0.090 520	3 114.4	6.741 4	0.051 932	3 067.4	6.447 7
400	0.099 352	3 230.1	6.919 9	0.057 804	3 194.9	6.644 6
420	0.102 787	3 275.4	6.986 4	0.060 033	3 243.6	6.715 9
440	0.106 180	3 320.5	7.050 5	0.062 216	3 291.5	6.784 0
450	0.107 864	3 343.0	7.081 7	0.063 291	3 315.2	6.817 0
460	0.109 540	3 365.4	7.112 5	0.064 358	3 338.8	6.849 4
480	0.112 870	3 410.1	7.172 8	0.066 469	3 385.6	6.912 5
500	0.116 174	3 454.9	7.231 4	0.068 552	3 432.2	6.973 5
550	0.124 349	3 566.9	7.371 8	0.073 664	3 548.0	7.118 7
600	0.132 427	3 679.9	7.505 1	0.078 675	3 663.9	7.255 3

续表

p	7 MPa(t_s=285.869 ℃)			10 MPa(t_s=311.037 ℃)		
	v'	h'	s'	v'	h'	s'
	0.001 351 5	1 266.9	3.121 0	0.001 452 2	1 407.2	3.359 1
	m³/kg	kJ/kg	kJ/(kg·K)	m³/kg	kJ/kg	kJ/(kg·K)
	v''	h''	s''	v''	h''	s''
	0.027 400	2 771.7	5.812 9	0.018 000	2 724.5	5.613 9
	m³/kg	kJ/kg	kJ/(kg·K)	m³/kg	kJ/kg	kJ/(kg·K)
t	v	h	s	v	h	s
℃	m³/kg	kJ/kg	kJ/(kg·K)	m³/kg	kJ/kg	kJ/(kg·K)
0	0.000 996 7	7.07	0.000 3	0.000 995 2	10.09	0.000 4
10	0.000 997 0	48.80	0.150 4	0.000 995 6	51.70	0.150 0
20	0.000 998 6	90.42	0.294 8	0.000 997 3	93.22	0.294 2
40	0.001 004 8	173.69	0.569 6	0.001 003 5	176.34	0.568 4
60	0.001 014 0	257.01	0.827 5	0.001 012 7	259.53	0.825 9
80	0.001 025 8	340.46	1.070 8	0.001 024 4	342.85	1.068 8
100	0.001 039 9	424.25	1.301 6	0.001 038 5	426.51	1.299 3
120	0.001 056 5	508.55	1.521 6	0.001 054 9	510.68	1.519 0
140	0.001 075 6	593.54	1.732 5	0.001 073 8	595.50	1.729 4
160	0.001 097 4	679.37	1.935 3	0.001 095 3	681.16	1.931 9
180	0.001 122 3	766.28	2.131 5	0.001 119 9	767.84	2.127 5
200	0.001 151 0	854.59	2.322 2	0.001 148 1	855.88	2.317 6
220	0.001 184 2	944.79	2.508 9	0.001 180 7	945.71	2.503 6
240	0.001 223 5	1 037.6	2.693 3	0.001 219 0	1 038.0	2.687 0
260	0.001 271 0	1 134.0	2.877 6	0.001 265 0	1 133.6	2.869 8
280	0.001 330 7	1 235.7	3.064 8	0.001 322 2	1 234.2	3.054 9
300	0.029 457	2 837.5	5.929 1	0.001 397 5	1 342.3	3.246 9
350	0.035 225	3 014.8	6.226 5	0.022 415	2 922.1	5.942 3
400	0.039 917	3 157.3	6.446 5	0.026 402	3 095.8	6.210 9
450	0.044 143	3 286.2	6.631 4	0.029 735	3 240.5	6.418 4
500	0.048 110	3 408.9	6.795 4	0.032 750	3 372.8	6.595 4
520	0.049 649	3 457.0	6.856 9	0.033 900	3 423.8	6.660 5
540	0.051 166	3 504.8	6.916 4	0.035 027	3 474.1	6.723 2
550	0.051 917	3 528.7	6.945 6	0.035 582	3 499.1	6.753 7
560	0.052 664	3 552.4	6.974 3	0.036 133	3 523.9	6.783 7
580	0.054 147	3 600.0	7.030 6	0.037 222	3 573.3	6.842 3
600	0.055 617	3 647.5	7.085 7	0.038 297	3 622.5	6.899 2

续表

p	14.0 MPa(t_s=336.707 ℃)			20.0 MPa(t_s=365.789 ℃)		
	v'	h'	s'	v'	h'	s'
	0.001 609 7	1 570.4	3.622 0	0.002 037 9	1 827.2	4.015 3
	m³/kg	kJ/kg	kJ/(kg・K)	m³/kg	kJ/kg	kJ/(kg・K)
	v''	h''	s''	v''	h''	s''
	0.011 500	2 637.1	5.371 1	0.005 870 2	2 413.1	4.932 2
	m³/kg	kJ/kg	kJ/(kg・K)	m³/kg	kJ/kg	kJ/(kg・K)
t	v	h	s	v	h	s
℃	m³/kg	kJ/kg	kJ/(kg・K)	m³/kg	kJ/kg	kJ/(kg・K)
0	0.000 993 3	14.10	0.000 5	0.000 990 4	20.08	0.000 6
10	0.000 993 8	55.55	0.149 6	0.000 991 1	61.29	0.148 8
20	0.000 995 5	96.95	0.293 2	0.000 992 9	102.50	0.291 9
40	0.001 001 8	179.86	0.566 9	0.000 999 2	185.13	0.564 5
60	0.001 010 9	262.88	0.823 9	0.001 008 4	267.90	0.820 7
80	0.001 022 6	346.04	1.066 3	0.001 019 9	350.82	1.062 4
100	0.001 036 5	429.53	1.296 2	0.001 033 6	434.06	1.291 7
120	0.001 052 7	513.52	1.515 5	0.001 049 6	517.79	1.510 3
140	0.001 071 4	598.14	1.725 4	0.001 067 9	602.12	1.719 5
160	0.001 092 6	683.56	1.927 3	0.001 088 6	687.20	1.920 6
180	0.001 116 7	769.96	2.122 3	0.001 112 1	773.19	2.114 7
200	0.001 144 3	857.63	2.311 6	0.001 138 9	860.36	2.302 9
220	0.001 176 1	947.00	2.496 6	0.001 169 5	949.07	2.486 5
240	0.001 213 2	1 038.6	2.678 8	0.001 205 1	1 039.8	2.667 0
260	0.001 257 4	1 133.4	2.859 9	0.001 246 9	1 133.4	2.845 7
280	0.001 311 7	1 232.5	3.042 4	0.001 297 4	1 230.7	3.024 9
300	0.001 381 4	1 338.2	3.230 0	0.001 360 5	1 333.4	3.207 2
350	0.013 218	2 751.2	5.556 4	0.001 664 5	1 645.3	3.727 5
400	0.017 218	3 001.1	5.943 6	0.009 945 8	2 816.8	5.552 0
450	0.020 074	3 174.2	6.191 9	0.012 701 3	3 060.7	5.902 5
500	0.022 512	3 322.3	6.390 0	0.014 768 1	3 239.3	6.141 5
520	0.023 418	3 377.9	6.461 0	0.015 504 6	3 303.0	6.222 9
540	0.024 295	3 432.1	6.528 5	0.016 206 7	3 364.0	6.298 9
550	0.024 724	3 458.7	6.561 1	0.016 647 1	3 393.7	6.335 2
560	0.025 147	3 485.2	6.593 1	0.016 881 1	3 422.9	6.370 5
580	0.025 978	3 537.5	6.655 1	0.017 532 8	3 480.3	6.438 5
600	0.026 792	3 589.1	6.714 9	0.018 165 5	3 536.3	6.503 5

p	25 MPa			30 MPa		
t	v	h	s	v	h	s
℃	m³/kg	kJ/kg	kJ/(kg·K)	m³/kg	kJ/kg	kJ/(kg·K)
0	0.000 988 0	25.01	0.000 6	0.000 985 7	29.92	0.000 5
10	0.000 988 8	66.04	0.148 1	0.000 986 6	70.77	0.147 4
20	0.000 990 8	107.11	0.290 7	0.000 988 7	111.71	0.289 5
40	0.000 997 2	189.51	0.562 6	0.000 995 1	193.87	0.560 6
60	0.001 006 3	272.08	0.818 2	0.001 004 2	276.25	0.815 6
80	0.001 017 7	354.80	1.059 3	0.001 015 5	358.78	1.056 2
100	0.001 031 3	437.85	1.288 0	0.001 029 0	441.64	1.284 4
120	0.001 047 0	521.36	1.506 1	0.001 044 5	524.95	1.501 9
140	0.001 065 0	605.46	1.714 7	0.001 062 2	608.82	1.710 0
160	0.001 085 4	690.27	1.915 2	0.001 082 5	693.36	1.909 8
180	0.001 108 4	775.94	2.108 5	0.001 104 8	778.72	2.102 4
200	0.001 134 5	862.71	2.295 9	0.001 130 3	865.12	2.289 0
220	0.001 164 3	950.91	2.478 5	0.001 159 3	952.85	2.470 6
240	0.001 198 6	1 041.0	2.657 5	0.001 192 5	1 042.3	2.648 5
260	0.001 238 7	1 133.6	2.834 6	0.001 231 1	1 134.1	2.823 9
280	0.001 286 6	1 229.6	3.011 3	0.001 276 6	1 229.0	2.998 5
300	0.001 345 3	1 330.3	3.190 1	0.001 331 7	1 327.9	3.174 2
350	0.001 598 1	1 623.1	3.678 8	0.001 552 2	1 608.0	3.642 0
400	0.006 001 4	2 578.0	5.138 6	0.002 792 9	2 150.6	4.472 1
450	0.009 166 6	2 950.5	5.675 4	0.006 736 3	2 822.1	5.443 3
500	0.011 122 9	3 164.1	5.961 4	0.008 676 1	3 083.3	5.793 4
520	0.011 789 7	3 236.1	6.053 4	0.009 303 3	3 165.4	5.898 2
540	0.012 415 6	3 303.8	6.137 7	0.009 882 5	3 240.8	5.992 1
550	0.012 716 1	3 336.4	6.177 5	0.010 158 0	3 276.6	6.035 9
560	0.013 009 5	3 368.2	6.216 0	0.010 425 4	3 311.4	6.078 0
580	0.013 577 8	3 430.2	6.289 5	0.010 939 7	3 378.5	6.157 6
600	0.014 124 9	3 490.2	6.359 1	0.011 431 0	3 442.9	6.232 1

说明:粗水平线之上为未饱和水,粗水平线之下为过热水蒸气。

附录9　金属材料的密度、比热容和导热系数

材料名称	20 ℃			导热系数/(W·m⁻¹·K⁻¹)						
	密度	比热容	导热系数	温度/℃						
	kg/m³	J/(kg·K)	W/(m·K)	−100	0	100	200	300	400	600
纯铝	2 710	902	236	243	236	240	238	228	215	
杜拉铝(96Al-4Cu,微量 Mg)	2 790	881	169	124	160	188	188	193		
铝合金(92Al-8Mg)	2 610	904	107	86	102	123	148			
铝合金(87Al-13Si)	2 660	871	162	139	158	173	176	180		
铍	1 850	1 758	219	382	218	170	145	129	118	
纯铜	8 930	386	398	421	401	393	389	384	379	366
铝青铜(90Cu-10Al)	8 360	420	56		49	57	66			
青铜(89Cu-11Sn)	8 800	343	24.8		24	28.4	33.2			
黄铜(70Cu-30Zn)	8 440	377	109	90	106	131	143	145	148	
铜合金(60Cu-40Ni)	8 920	410	22.2	19	22.2	23.4				
黄金	19 300	127	315	331	318	313	310	305	300	287
纯铁	7 870	455	81.1	96.7	83.5	72.1	63.5	56.5	50.3	39.4
阿姆口铁	7 860	455	73.2	82.9	74.7	67.5	61.0	54.8	49.9	38.6
灰铸铁(w_C≈3%)	7 570	470	39.2		28.5	32.4	35.8	37.2	36.6	20.8
碳钢(w_C≈0.5%)	7 840	465	49.8		50.5	47.5	44.8	42.0	39.4	34.0
碳钢(w_C≈1.0%)	7 790	470	43.2		43.0	42.8	42.2	41.5	40.6	36.7
碳钢(w_C≈1.5%)	7 750	470	36.7		36.8	36.6	36.2	35.7	34.7	31.7
铬钢(w_{Cr}≈5%)	7 830	460	36.1		36.3	35.2	34.7	33.5	31.4	28.0
铬钢(w_{Cr}≈13%)	7 740	460	26.8		26.5	27.0	27.0	27.0	27.6	28.4
铬钢(w_{Cr}≈17%)	7 710	460	22		22.0	22.2	22.6	22.6	23.3	24.0
铬钢(w_{Cr}≈26%)	7 650	460	22.6		22.6	23.8	25.5	27.2	28.5	31.8
铬镍钢(18-20Cr/8-12Ni)	7 820	460	15.2	12.2	14.7	16.6	18.0	19.4	20.8	23.5
铬镍钢(17-19Cr/9-13Ni)	7 830	460	14.7	11.8	14.3	16.1	17.5	18.8	20.2	22.8
镍钢(w_{Ni}≈1%)	7 900	460	45.5	40.8	45.2	46.8	46.1	44.1	41.2	35.7
镍钢(w_{Ni}≈3.5%)	7 910	460	36.5	30.7	36.0	38.8	39.7	39.2	37.8	
镍钢(w_{Ni}≈25%)	8 030	460	13.0							
镍钢(w_{Ni}≈35%)	8 110	460	13.8	10.9	13.4	15.4	17.1	18.6	20.1	23.1
镍钢(w_{Ni}≈44%)	8 190	460	15.8		15.7	16.1	16.5	16.9	17.1	17.8
镍钢(w_{Ni}≈50%)	8 260	460	19.6	17.3	19.4	20.5	21.0	21.1	21.3	22.5
锰钢(w_{Mn}≈12%～13%,w_{Ni}≈3%)	7 800	487	13.6		14.8	16.0	17.1	18.3		
锰钢(w_{Mn}≈0.4%)	7 860	440	51.2		51.0	50.0	47.0	43.5	35.5	
钨钢(w_W≈5～6%)	8 070	436	18.7		18.4	19.7	21.0	22.3	23.6	24.9
铅	11 340	128	35.3	37.2	35.5	34.3	32.8	31.5		
镁	1 730	1 020	156	160	157	154	152	150		
钼	9 590	255	138	146	139	135	131	127	123	116
镍	8 900	444	91.4	144	94	82.8	74.2	67.3	64.6	69.0
铂	21 450	133	71.4	73.3	71.5	71.6	72.0	72.8	73.6	76.6
银	10 500	234	427	431	428	422	415	407	399	384
锡	7 310	228	67	75	68.2	63.2	60.9			
钛	4 500	520	22	23.3	22.4	20.7	19.9	19.5	19.4	19.9
铀	19 070	116	27.4	24.3	27	29.1	31.1	33.4	35.7	40.6
锌	7 140	388	121	123	122	117	112			
钨	19 350	134	179	204	182	166	153	142	134	125
锆	6 570	276	22.9	26.5	23.2	21.8	21.2	20.9	21.4	22.3

附录 10　部分非金属材料的热物理性质

材料名称	温度	密度	比热容	导热系数	导温系数
	℃	kg/m³	kJ/(kg·K)	W/(m·K)	×10⁷ m²/s
沥青	20～55			0.74～0.76	
建筑用砖	20	1 600	0.84	0.69	5.2
普通黏土砖	20	1 800	0.88	0.81	
铬砖	200	3 000	0.84	2.32	9.2
硅藻土砖	200			0.24	
耐火黏土砖	500	2 000	0.96	1.04	5.4
水泥砂浆	27	1 860	0.78	0.72	
水泥灰砖,掺砂	27			0.72	
石膏灰浆,掺砂	27		1.085	0.22	
钢筋混凝土	20	2 400	0.84	1.54	
泡沫混凝土(1)	20	232	0.88	0.077	
泡沫混凝土(2)	20	627	1.59	0.29	
耐酸混凝土板	30	2 250		1.5～1.6	
窗玻璃	20	2 700	0.84	0.78	3.4
硅酸盐玻璃	30～75	2 200		1.09	
瓷砖	37	2 090		1.10	
花岗岩		2 640	0.82	1.73～3.98	8～18
石灰岩	100～300	2 500	0.90	1.26～1.33	5.6～5.9
大理石		2 600	0.80	2.07～2.94	10～13.6
砂石	40	2 230	0.71	1.83	11.2～11.9
无烟煤	20	1 351	1.26	0.26	1.4
纸张	27	930	1.34	0.18	
棉布	20	245	1.30	0.076 8	
亚麻布	25	265		0.066 3	
丝	20	57.6	1.382	0.036 1	4.53
标准硬橡胶	100	1 200		0.160	
丁腈橡胶	20	1 350		0.442	
聚四氟乙烯	20	2 190	1.47	0.29	
聚苯乙烯		1 060	1.34	0.081	
聚氯乙烯硬塑料		1 380	1.842	0.163	
云母		290		0.58	

材料名称	温度	密度	比热容	导热系数	导温系数
	℃	kg/m³	kJ/(kg·K)	W/(m·K)	×10⁷ m²/s
水垢	65			1.31~3.14	
冰	0	913	1.93	2.22	12.4
雪(新降)		200	2.1	0.11	
土壤(干土)	20	1 500		1.091	
土壤(湿土)		1 700	2.010	0.657	
土壤(黏土)	20	1 457	0.88	1.278	
松木(垂直木纹)	15	496		0.15	
松木(水平木纹)	21	527		0.35	
硬木	27	720	1.255	0.16	
胶合板	20	600	2.512	0.174	
麻杆板	25	108~147		0.056~0.11	
甘蔗板	20	282		0.067~0.072	
葵芯板	20	95.5		0.05	
硬纸板(含水10%)	25	500		0.169	
金刚石绝缘体	27	3 500	0.509	2 300	
碳化硅	27	3 160	0.675	490	230
氮化硅	27	2 400	0.691	16.0	96.5
石英晶体(与晶体轴平行)	27	2 650	0.745	10.4	
石英晶体(与晶体轴垂直)	27	2 650	0.745	6.21	
硼纤维环氧树脂(与纤维平行)	27	2 080	1.122	2.29	
硼纤维环氧树脂(与纤维垂直)	27	2 080	1.122	0.59	
石墨纤维环氧树脂(与纤维平行)	27	1 400	0.935	11.1	
石墨纤维环氧树脂(与纤维垂直)	27	1 400	0.935	0.87	
超级多层热绝缘(单面喷铝涤纶薄膜,层密度为47层/cm)	77~300	90		$1.83×10^{-5}$	
铝箔和玻璃纤维组成:层密度为20层/cm	20~300	140		$6.07×10^{-5}$	
双面镀铝涤纶薄膜:尼龙网做间隔材料,层密度为24/cm	76~300	90		$2.25×10^{-4}$	
双面镀铝涤纶薄膜:聚酰亚胺做间隔材料,层密度为49/cm	77~270			$1.76×10^{-4}$	

附录 11　几种保温、耐火材料的导热系数和温度的关系

材料名称	最高允许温度 ℃	密度 kg/m³	导热系数 W/(m·K)
超细玻璃棉毡、管	400	18~20	$0.033+0.000\,23\{t\}_℃$ ①
矿渣棉	550~600	350	$0.067\,4+0.000\,215\{t\}_℃$
水泥蛭石制品	800	420~450	$0.103+0.000\,198\{t\}_℃$
水泥珍珠岩制品	600	300~400	$0:065\,1+0.000\,105\{t\}_℃$
粉煤灰泡沫岩	300	500	$0.099+0.000\,2\{t\}_℃$
岩棉玻璃布缝板	600	100	$0.031\,4+0.000\,198\{t\}_℃$
A 级硅藻土制品	900	500	$0.039\,5+0.000\,19\{t\}_℃$
B 级硅藻土制品	900	550	$0.047\,7+0.000\,2\{t\}_℃$
膨胀珍珠岩	1 000	55	$0.042\,4+0.000\,137\{t\}_℃$
微孔硅酸钙制品	650	≤250	$0.041+0.000\,2\{t\}_℃$
耐火黏土砖	1 350~1 450	1 800~2 040	$(0.7~0.84)+0.000\,58\{t\}_℃$
轻质耐火黏土砖	1 250~1 300	800~1 300	$(0.29~0.41)+0.000\,26\{t\}_℃$
超轻质耐火黏土砖	1 150~1 300	540~610	$0.093+0.000\,16\{t\}_℃$
超轻质耐火黏土砖	1 100	270~330	$0.058+0.000\,17\{t\}_℃$
硅砖	1 700	1 900~1 950	$0.93+0.000\,7\{t\}_℃$
镁砖	1 600~1 700	2 300~2 600	$2.1+0.000\,19\{t\}_℃$
铬砖	1 600~1 700	2 600~2 800	$4.7+0.000\,17\{t\}_℃$
1# 微孔硅酸钙	1 000	200~250	$0.059+0.000\,12\{t\}_℃$
2# 微孔硅酸钙	600	180~220	$0.053+0.000\,12\{t\}_℃$
聚氨酯硬质泡沫塑料	100	25~40	$0.023+0.000\,14\{t\}_℃$
聚苯乙烯硬质泡沫塑料	-80~75	20~50	$0.035+0.000\,14\{t\}_℃$
聚乙烯泡沫塑料		30~70	$0.026+0.000\,1\{t\}_℃$
沥青矿棉	<250	100~120	$0.048\,5+0.000\,2\{t\}_℃$

① $\{t\}_℃$ 表示采用该公式计算材料的导热系数时温度是以 ℃ 为单位的。

附录 12　我国典型稠油油藏地层岩石热物性参数的实测结果

油　田	井　号	岩层描述	密度	比热	导热系数	热扩散系数
			kg/m³	kJ/(kg·K)	W/(m·K)	×10³ m²/h
辽河油田	锦 85	油层	2 449	0.987 7	2.018	3.00
	锦 7 块-33-28	顶层	2 340	1.235	1.094	1.36
	高 3-6-18	底层	2 079	1.028	1.198	2.02
新疆九区	检 224	顶层	2 441	1.091	2.653	3.59
		油层	2 259	1.186	1.968	2.65
		底层	2 384	1.039	2.279	3.32
	检 225	顶层	2 211	1.038	2.009	3.15
	检 225	油层	2 276	1.122	1.767	2.49
大庆富拉尔基	富 702	顶层	2 143	1.071	1.341	2.11
		油层	2 100	1.191	1.159	1.67
		底层	2 151	1.055	1.159	1.84
	富 721	顶层	2 180	1.053	1.320	2.07
		油层	2 281	1.191	1.280	1.70
		底层	2 100	1.029	1.099	1.83

附录 13　几种液体的热物理性质

物质	t	ρ	c_p	λ	$a\times10^8$	$\nu\times10^6$	$\alpha_V\times10^3$	r	Pr
	℃	kg/m³	kJ/(kg·K)	W/(m·K)	m²/s	m²/s	K⁻¹	kJ/kg	
11号润滑油	0	905.2	1.834	0.149 3	8.73	1 336			15 310
	10	898.8	1.872	0.144 9	8.56	564.2			6 591
	20	892.7	1.909	0.144 1	8.40	280.2	0.69		3 335
	30	886.6	1.947	0.143 2	8.24	153.2			1 859
	40	880.6	1.985	0.142 3	8.09	90.7			1 121
	50	874.6	2.022	0.141 4	7.94	57.4			723
	60	868.8	2.064	0.140 5	7.78	38.4			493
	70	863.1	2.106	0.138 7	7.63	27.0			354
	80	857.4	2.148	0.137 9	7.49	19.7			263
	90	851.8	2.190	0.137 0	7.34	14.9			203
	100	846.2	2.236	0.136 1	7.19	11.5			160

物质	t	ρ	c_p	λ	$a\times10^8$	$\nu\times10^6$	$\alpha_V\times10^3$	r	Pr
	℃	kg/m³	kJ/(kg·K)	W/(m·K)	m²/s	m²/s	K⁻¹	kJ/kg	
14号润滑油	0	905.2	1.866	0.149 3	8.84	2 237			25 310
	10	899.0	1.909	0.148 5	8.65	863.2			9 979
	20	892.8	1.915	0.147 7	8.48	410.9	0.69		4 846
	30	886.7	1.993	0.147 0	8.32	216.5			2 603
	40	880.7	2.035	0.146 2	8.16	124.2			1 522
	50	874.8	2.077	0.145 4	8.00	76.5			956
	60	869.0	2.114	0.144 6	7.87	50.5			462
	70	863.2	2.156	0.143 9	7.73	34.3			444
	80	857.5	2.194	0.143 1	7.61	24.6			323
	90	851.9	2.227	0.142 4	7.51	18.3			244
	100	846.4	2.265	0.141 6	7.39	14.0			190
汽油	20	751	2.28~2.56 (130~240 ℃)	0.131 (−50 ℃)		0.704 4			
	40	735		0.120 4 (0 ℃)		0.559 2			
	60	717		0.110 5 (50 ℃)		0.457 5			
	80	699		0.100 5 (100 ℃)		0.384 8			
	100	681				0.330 4			
柴油	20	908.4	1.838	0.128	9.47	620			6 547
	40	895.5	1.909	0.126	10.94	135			1 234
	60	882.4	1.980	0.124	12.36	45			364
	80	870.0	2.052	0.123	13.67	20			146
	100	857.0	2.213	0.122	15.06	10.8			71.7
变压器油	20	866	1.892	0.124	7.583	36.5			481
	40	852	1.993	0.123	7.250	16.7			230
	60	842	2.093	0.122	6.917	8.7			126
	80	830	2.198	0.120	6.555	5.2			79.4
	100	818	2.294	0.119	6.333	3.8			60.3

物质	t	ρ	c_p	λ	$a \times 10^8$	$\nu \times 10^6$	$a_V \times 10^3$	r	Pr
	℃	kg/m³	kJ/(kg·K)	W/(m·K)	m²/s	m²/s	K⁻¹	kJ/kg	
	10	902.0	1.813	0.129 7	0.794	210			2 600
	20	895.5	1.851	0.129 0	0.777	96.0			1 250
	30	888.5	1.888	0.128 3	0.767	53.8			695
	40	882.5	1.922	0.127 6	0.753	36.0			432
22 号	50	876.0	1.959	0.126 8	0.739	21.4			288
透平油	60	869.5	1.997	0.126 1	0.728	14.7			200
	70	863.0	2.031	0.125 4	0.717	10.5			150
	80	856.5	2.064	0.124 7	0.708	7.90			116
	90	850.0	2.098	0.124 0	0.694	6.00			91
	100	843.5	2.135	0.123 2	0.683	4.75			72

附录 14　大气压力(1.013 25×10⁵ Pa)下部分气体的热物理性质

气体	T	ρ	c_p	$\lambda \times 10^2$	$a \times 10^6$	$\eta \times 10^6$	$\nu \times 10^6$	Pr
	K	kg/m³	kJ/(kg·K)	W/(m·K)	m²/s	kg/(m·s)	m²/s	
	250	2.165 7	0.804	1.288 4	7.401	12.590	5.813	0.793
	300	1.797 3	0.871	1.657 2	10.588	14.958	8.321	0.786
	350	1.536 2	0.900	2.047 0	14.808	17.205	11.19	0.755
CO_2	400	1.342 4	0.942	2.461 0	19.463	19.320	14.39	0.739
	450	1.191 8	0.980	2.897 0	24.813	21.340	17.90	0.721
	500	1.073 2	1.013	3.352 0	30.840	23.260	21.67	0.702
	550	0.973 9	1.047	3.821 0	37.500	25.080	25.74	0.686
	600	0.893 8	1.076	4.311 0	44.830	26.830	30.02	0.669
	150	2.600	0.890	1.48	6.396	11.4	4.39	0.69
	200	1.949	0.900	1.92	10.950	14.7	7.55	0.69
	250	1.559	0.910	2.34	16.490	17.8	11.4	0.69
	300	1.299	0.920	2.74	22.930	20.6	15.8	0.69
O_2	400	0.975	0.945	3.48	24.800	25.4	26.1	0.69
	500	0.780	0.970	4.20	37.770	29.9	38.3	0.69
	600	0.650	1.000	4.90	75.380	33.9	52.5	0.69
	800	0.487	1.050	6.20	121.20	41.1	84.5	0.70
	1 000	0.390	1.085	7.40	174.90	47.6	122.0	0.70
天然气	0 ℃		1.026	2.48		14.68	12.7	0.682
CH_4-76.7%	100 ℃		1.047	3.22		20.69	21.7	0.672
C_2H_6-4.5%	200 ℃	0.884	1.068	3.94		24.61	32.9	0.668
C_3H_6-1.7%	400 ℃	(常温)	1.122	5.31		31.68	60.0	0.668
C_4H_8-0.8%	600 ℃		1.176	6.63		39.25	94.2	0.678
N_2-14.5%	800 ℃		1.223	7.90		44.42	135.0	0.686

附录 15　大气压力下干空气的热物理性质

t	ρ	c_p	$\lambda \times 10^2$	$a \times 10^6$	$\eta \times 10^6$	$\nu \times 10^6$	Pr
℃	kg/m³	kJ/(kg·K)	W/(m·K)	m²/s	kg/(m·s)	m²/s	
−50	1.584	1.013	2.04	12.7	14.6	9.23	0.728
−40	1.515	1.013	2.12	13.8	15.2	10.04	0.728
−30	1.453	1.013	2.20	14.9	15.7	10.80	0.723
−20	1.395	1.009	2.28	16.2	16.2	11.61	0.716
−10	1.342	1.009	2.36	17.4	16.7	12.43	0.712
0	1.293	1.005	2.44	18.8	17.2	13.28	0.707
10	1.247	1.005	2.51	20.0	17.6	14.16	0.705
20	1.205	1.005	2.59	21.4	18.1	15.06	0.703
30	1.165	1.005	2.67	22.9	18.6	16.00	0.701
40	1.128	1.005	2.76	24.3	19.1	16.96	0.699
50	1.093	1.005	2.83	25.7	19.6	17.95	0.698
60	1.060	1.005	2.90	27.2	20.1	18.97	0.696
70	1.029	1.009	2.96	28.6	20.6	20.02	0.694
80	1.000	1.009	3.05	30.2	21.1	21.09	0.692
90	0.972	1.009	3.13	31.9	21.5	22.10	0.690
100	0.946	1.009	3.21	33.6	21.9	23.13	0.688
120	0.898	1.009	3.34	36.8	22.8	25.45	0.686
140	0.854	1.013	3.49	40.3	23.7	27.80	0.684
160	0.815	1.017	3.64	43.9	24.5	30.90	0.682
180	0.779	1.022	3.78	47.5	25.3	32.49	0.681
200	0.746	1.026	3.93	51.4	26.0	34.85	0.680
250	0.674	1.038	4.27	61.0	27.4	40.61	0.677
300	0.615	1.047	4.60	71.6	29.7	48.33	0.674
350	0.566	1.059	4.91	81.9	31.4	55.46	0.676
400	0.524	1.068	5.21	93.1	33.0	63.09	0.678
500	0.456	1.093	5.74	115.3	36.2	79.38	0.687
600	0.404	1.114	6.22	138.3	39.1	96.89	0.699
700	0.362	1.135	6.71	163.4	41.8	115.4	0.706
800	0.329	1.156	7.18	188.8	44.3	134.8	0.713
900	0.301	1.172	7.63	216.2	46.7	155.1	0.717
1 000	0.277	1.185	8.07	245.9	49.0	177.1	0.719
1 100	0.257	1.197	8.50	276.5	51.2	199.3	0.722
1 200	0.239	1.210	9.15	316.5	53.5	233.7	0.724

附录 16　饱和水的热物理性质

t	p	ρ	h′	c_p	$\lambda \times 10^2$	$a \times 10^8$	$\eta \times 10^6$	$\alpha_V \times 10^4$	$\sigma \times 10^4$	Pr
℃	$\times 10^{-5}$ Pa	kg/m³	kJ/kg	kJ/(kg·K)	W/(m·K)	m²/s	kg/(m·s)	K⁻¹	N/m	
0	0.006 11	999.9	0	4.212	55.1	13.1	1 788	−0.81	756.4	13.67
10	0.012 27	999.7	42.04	4.191	57.4	13.7	1 306	+0.87	741.4	9.52
20	0.023 38	998.2	83.91	4.183	59.9	14.3	1 004	2.09	726.9	7.02
30	0.042 41	995.7	125.7	4.174	61.8	14.9	801.5	3.05	712.2	5.42
40	0.073 75	992.2	167.5	4.174	63.5	15.3	653.3	3.86	696.5	4.31
50	0.123 35	988.1	209.3	4.174	64.8	15.7	549.4	4.57	676.9	3.54
60	0.199 20	983.1	251.1	4.179	65.9	16.0	469.9	5.22	662.2	2.99
70	0.311 6	977.8	293.0	4.187	66.8	16.3	406.1	5.83	643.5	2.55
80	0.473 6	971.8	355.0	4.195	67.4	16.6	355.1	6.40	625.9	2.21
90	0.701 1	965.3	377.0	4.208	68.0	16.8	314.9	6.96	607.2	1.95
100	1.013	958.4	419.1	4.220	68.3	16.9	282.5	7.50	588.6	1.75
110	1.43	951.0	461.4	4.233	68.5	17.0	259.0	8.04	569.0	1.60
120	1.98	943.1	503.7	4.250	68.6	17.1	237.4	8.58	548.4	1.47
130	2.70	934.8	546.4	4.266	68.6	17.2	217.8	9.12	528.8	1.36
140	3.61	926.1	589.1	4.287	68.5	17.2	201.1	9.68	507.2	1.26
150	4.76	917.0	632.2	4.313	68.4	17.3	186.4	10.26	486.6	1.17
160	6.18	907.0	675.4	4.346	68.3	17.3	173.6	10.87	466.0	1.10
170	7.92	897.3	719.3	4.380	67.9	17.3	162.8	11.52	443.4	1.05
180	10.03	886.9	763.3	4.417	67.4	17.2	153.0	12.21	422.8	1.00
190	12.55	876.0	807.8	4.459	67.0	17.1	144.2	12.96	400.2	0.96
200	15.55	863.0	852.8	4.505	66.3	17.0	136.4	13.77	376.7	0.93
210	19.08	852.3	897.7	4.555	65.5	16.9	130.5	14.67	354.1	0.91
220	23.20	840.3	943.7	4.614	64.5	16.6	124.6	15.67	331.6	0.89
230	27.98	827.3	990.2	4.681	63.7	16.4	119.7	16.80	310.0	0.88
240	33.48	813.6	1 037.5	4.756	62.8	16.2	114.8	18.08	285.5	0.87
250	39.78	799.0	1 085.7	4.844	61.8	15.9	109.9	19.55	261.9	0.86
260	46.94	784.0	1 135.7	4.949	60.5	15.6	105.9	21.27	237.4	0.87
270	55.05	767.9	1 185.7	5.070	59.0	15.1	102.2	23.31	214.8	0.88
280	64.19	750.7	1 236.8	5.230	57.4	14.6	98.1	25.79	191.3	0.90
290	74.45	732.3	1 290.0	5.485	55.8	13.9	94.2	28.84	168.7	0.93
300	85.92	712.5	1 344.9	5.736	54.0	13.2	91.2	32.73	144.2	0.97
310	98.70	691.1	1 402.2	6.071	52.3	12.5	88.3	37.85	120.7	1.03
320	112.90	667.1	1 462.1	6.574	50.6	11.5	85.3	44.91	98.10	1.11
330	128.65	640.2	1 526.2	7.244	48.4	10.4	81.4	55.31	76.71	1.22
340	146.08	610.1	1 594.8	8.165	45.7	9.17	77.5	72.10	56.70	1.39
350	165.37	574.4	1 671.4	9.504	43.0	7.88	72.6	103.7	38.16	1.60
360	186.74	528.0	1 761.5	13.984	39.5	5.36	66.7	182.9	20.21	2.35
370	210.53	450.5	1 892.5	40.321	33.7	1.86	56.9	676.7	4.709	6.79

附录 17　干饱和蒸汽的热物理性质

t	p	ρ	h''	r	c_p	$\lambda \times 10^2$	$a \times 10^3$	$\eta \times 10^6$	$\nu \times 10^6$	Pr
℃	$\times 10^{-5}$ Pa	kg/m³	kJ/kg	kJ/kg	kJ/(kg·K)	W/(m·K)	m²/h	kg/(m·s)	m²/s	
0	0.006 11	0.004 847	2 501.6	2 501.6	1.854 3	1.83	7 313.0	8.022	1 655.01	0.815
10	0.012 27	0.009 396	2 520.0	2 477.7	1.859 4	1.88	3 881.0	8.424	896.54	0.831
20	0.023 38	0.017 29	2 538.0	2 454.3	1.866 1	1.94	2 167.2	8.840	509.90	0.847
30	0.042 41	0.030 37	2 556.5	2 430.9	1.874 4	2.00	1 265.1	9.218	303.53	0.863
40	0.073 75	0.051 16	2 574.5	2 407.0	1.885 3	2.06	768.45	9.620	188.04	0.883
50	0.123 35	0.083 02	2 592.0	2 382.7	1.898 7	2.12	483.59	10.022	120.72	0.896
60	0.199 20	0.130 2	2 609.6	2 358.4	1.915 5	2.19	315.55	10.424	80.07	0.913
70	0.311 6	0.198 2	2 626.8	2 334.1	1.936 4	2.25	210.57	10.817	54.57	0.930
80	0.473 6	0.293 3	2 643.5	2 309.0	1.961 5	2.33	145.53	11.219	38.25	0.947
90	0.701 1	0.423 5	2 660.3	2 283.1	1.992 1	2.40	102.22	11.621	27.44	0.966
100	1.013	0.597 7	2 676.2	2 257.1	2.028 1	2.48	73.57	12.023	20.12	0.984
110	1.43	0.826 5	2 691.3	2 229.9	2.070 4	2.56	53.83	12.425	15.03	1.00
120	1.98	1.122	2 705.9	2 202.3	2.119 8	2.65	40.15	12.798	11.41	1.02
130	2.70	1.497	2 719.7	2 173.8	2.176 3	2.76	30.46	13.170	8.80	1.04
140	3.61	1.967	2 733.1	2 144.1	2.240 8	2.85	23.28	13.543	6.89	1.06
150	4.76	2.548	2 745.3	2 113.1	2.314 5	2.97	18.10	13.896	5.45	1.08
160	6.18	3.260	2 756.6	2 081.3	2.397 4	3.08	14.20	14.249	4.37	1.11
170	7.92	4.123	2 767.1	2 047.8	2.491 1	3.21	11.25	14.612	3.54	1.13
180	10.03	5.160	2 776.3	2 013.0	2.595 8	3.36	9.03	14.965	2.90	1.15
190	12.55	6.397	2 784.2	1 976.6	2.712 6	3.51	7.29	15.298	2.39	1.18
200	15.55	7.864	2 790.9	1 938.5	2.842 8	3.68	5.92	15.651	1.99	1.21
210	19.08	9.593	2 796.4	1 898.3	2.987 7	3.87	4.86	15.995	1.67	1.24
220	23.20	11.62	2 799.7	1 856.4	3.149 7	4.07	4.00	16.338	1.41	1.26
230	27.98	14.00	2 801.8	1 811.6	3.331 0	4.30	3.32	16.701	1.19	1.29
240	33.48	16.76	2 802.2	1 764.7	3.536 6	4.54	2.76	17.073	1.02	1.33
250	39.78	19.99	2 800.6	1 714.4	3.772 3	4.84	2.31	17.446	0.873	1.36
260	46.94	23.73	2 796.4	1 661.3	4.047 0	5.18	1.94	17.848	0.752	1.40
270	55.05	28.10	2 789.7	1 604.8	4.373 5	5.55	1.63	18.280	0.651	1.44
280	64.19	33.19	2 780.5	1 543.7	4.767 5	6.00	1.37	18.750	0.565	1.49
290	74.45	39.16	2 767.5	1 477.5	5.252 8	6.55	1.15	19.270	0.492	1.54
300	85.92	46.19	2 751.1	1 405.9	5.863 2	7.22	0.96	19.839	0.430	1.61
310	98.70	54.54	2 730.2	1 327.6	6.650 3	8.06	0.80	20.691	0.380	1.71
320	112.90	64.60	2 703.8	1 241.0	7.721 7	8.65	0.62	21.691	0.336	1.94
330	128.65	76.99	2 670.3	1 143.8	9.361 3	9.61	0.48	23.093	0.300	2.24
340	146.08	92.76	2 626.0	1 030.8	12.210 8	10.70	0.34	24.692	0.266	2.82
350	165.37	113.6	2 567.8	895.6	17.150 4	11.90	0.22	26.594	0.234	3.83
360	186.74	144.1	2 485.3	721.4	25.116 2	13.70	0.14	29.193	0.203	5.34
370	210.53	201.1	2 342.9	452.6	76.915 7	16.60	0.04	33.989	0.169	15.7
374.15	221.20	315.5	2 107.2	0.0	∞	23.79	0.0	44.992	0.143	∞

附录 18　常用材料的表面发射率

材料名称及表面状况	温度 $t/℃$	发射率 ε
铝：抛光，纯度98％	200～600	0.04～0.06
工业用板	100	0.09
粗制板	40	0.07
严重氧化	100～550	0.20～0.33
箔，光亮	100～300	0.06～0.07
黄铜：高度抛光	250	0.03
抛光	40	0.07
无光泽板	40～250	0.22
氧化	40～250	0.46～0.56
铬：抛光薄板	40～550	0.08～0.27
紫铜：高度抛光的电解铜	100	0.02
抛光	40	0.04
轻度抛光	40	0.12
无光泽	40	0.15
氧化发黑	40	0.76
金：高度抛光，纯金	100～600	0.02～0.035
钢铁：低碳钢，抛光	150～500	0.14～0.32
钢，抛光	40～250	0.07～0.10
钢板，轧制	40	0.66
钢板，粗糙，严重氧化	40	0.80
铸铁，有处理表皮层	40	0.70～0.80
铸铁，新加工面	40	0.44
铸铁，氧化	40～250	0.57～0.66
铸铁，抛光	200	0.21
锻铁，光洁	40	0.35
锻铁，暗色氧化	20～360	0.94
不锈钢，抛光	40	0.07～0.17
不锈钢，重复加热冷却	230～930	0.50～0.70
石棉：石棉板	40	0.96
石棉水泥	40	0.97
石棉瓦	40	0.97
砖：粗糙红砖	40	0.93
耐火黏土砖	1 000	0.75
灯炱	40	0.95
黏土：烧结	100	0.91
混凝土：粗糙表面	40	0.94

材料名称及表面状况	温度 $t/℃$	发射率 ε
玻璃：平板玻璃	40	0.94
石英玻璃（厚 2 mm）	250～550	0.96～0.66
硼硅酸玻璃	250～550	0.94～0.75
石膏	40	0.80～0.90
雪	－12～－6	0.82
冰：光滑面	0	0.97
水：厚 0.1 mm 以上	40	0.96
云母	40	0.75
油漆：各种油漆	40	0.92～0.96
白色油漆	40	0.80～0.95
光亮黑漆	40	0.90
纸：白纸	40	0.95
粗糙屋面焦油纸毡	40	0.90
瓷：上釉	40	0.93
橡胶：硬质	40	0.94
人的皮肤	32	0.98
锅炉炉渣	0～1 000	0.97～0.70
抹灰的墙	20	0.94
各种木材	40	0.80～0.92

参考文献

[1]   施明恒,李鹤立. 传热学. 南京:东南大学出版社,1995

[2]   童钧耕. 工程热力学. 第4版. 北京:高等教育出版社,2007

[3]   严家騄. 工程热力学. 第3版. 北京:高等教育出版社,2002

[4]   张学学. 热工基础. 第2版. 北京:高等教育出版社,2006

[5]   傅秦生. 热工基础与应用. 第2版. 北京:机械工业出版社,2007

[6]   杨世铭.传热学. 第4版.北京:高等教育出版社,2006

[7]   戴锅生.传热学.第2版. 北京:高等教育出版社,1998

[8]   张天孙. 传热学. 第2版. 北京:中国电力出版社,2005

[9]   俞佐平. 传热学. 第2版. 北京:高等教育出版社,1985

[10]   任瑛,张弘. 传热学. 东营:石油大学出版社,1988

[11]   石油部规划设计总院. 油气田及长输管道能量平衡. 北京. 1982

[12]   茹慧灵. 输油管道节能技术概论. 北京:石油工业出版社,2000

[13]   冯叔初. 油气集输. 东营:中国石油大学出版社,2006

图书在版编目(CIP)数据

热工基础/张克舫主编.—东营:中国石油大学
出版社,2011.1(2016.1重印)
ISBN 978-7-5636-3312-8

Ⅰ.①热… Ⅱ.①张… Ⅲ.①热工学—高等学校—教
材 Ⅳ.①TK122

中国版本图书馆 CIP 数据核字(2010)第 241098 号

书　　名:热工基础
作　　者:张克舫

责任编辑:穆丽娜(电话 0532—86981531)
封面设计:赵　蒙

出 版 者:中国石油大学出版社(山东 东营　邮编 257061)
网　　址:http://www.uppbook.com.cn
电子信箱:shiyoujiaoyu@126.com
印 刷 者:沂南县汇丰印刷有限公司
发 行 者:中国石油大学出版社 (电话 0532—86981532,0546—8392563)
开　　本:180 mm×235 mm　印张:14.75　字数:290 千字
版　　次:2016 年 1 月第 1 版第 3 次印刷
定　　价:29.00 元